"十三五"普通高等教育规划教材

光伏发电技术及其应用

第 2 版

魏学业　王立华　张俊红　编著

机械工业出版社

光伏逆变器是将光伏电池产生的准直流电能转换为交流电能的装置，是太阳能光伏发电系统中的核心器件。本书系统地介绍了光伏电池的基本原理、光伏逆变器的基本原理和实用实例，特别是对光伏逆变器的结构特点、转换原理、最大功率点跟踪原理、阴影下的光伏电池的发电特性进行了详细介绍。本书注重简洁的基础知识和实际应用，在表达方式上力求做到语言通俗、简洁易懂，提高研究和使用人员的兴趣。

本书可作为高等院校自动化、电气自动化、仪器仪表等专业的教材，也可供从事相关领域的工程技术人员参考。

本书赠送电子课件，可通过 www.cmpedu.com 下载，或联系编辑索取（电话 010-88379753，QQ6142415）。

图书在版编目（CIP）数据

光伏发电技术及其应用 / 魏学业，王立华，张俊红编著. —2 版. —北京：机械工业出版社，2018.7（2024.1 重印）

"十三五"普通高等教育规划教材

ISBN 978-7-111-60482-2

Ⅰ. ①光… Ⅱ. ①魏… ②王… ③张… Ⅲ. ①太阳能光伏发电—高等学校—教材 Ⅳ. ①TM615

中国版本图书馆 CIP 数据核字（2018）第 149345 号

机械工业出版社（北京市百万庄大街 22 号　邮政编码 100037）
责任编辑：李馨馨　　　责任校对：张艳霞
责任印制：郜　敏

北京富资园科技发展有限公司印刷

2024 年 1 月第 2 版·第 6 次印刷
184mm×260mm · 16 印张 · 393 千字
标准书号：ISBN 978-7-111-60482-2
定价：49.00 元

前　言

　　太阳能光伏发电作为太阳能利用的一种有效方式，在全球得到了迅速的发展。我国政府为促进光伏发电技术的发展，出台了一系列的优惠扶持政策，并将光伏发电明确列入了国家《"十二五"可再生能源发展规划》中，因此光伏发电作为我国的朝阳产业，引起了研究者和使用者的极大兴趣。

　　本书立足于光伏发电系统，从应用的角度出发，介绍了光伏发电技术中的若干关键问题，并对其核心部分——光伏逆变器及相关技术进行了详细的分析和介绍，以期对研究光伏逆变器的研究人员提供帮助。

　　全书共分 10 章，以简洁和实用的表述方式，系统地介绍了光伏发电和逆变器的基础知识以及光伏发电系统中的光伏电池的发电原理和特性；详细介绍了逆变器的结构、工作原理、光伏逆变器的脉宽调制技术，以及目前流行的高频逆变器和光伏逆变器的相关技术；并全面介绍了并网发电系统中的最大功率点跟踪技术、孤岛检测技术等新技术；最后通过具体的逆变器设计实例将上述理论技术与实际应用相结合，力求为研究人员在逆变器的设计中提供参考。本书各章后配有习题，以便学生更好地掌握每章的知识。

　　本书的编写源自编者多年从事光伏发电和相关技术的研究成果及心得体会。在编写过程中，参阅了国内外大量光伏发电与逆变器技术的论文和专著，为本书的内容提供了素材和技术对照，大部分技术仿真和逆变器的实例来源于编者的一些实际项目成果。

　　光伏发电是一门高新热点技术，光伏逆变器技术也处于快速发展之中。限于编者自身的学识和水平，书中难免存在疏漏之处，恳请读者指正。

编　者

目　　录

第1章 绪 论

太阳能资源丰富，分布广泛，开发利用前景广阔。太阳能光伏发电作为太阳能利用的重要方式，已经得到世界各国的极大关注。近十几年来，太阳能光伏发电技术得到了突飞猛进的发展，产业规模得到了极大的扩张，光伏组件的产量和发电容量不断增加，已有许多发电站投入使用，取得了良好的经济和社会效益。在政府的推动和市场的驱动下，我国太阳能光伏产业得到了快速发展，在光伏发电技术和光伏电池的成本上均已形成一定的国际竞争力。太阳能光伏发电已成为技术可行、具备规模化发展条件的可再生能源利用方式，对合理控制能源消费总量、实现非化石能源目标起重要作用。

太阳能是地球上所有能源的源头，是动物（包括人类）和植物的生存所依赖的能源。交通运输、传统发电用的化石燃料（例如石油、煤炭）是一种来自以前地质时代的植物材料，它本质上就是储存了无数年的太阳能。人类若要将太阳能应用于交通运输、工业生产等中，一个主要的渠道就是先将太阳能转变成电能。而在地球的某个小范围内，由于下雨、云雾、树荫等存在阴影，以及地球的运转，不可能连续地接收到太阳的光能，而且光照强度也随着时间和天气在变化，因此利用太阳能发的电是断续的、慢变化的直流电能。为了能将这种能量应用于现实生产、生活中，需要将其转变成稳定的交流电能，这就需要光伏逆变器。

光伏发电（Photovoltaic，PV）是一种简易而清洁的太阳能利用方式，因为光伏电池能将入射光线直接转换成电而不会产生噪声、污染，而且发电装置牢固、可靠、寿命长久。

1.1 光伏发电的发展

18 世纪中叶的工业革命本质上是一次能源革命，此后的两百多年中，对化石燃料的大规模利用带动了人类社会历史上不曾有过的高速发展，同时也造成了环境的严重污染。然而石油和天然气资源是有限的，据测算将在四十年内耗尽，煤炭资源也将在百余年内耗尽。恶劣的环境问题也促使人类不断寻找新的能源，当前能源危机和环境保护成为人类社会发展过程中最紧迫的问题之一。寻找、研究新能源是解决人类发展困境的重要手段，而太阳能因其取之不尽、用之不竭，以及不受地域限制等特点，成为诸多新能源技术中的重要一种。

太阳能发电是新兴的可再生能源技术，目前已经实现产业化应用的主要是太阳能光伏发电和太阳能光热发电。太阳能光热发电通过聚光集热系统加热介质，再利用传统蒸汽发电设备发电，近年来开始建立产业化示范项目。太阳能光伏发电是利用光伏电池的光生伏特效应而进行发电的，光伏电池具有电池组件模块化、安装维护方便、使用方式灵活等特点，是太阳能光伏发电应用最主要的形式之一。光伏发电也称为太阳能光伏发电，是光伏电池将太阳的辐射能直接转换为电能的过程，它正迅猛地发展并成为化石燃料发电的重要替代品。但相比于化石燃料的传统发电技术，光伏发电还是后起之秀，直到 20 世纪 50 年代，第一个实用的光伏器件才被展示出来。20 世纪 60 年代，航空航天业的应用大大地推动了光伏发电产业的研究和发展，目前太阳能光伏发电在全球已经实现较大规模的应用，太阳能光伏发电成为一个令人瞩目的研究领域。

光伏太阳能等新能源的开发和利用是保持经济可持续发展的重要环节，近些年来，由于常规能源成本的上升和环境污染的日益严重，以及相关技术进步和产业规模的不断扩大，光伏组件制造工艺的提高，光伏组件价格的下降 80%，转换效率达到 19.5%，太阳能光伏发电的成本也在不断下降，为太阳能光伏技术的进一步发展和广泛应用提供了必要条件。

1.1.1　国外光伏发电的发展现状

自 1839 年发现光生伏特效应和 1954 年第一块实用的光伏电池问世以来，太阳能光伏发电取得了长足的进步，但是它的发展仍然比信息技术慢得多。1973 年的石油危机和 20 世纪 90 年代以来的环境污染问题，激发了人们对光伏发电技术的研究热情，促进了太阳能光伏发电的进一步发展。随着人们对能源和环境问题认识的不断提高，光伏发电越来越受到各国政府的重视，政府的支持力度不断加大，鼓励和支持光伏产业发展的政策也不断出台。以 1997 年美国的"百万太阳能光伏屋顶计划"为标志，日本以及欧洲的德国、丹麦、意大利、英国、西班牙等国也纷纷制定了本国的可再生能源法案，刺激了光伏产业的高速发展。

美国市场需求持续旺盛。美国过去几年光伏装机量的大爆发得益于政府、公共事业的需求拉动。据测算，从 2018 年至 2020 年美国约 52GW 的新装机需求，美国市场在中长期看仍有很大的潜在发展空间。

日本市场趋于稳定。福岛核灾难后大多数核电站的关闭导致电力需求量高涨，而日本政府出台的政策及规划对光伏产业支持力度极大，同时国民环保意识提高，推动了日本光伏市场高速发展。截至 2016 年末，日本以 42.8GW 的规模成为全球第二大太阳能市场，仅次于中国大陆。

传统欧洲市场增长乏力。由于传统欧洲市场出于补贴资金等方面的考虑，欧洲各国的上网电价补贴下调较为严厉，传统欧洲市场逐渐萎缩，欧洲市场的主导地位不复存在。传统欧洲市场的新增装机量由 2012 年的 16GW 下降至 2016 年的 6.9GW 左右，其在全球市场的占比也从 55%下降至 9.2%左右。

新兴市场小而多，印度市场快速崛起。目前新兴市场中，装机规模超过 1GW 的国家和地区有 24 个，超过 10MW 规模的国家和地区有 112 个，已经制定光伏政策目标的国家有 176 个。光伏系统装机成本快速下降，越来越多的国家和地区有条件开发光伏发电，新兴市场将是接下来全球光伏新增装机的主要动力之一。为了改善电力短缺，治理国内严重的空气污染，印度的太阳能市场的需求潜力非常巨大。印度的光伏累积装机量在 2016 年底已超过 9GW。

综上分析可见，越来越多的新兴市场开始投资光伏，行业正在逐渐摆脱补贴，依靠市场驱动力增长。预计到 2020 年，中国、美国、印度以及全球新增装机将达到 75GW、22GW、25GW、151GW；中国国内复合增长率达到 21.43%，全球复合增长率达到 18.42%。

1.1.2　我国光伏发电的发展

我国作为世界经济最有活力的市场，光伏产业发展迅猛。大量规模化的光伏企业应运而生，在世界光伏产量中占有很大的比重。以下为中国太阳能的发展历史：

1958 年，我国研制出了首块硅单晶。1968～1969 年底，中国科学院半导体所承担了为"实践 1 号卫星"研制和生产硅光伏电池板的任务，为光伏电池的研究奠定了良好的基础。1969 年，天津 18 所为东方红二号、三号、四号系列地球同步轨道卫星研制生产光伏电池阵列。1975 年，宁波、开封先后成立光伏电池厂，光伏电池的应用开始从空间降落到地面。这些早期的研究和生产，主要是为空间和军事领域的应用，而没有规模化应用。

2013～2016 年，中国连续 4 年光伏发电新增装机容量世界排名第一。2016 年，新增装机容量 34.54GW，同比增长 126.31%，占全球新增装机总量的 45.65%，累计装机容量达到 77.42GW。2017 年前三季度，全国光伏发电新增装机达到 42GW，同比增加近 60%，超过 2016 年全年 34.54GW 的装机量，其中，分布式光伏的装机量约 15GW，占新增装机量的 37.50%，同比增长幅度在 300% 以上。

1.2 逆变器的基本知识

电力电子变换电路中，将交流电经整流变换成直流的电路称为稳压电路，而将直流电能变换成交流电能的电路称为逆变电路，逆变器就是将直流电能变换为交流电能的设备。

1.2.1 逆变器的基本概念

通常，把交流电能变换成直流电能的过程称为整流，把完成整流功能的电路称为整流电路，把实现整流过程的装置称为整流桥或整流器。与之相对应，将直流电能变换成交流电能的过程称为逆变，把完成逆变功能的电路称为逆变电路，把实现逆变过程的装置称为逆变器或逆变电源。通俗地讲，逆变器是一种将直流电（光伏输出、电池、蓄电池等）转化为交流电（中国为 220V、50Hz 的正弦波）的装置。它由逆变桥、控制逻辑和滤波电路组成。逆变器根据发电源的不同，分为煤电逆变器、太阳能逆变器、风能逆变器、氢能逆变器和核能逆变器等，广泛适用于空调器、电视机、电动工具、计算机、洗衣机、冰箱和照明灯具等。

现代逆变技术是研究逆变电路技术和应用的一门科学技术，它是建立在电力电子技术、功率半导体器件技术、控制技术、变流技术、脉宽调制（PWM）技术等基础之上的一门实用技术。它主要包括半导体功率集成器件及其应用、逆变电路和逆变控制技术三大部分。

1.2.2 光伏逆变器的分类

光伏逆变器是逆变器的一个重要分支，是特别为光伏发电系统设计的逆变器，符合光伏发电的标准。同时，由于光伏逆变器与光伏模块的工作连接十分紧密，通常将光伏控制器与逆变器组合成为光伏控制与逆变一体机。通常有以下几种分类方式：

1. 按功能用途分类

光伏逆变器可分为离网型（独立式）光伏逆变器和并网型光伏逆变器两大类。并网光伏系统中的逆变器，直接与公共电网相连接，具有将光伏系统产生的电能输送到电网的功能，相对于独立式逆变器，技术上要求更高、控制算法更加复杂。并网光伏逆变器的主要功能有：

1）将光伏模块产生的直流电转换为符合电网标准的交流电。

2）具有光伏模块最大功率点跟踪（MPPT）功能。

3）具有工作状态监控和记录（数据的显示、存储和传送）功能。

4）具有电路保护（欠电压保护、过电压保护、过电流保护、过载保护、短路保护、反接保护、防雷保护、过温保护）。

5）具有预防孤岛效应的能力。

2. 按是否隔离分类

根据光伏模块是否与市电隔离，并网逆变器又分为带变压器和不带变压器两大类。带变压器的称为隔离型逆变器，又分为带工频变压器的隔离型逆变器和带高频变压器的隔离型逆变器。而不带隔离变压器的逆变器，通常称为高频逆变器或无隔离型逆变器。带隔离变压器的逆变器，可以使光伏模块与市电隔离，以避免人接触光伏电池板时产生的安全隐患。图 1-1 为三种类型电路的电路结构示意图。

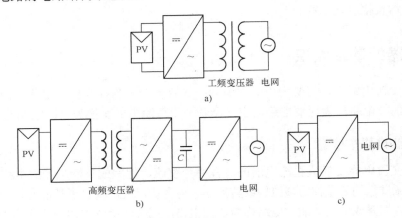

图 1-1　三种类型逆变器结构图

a) 工频隔离型　b) 高频隔离型　c) 非隔离型

3. 按输出相数分类

按输出相数分类，光伏逆变器可以分为单相逆变器和三相逆变器。单相逆变器转换出的交流电压就是单相，即 AC 220V；三相逆变器转换出的交流电压就是三相，即 AC 380V。

4. 根据逆变器使用的半导体器件类型分类

根据逆变器使用的半导体器件类型分类，可分为晶体管逆变器、晶闸管逆变器及门极关断晶闸管逆变器等。

5. 根据逆变器电路原理分类

根据逆变器使用的半导体器件类型，可分为自激振荡型逆变器、阶梯波叠加型逆变器和脉宽调制型逆变器等。

6. 按系统形式分类

按系统形式分类，光伏逆变器可分为组串式、集中式以及微型逆变器三类。

组串式逆变器（String Inverter）是指光伏器件通过串联构成光伏阵列给光伏发电系统提供能量，优点是可以避免并联模块因电压跌落造成系统不能工作的缺点，组串式逆变器通常功率在 10kW 以下，如图 1-2a 所示。

集中式逆变器（Central Inverter）是光伏发电系统最早采用的逆变器形式，如图 1-2b 所示。在该系统中所有的光伏模块通过串、并联构成一个光伏阵列，该阵列的能量通过一个逆变器集中转换为交流电，因此称为集中式逆变器，其结构框图如图 1-3 所示。集中式逆变器的优点是输出功率可达到 MW 级，单位发电成本低，因而主要用于光伏电站等功率较大的场合。但光伏器件的这种串、并联连接方式容易带来以下缺点：

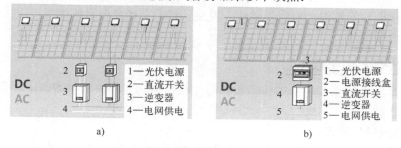

图 1-2　组串式逆变器和集中式逆变器

a) 组串式逆变器　b) 集中式逆变器

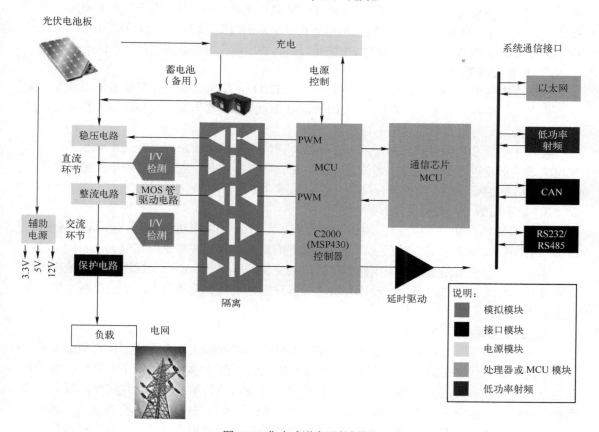

图 1-3　集中式逆变器的框图

1）同一阵列中光伏器件不仅受串联模块特性的相互影响，也受并联模块之间特性的相互影响，因此会影响光伏器件的输出功率，使得该类逆变器对光伏器件的利用率低于其他方式。

2）光伏阵列中某一个组件被阴影覆盖时，该组件不仅不能输出功率，还会成为系统的负载，引起该组件的发热，甚至损坏。

近年来，直接与单个光伏面板相连接的微型逆变器（Micro Inverter，MI）越来越被市场所接受。每个微型逆变器与光伏阵列中的单一一块光伏模块相连，使得最大功率点跟踪可以在单个光伏模块的层次完成，使得阴影效应等影响光伏面板效率的问题得到最大程度的减弱，使每块光伏模块的发电效率达到最佳，提高了整个光伏发电系统的发电效率。图 1-4 为微型逆变器的典型电路。

1.2.3　光伏逆变器的参数

光伏逆变器的参数主要包括工作参数和与光伏发电功能相关的参数。下面介绍一些比较重要的参数及其意义。

1．输出电压的稳定度

在光伏系统中，光伏电池发出的电能先由蓄电池储存起来，然后经过逆变器逆变成 220V 或 380V 的交流电。但是蓄电池受自身充、放电的影响，其输出电压的变化范围较大，如标称电压为 12V 的蓄电池，其电压值可在 10.8～14.4V 之间变动（超出这个范围可能对蓄电池造成损坏）。对于一个合格的逆变器，输入端电压在这个范围内变化时，其稳态输出电压的变化量应不超过额定值的±5%，同时当负载发生突变时，其输出电压偏差不应超过额定值的±10%。

2．总谐波畸变率

总谐波畸变率（Total Harmonic Distortion，THD）是指全部谐波分量有效值与基波分量有效值之比，用百分数表示。THD 一般指的是以 2 次到 39 次谐波总量与基波的百分比，再高次的谐波因绝对值太小而忽略不计。

电网中电压和电流最理想的波形是正弦波。谐波含量越大，总谐波畸变率就越高，电压或电流的波形就越不像正弦波。谐波含量大容易损坏电器设备，也使得电磁干扰更为严重，因而光伏并网逆变器的总谐波畸变率需要达到国家规定的标准。

3．功率因数

交流电路中，电压与电流之间的相位差（φ）的余弦叫作功率因数（Power Factor，PF），用符号 $\cos\varphi$ 表示。在数值上，功率因数是有功功率和视在功率的比值。

由于光伏逆变器是通过开关电路实现直流到交流的转换的，所以光伏逆变器的输出中存在有功功率和无功功率，因此在设计光伏逆变器时应尽量减少无功功率，从而提高光伏逆变器的功率因数。

4．逆变器的效率

逆变器的效率是指在规定的工作条件下，其输出功率与输入功率之比，用百分数表示，一般情况下，光伏逆变器的标称效率是指纯阻性负载时，在 80%负载情况下的效率。由于光伏电池的成本较高，因此应该最大限度地提高光伏逆变器的效率，降低系统成本，提高光伏系统的性价比。目前主流逆变器标称效率在 80%～95%之间，对小功率逆变器要求其效率不低于 85%。在光伏系统实际设计过程中，不但要选择高效率的逆变器，同时还应通过系统合理配置，尽量使光伏系统负载工作在最佳效率点附近。

5．额定输出电流

额定输出电流表示在规定的负载功率因数范围内逆变器的额定输出电流。有些逆变器产品给出的是额定输出容量，其单位以 V·A 或 kV·A 表示。逆变器的额定容量是当输出功率因数为 1（即纯阻性负载）时，额定输出电压与额定输出电流的乘积。

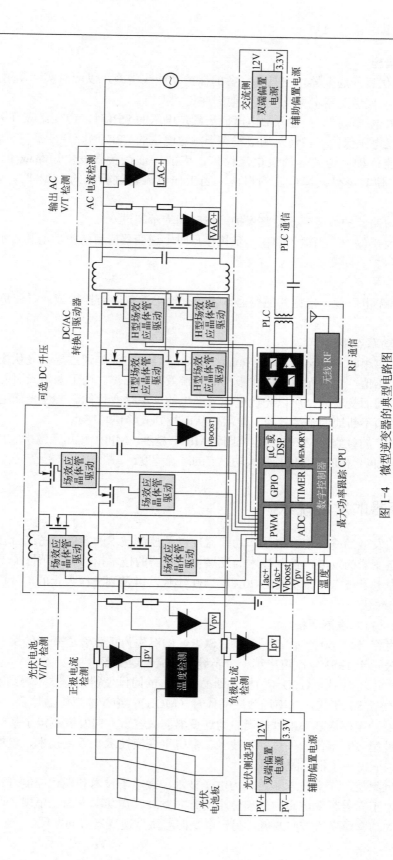

图 1-4 微型逆变器的典型电路图

6．保护措施

一款性能优良的逆变器，应具备完备的保护功能或措施，以应对实际使用过程中出现的各种异常情况，使逆变器本身及系统其他部件免受损伤。

1）输入欠电压保护。当输入端电压低于额定电压的 85% 时，逆变器应有保护和显示。

2）输入过电压保护。当输入端电压高于额定电压的 130% 时，逆变器应有保护和显示。

3）过电流保护。逆变器的过电流保护，应能保证在负载发生短路或电流超过允许值时及时动作，使其免受浪涌电流的损伤。当工作电流超过额定的 150% 时，逆变器应能自动保护。

4）输出短路保护。逆变器短路保护动作时间应不超过 0.5s。

5）输入反接保护。当输入端正、负极接反时，逆变器应有防护功能和显示。

6）防雷保护。逆变器应有防雷保护。

7）过温保护等。

另外，对无电压稳定措施的逆变器，还应有输出过电压防护措施，以使负载免受过电压的损害。

7．最大功率点跟踪

最大功率点跟踪（Maxim Power Point Tracking，MPPT）是通过寻找光伏模块输出功率最大时对应的电压值，使得光伏模块在最高的转换效率下工作。由于太阳光照射到地球表面的光强度是随时间而变动的，所以光伏电池板产生的功率是变化的。要使光伏电池板发电效率最大化，就必须不断地调整等效输入电阻，从而找到其峰值功率点。

涉及 MPPT 的参数有 MPPT 电压范围和 MPPT 精度，MPPT 电压范围指 MPPT 系统可以扫描的电压范围区间，MPPT 精度指最大功率点的准确程度。

1.3　逆变器的发展现状

逆变器的发展始终与电力电子、功率器件以及控制技术的发展紧密结合在一起，器件的发展带动着逆变器的发展，控制技术的发展使逆变器的技术指标和各项性能不断提高。逆变器出现于电力电子技术飞速发展的 20 世纪 60 年代，以及到现在为止的单片机和数字信号处理器（DSP）时代。

1．逆变器技术发展历程

1）20 世纪 50～60 年代，晶闸管（SCR）的诞生为正弦波逆变器的发展创造了有利条件，KACO 公司于 1953 年制造出第一个半导体闸流管逆变器。

2）20 世纪 70 年代，GTO（门极关断晶闸管）的问世使得逆变技术得到发展和应用。

3）20 世纪 80 年代，功率场效应晶体管（MOS）、绝缘栅双极晶体管、MOS 控制晶闸管（MCT）及静电感应功率器件的诞生为逆变器向大容量方向发展奠定了基础。

4）20 世纪 90 年代，矢量控制技术、多电平变换技术、重复技术、模糊逻辑控制技术等在逆变器领域得到了很好的应用。

5）21 世纪初，逆变技术随着电力电子技术、微电子技术和现代控制理论的进步不断改进，逆变技术正向着频率更高、体积更小的方向发展。在功率方面，出现了两个发展方向：一个是向着大功率逆变器方向发展，另一个是向着微型逆变器方向发展。

2．光伏逆变器的发展状况

光伏组件产生的电能为准直流电，必须通过将直流变换成交流的设备——逆变器，才能实现将太阳能光伏产生的电能接入公共电网和供给负载。根据所发电力是否馈入电网，光伏逆变器分为并网逆变器和离网逆变器。一般并网系统的逆变器功率与光伏系统的功率一致，而离网系统的逆变器功率由负载决定。对于利用太阳能进行大规模发电来说，必须并网才能实现电能的远距离传输，并网逆变器的重要性也就不言而喻。目前，并网光伏系统占光伏总安装量的比例越来越大，而并网逆变器的技术指标也代表了光伏逆变器的技术水平。逆变器的功率正朝着功率越来越高和微型化两个方向发展，效率则向着更高方向发展。

光伏逆变器总趋势是朝着高频化、小型化发展。为了得到更高的效率，采用无变压器拓扑的趋势已逐渐成为主流。对于一些必须采用变压器或阵列接地等标准的国家而言，需要对标准进行修改，以满足无变压器逆变器市场发展的需要。未来最具发展前景的是微型逆变器。在日照不均、光伏组件多样化、安装条件复杂等情况下，微型逆变器具有广阔市场空间，可以实现模块化、分布式模式发电。

对于光伏逆变器来讲，提高电源的转换效率是一个永恒的主题，但是当系统的效率越来越高，几乎接近 100%时，效率的进一步改善会伴随着性价比的降低，因此，如何保持一个很高的效率，又能维持很好的价格竞争力将是当前的重要课题。与努力改善逆变器的效率相比，如何提高整个逆变系统的效率，正逐渐成为光伏系统的另一个重要课题。在一个光伏阵列中，当局部出现 2%～3%的阴影时，系统输出电力会出现 20%左右的功率下降。为了更好地适应天气等变化的状况，针对单一或部分光伏组件，采用一对一的 MPPT 或多个 MPPT 控制功能是十分有效的解决方法。

当逆变系统处于并网运行时，系统对地漏电会造成严重的安全问题；同时，为了提高系统的效率，光伏阵列大多会被串联成很高的直流输出电压使用，因此，当电极间有异常状况发生时，很容易产生直流电弧，由于直流电压很高，导致灭弧困难，在这种情况下极容易造成火灾。随着光伏逆变系统的广泛采用，系统安全性的问题也将是逆变技术需要研究的重要内容。

此外，电力系统正在进入智能电网技术的快速发展和普及阶段。大量的太阳能等新能源电力系统的并网，给智能电网系统的稳定性提出了新的技术挑战。设计出能够更加快速、准确、智能化地兼容智能电网的逆变系统，将成为今后光伏逆变系统的必要条件。

总体来说，逆变技术随着电力电子技术、微电子技术和现代控制理论的发展而发展。随着时间的推移，逆变技术正向着频率更高、功率更大、效率更高、体积更小的方向发展。

3．光伏逆变器的市场竞争激烈

由于目前光伏逆变器市场发展迅速，竞争也异常激烈。虽然德国 SMA 公司目前仍然是世界排名第一的光伏逆变器厂商，但其市场份额却在不断缩小，已经从几年前的 40%缩小到现在的 30%左右。国内最大的光伏逆变器厂商合肥阳光电源成立于 1997 年，其国内市场份额在 2008 年曾一度高达 70%，但现在其国内市场份额不到 40%。尽管如此，我国的光伏市场规模仍然很小，我国的光伏逆变器厂商的发展空间十分广阔。2011 年，我国国内光伏逆变器市场份额前十的厂商，总共占据了 80%的市场份额，这其中只有一家是外国厂商。光伏逆变器生产由于不需要复杂、庞大、昂贵的装配生产设备，固定资产投资小，上游元器件供给充足，品质高的逆变器的供应商又少，因此整机毛利率在 35%～40%。随着我国光伏发电规模的快速加大，预计毛利率会有所下降，但这更有利于电力平价上网，尽快打开光伏发电市场。

光伏逆变器产品在技术方面，国外仍然处于领先地位。但是这种现象必然会随着我国产品技术的进一步提高而有所改变。目前国内生产逆变器的厂商主要有合肥阳光电源有限公司（专业生产离网/并网光伏及风力发电逆变器）、北京索英电气技术有限公司（回馈电源及逆变器）、北京科诺伟业科技有限公司（系统集成及逆变器）、广东志诚冠军集团有限公司（UPS 为主）、北京日佳电源有限公司（小功率为主）、南京冠亚电源设备有限公司（控制逆变为主）等企业。表 1-1 是国内外逆变器的技术对比情况。

表 1-1　国内外逆变器技术对比

技术指标	国　　外	国　　内
并网逆变器	商业化	商业化
并网/独立双功能	商业化	商业化
逆变效率	85%～98%	85%～98%
高频逆变	商业化、可靠、耐冲击	小功率可以批量生产，以离网为主
模块化生产	1～5kW，要求大功率时可并机，有利于标准化批量生产	大功率产品实现模块化生产，可以并机运行，离网产品成熟
双向逆变	成熟，一组功率模块，既可以用于逆变，又可用于整流充电	仅有少数几家公司可以生产

4. 全球逆变器市场发展趋势

据 GTM Research 发布的 2017 全球光伏逆变器榜单中，全球前十大逆变器企业分别为：华为（26.4%）、阳光电源（16.7%）、SMA（8.7%）、ABB（5.6%）、上能（4.6%）、特变电工（3.9%）、PowerElectronics（2.9%）、三菱电机（2.8%）、施耐德（2.6%）、SolarEdge（2.5%）。

2017 年全球逆变器市场规模为 98.563GW，同比增长 23%。根据统计，2017 年有 20 家企业光伏逆变器出货量超过 1GW，这 20 家企业的总出货量占据了全球 93%的市场份额，是自 2010 年以来的最高水平。

2015-2017 三年里，全球前四大光伏逆变器企业排行保持不变，而华为自 2015 年以来已经连续三年位居全球第一。

2017 年全球三相组串逆变器出货量为 46.233GW，同比增长 49%。2017 年集中式逆变器出货量为 42.382GW，组串式逆变器出货量为 4GW。

组串式逆变器由于多路 MPPT 优势带来的发电量高、适应复杂环境、可靠性高、维护成本低等，使其在大型光伏电站中占有优势。

1.4　光伏发电系统

一个完整的光伏发电系统由多个部分组成，主要包括光伏面板或光伏阵列、逆变器，同时还包括诸如支架、控制器等组件以及电网。一个典型的光伏发电系统如图 1-5 所示。光伏发电系统需要对光伏面板的工作状态进行监测、控制，并且对光伏面板的输出电能进行有效利用。目前广泛应用的光伏发电系统的形式主要分为独立（离网）光伏系统和并网光伏系统两种。光伏发电系统根据是否与其他发电系统或电网连接可分为单机系统和电网连接系统；单机系统又包括三大类：无存储装置、有存储装置和混合发电系统。电网连接系统包括直接与公共电网连接的系统和通过内部电网连接到公共电网的系统。光伏发电系统的具体分类如图 1-6 所示。

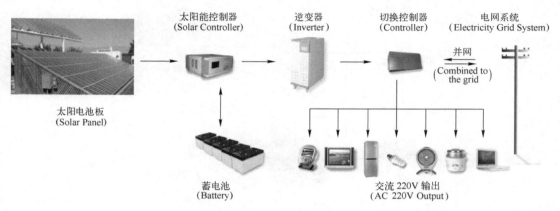

图 1-5　典型的光伏发电系统

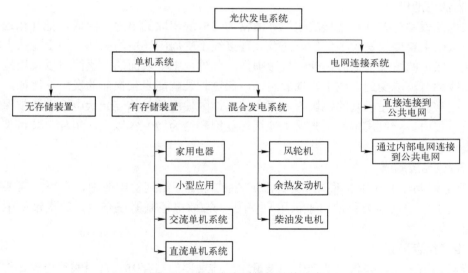

图 1-6　光伏发电系统的具体分类

1.4.1　独立光伏系统

独立光伏系统（stand-along PV system）不与公共电网相连，只满足小范围的电力需求，特别适用于电网难以覆盖的偏远地区，以及通信基站、太阳能照明系统等需要灵活部署或者需要持续供电保障的场合。蓄电池将日照充足时发出的剩余电能储存起来，供日照不足或没有日照时使用。为了延长蓄电池的寿命，直流控制中应具有一个调节和保护环节来控制蓄电池的充放电速率和深度。蓄电池的充放电控制是独立光伏系统的重要内容。图 1-7 所示是一个典型的独立光伏系统，主要由光伏电池板、充/放电控制器、电能存储装置（蓄电池）和逆变器等组成，下面对各个组成部分进行详细的介绍。

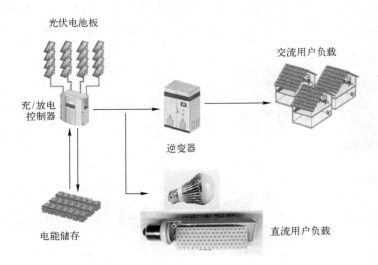

图 1-7 典型的独立光伏系统

1. 光伏电池板

一块电池板由许多互相连接的电池（通常为 36 块串联的电池）组成，把互相连接的电池封装起来的主要原因是为了保护电池及其连接线不受周围环境的破坏。由于光伏电池非常薄，在缺乏保护的情况下很容易受到机械损伤。此外，电池表面的金属网格以及连接每个电池的金属线都有可能受到水或水蒸气的腐蚀，通过封装就能阻止损坏的发生。比如，非晶硅光伏电池通常被封装在柔软的板块内，而在偏远地区使用的晶体硅光伏电池则通常保护在刚硬的玻璃封装内，一般规定的硅光伏电池板的使用寿命为 20 年以上，组件封装可使其可靠性大大提高。

2. 充/放电控制器

充/放电控制器的作用是将光伏电池板产生的电能存储到蓄电池中，在用户需要电能的时候，将蓄电池中的电能释放出来供用户使用，充/放电控制器在充电、放电过程中还要对蓄电池起保护作用。

3. 电能储存装置

电能储存用来储存光伏电池产生的能量，目前主要的储存方式有铅酸蓄电池、锂电池和大容量电容器等。

4. 逆变器（在需要提供交流电压的情况下）

由于目前的用电设备，如普通照明用的电灯、计算机等都是 220V 的交流电，机床、水泵等都是 380V 的交流电，为了使光伏发电产生的电能够用于日常生活和工农业生产，还需要将其产生的直流电能转换为交流电能，这就需要逆变器来完成。

1.4.2 并网光伏系统

并网光伏系统是指与公共电网相连的光伏发电系统，主要有大型光伏电站和分布式光伏发电系统两种形式。并网光伏系统产生的电能可以馈送至电网，使光伏发电成为能源供应中的重要组成部分。大型光伏电站通常设立在偏远空旷山区或沙漠地区，而分布式光伏系统则是分散安装在城市建筑物的墙壁或屋顶上。典型的并网光伏系统如图 1-8 所示。

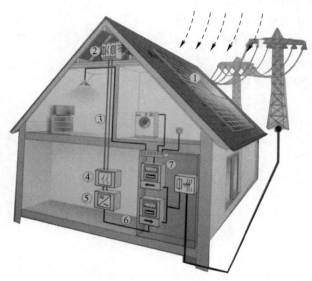

图 1-8　典型的并网光伏系统

1—光伏阵列　2—汇流箱　3—直流电缆　4—直流配电柜

5—逆变器　6—交流电缆　7—交流配电柜及供、输电表和电气连接

并网光伏发电系统由光伏阵列、汇流箱、逆变器和交、直流配电柜等组成，各部分的功能如下。

1. 汇流箱

在光伏发电系统中，数量庞大的光伏电池组件进行串并组合达到需要的电压电流值，以使发电效率达到最佳。光伏汇流箱的主要作用就是对光伏电池阵列的输入进行一级汇流，用于减少光伏电池阵列接入到逆变器的连线，优化系统结构，提高可靠性和可维护性。在提供汇流防雷功能的同时，还监测光伏电池板的运行状态、汇流后的电流、电压和功率、防雷器状态、直流断路器状态、继电器接点的输出等。

2. 交、直流配电柜

交、直流配电柜包含直流配电单元和交流配电单元，直流配电单元提供直流输入、输出接口，主要是将光伏组件输入的直流电源进行汇流后接入逆变器或直接供给其他直流负载（如蓄电池、充电电源等）；交流配电单元主要通过本柜给逆变器提供并网接口，配置输出交流断路器直接供交流负载使用，另外还含有（市电或发电机）网侧断路器、光伏防雷模块、逆变器输出计量电度表（可带 RS485 接口）和交流电网侧配置电压电流表等测量仪表，方便系统管理。

并网光伏系统与离网光伏系统在结构上的差别不是很大，其主要差别体现在技术实现上，并网光伏系统除了要具有独立光伏系统的功能外，还要考虑并网的相关标准和要求，具体会在以后章节中介绍。

1.5 习题

1. 什么是光伏逆变器？
2. 按系统分，光伏逆变器有几种形式？
3. 光伏逆变器的主要参数有哪些？
4. 画出光伏逆变器的组成结构。
5. 独立光伏系统和并网光伏系统有什么区别？

第 2 章　光伏电池

光伏电池实际上是一个 PN 结，PN 结在光照下产生电动势的现象称为光生伏特效应。当光照射到 PN 结上时，PN 结受光激发而产生电子—空穴对，从而产生势垒电场，空穴在势垒电场的作用下向 P 区移动，而电子则向 N 区移动，这样就在 PN 结附近形成与势垒电场相反的光生电动势。光生电动势的一部分抵消势垒电场，另一部分使 P 区带正电，N 区带负电，从而在 P 区与 N 区之间产生光生伏特效应。这就是光伏电池的最小单元。

2.1　光伏电池的分类、结构和发电原理

在光伏发电系统中，实现光电转换的最小单元是光伏电池单体（solar cell）。光伏电池的基本特性和二极管类似，但它的单体一般不作为电源使用。通常，光伏电池串联（通常是 36 个单体串联）后组成光伏模块，然后再将模块进行串、并联组成光伏阵列进行发电。光伏电池单体的开路电压和短路电流都较小，但光伏模块和光伏阵列可以通过串、并联使输出达到较高值，并可输出较大功率的能量。

2.1.1　光伏电池的分类

光伏电池是由半导体材料制造的，图 2-1 中是对常见光伏电池种类的总结。

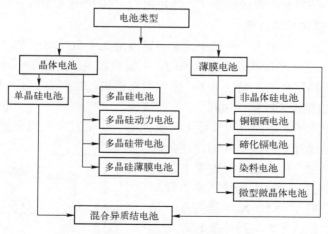

图 2-1　常见光伏电池种类

2.1.2　光伏电池的结构

光伏电池是一种能直接把太阳的光照直接转化为电能的半导体器件，它受光照射后就会

产生电流和电压。这个过程的发生需要两个条件：

1）太阳光的照射，把低能级的电子激发到了高能级。

2）处于高能级的电子，从电池内部移动到外部电路中，然后经过负载后又回到了电池内部中。图2-2展示了能实现这种功能的光伏电池封装结构图。

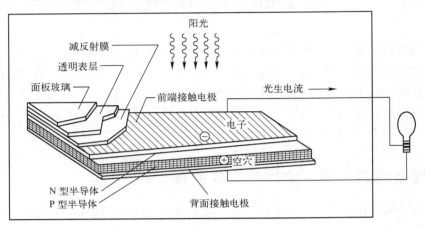

图2-2　光伏电池封装结构图

光伏电池工作的基本步骤是：①通过光照射后，产生光生载流子；②大量的光生载流子聚集成光生电流；③产生跨越光伏电池的高电压；④光生电流在电压的驱动下，穿过外电路然后再回到光伏电池中。

2.1.3　光生电流的产生过程

光伏电池在光照下产生的电流叫作"光生电流"，它的产生包括了两个主要的过程：

1. 产生电子—空穴对的过程

电子—空穴对只能由能量大于光伏电池禁带宽度的光子激发而产生，由于P型材料中的电子和N型材料中的空穴是处在亚稳定状态的，在复合之前其平均生存时间等于少数载流子的寿命。如果载流子被复合了，光生电子—空穴对将消失，也产生不了电流。

2. PN结对光生载流子收集的过程

PN结对光生载流子收集的过程实际上就是把电子和空穴分散到不同的区域，阻止了它们的复合，PN结是通过其内建电场的作用把载流子分开的。如果光生少数载流子到达PN结，将会被内建电场移到另一个区，便成了多数载流子。如果用一根导线把P区跟N区连接在一起（使电池短路），光生载流子将流到外部电路。

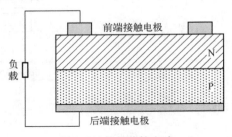

图2-3　外部连接方式

图2-3展示了外部连接方式。外接负载情况下电子和空穴在PN结中流动，少数载流子不能穿过半导体和金属之间的界限，如果要阻止复合并对电流有贡献的话，必须通过PN结收集。

2.2　光伏效应

如果产生了电能，则必定同时产生了电压和电流。在光伏电池中，电压是由"光生伏特效应"产生的。PN 结对光生载流子的收集使电子穿过电场移向 N 型区，而空穴则穿过电场移向 P 型区。在电池外接电路短路的情况下，将不会出现电荷的聚集，因为载流子都参与了光生电流的流动。

2.2.1　光伏电池的伏安曲线

光伏电池的伏安曲线是二极管在黑暗时的伏安曲线与光生电流的叠加，用光照射电池并加上二极管的暗电流，则二极管的方程为

$$I = I_0 \left[\exp\left(\frac{qU}{nkT} \right) - 1 \right] - I_L \tag{2-1}$$

式中，n 为二极管的理想系数；k 为波尔兹曼常数；T 为绝对温度；q 为单位电荷量；I_0 为二极管反向饱和电流；I_L 为光生电流。

则伏安曲线方程为

$$I' = -I = I_L - I_0 \left[\exp\left(\frac{qU}{nkT} \right) - 1 \right] \tag{2-2}$$

下面讨论用于描述光伏电池特性的重要参数。短路电流（I_{SC}）和开路电压（U_{OC}）以及功率（P）与开路电压（U_{OC}）之间的关系，如图 2-4 所示。

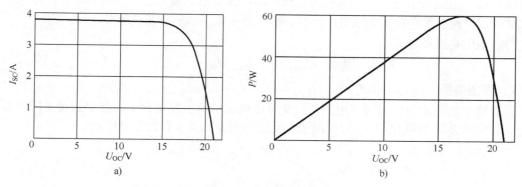

图 2-4　光伏电池特性

a) I_{SC} 与 U_{OC} 的关系　b) P 与 U_{OC} 的关系

1. 短路电流

短路电流是指当光伏电池的电压为零时，即 P、N 结外电路短路时流过电池的电流，通常记作 I_{SC}。对于理想的光伏电池来说，短路电流等于光生电流，因此短路电流是光伏电池输出的最大电流。短路电流的大小取决于以下几个因素：

1）光伏电池的表面积。

2）光子的数量（即入射光的强度）。光伏电池输出的短路电流 I_{SC} 的大小直接取决于光

照强度。

3）入射光的光谱。测量光伏电池通常使用的标准为 AM1.5[⊖]的大气质量光谱。

4）电池的光学特性（吸收和反射），特别是玻璃覆盖层的光学特性。

5）电池的收集概率。主要取决于电池表面钝化和基区的少数载流子寿命。

在 AM1.5 大气质量光谱下的硅光伏电池，其可能的最大电流为 46mA/cm^2。实验室测得的数据已经达到 42mA/cm^2，而商业用光伏电池的短路电流在 28～35mA/cm^2 之间。

2. 开路电压

开路电压 U_{OC} 是光伏电池输出的最大电压，此时输出电流为零。开路电压的大小相当于光生电流在电池两边形成的正向偏压。开路电压可参考图 2-4a 的伏安曲线。使式（2-2）中的 $I' = 0$，即输出电流设置成零，便可得到光伏电池的开路电压方程为

$$U_{OC} = \frac{nkT}{q}\ln\left(\frac{I_L}{I_0}+1\right) \tag{2-3}$$

由式（2-3）可知：U_{OC} 的大小取决于光伏电池的饱和电流和光生电流。由于短路电流的变化很小，而饱和电流的大小可以改变几个数量级，所以主要影响来自于饱和电流。实验室测得的单个硅光伏电池在 AM1.5 光谱下的最大开路电压能达到 720mV，而商业用光伏电池通常为 600mV。

2.2.2　电阻效应

1. 特征电阻

光伏电池的特征电阻就是电池在输出最大功率时的输出电阻，如图 2-5 所示的 C 点。如果外接负载的电阻大小等于电池本身的输出电阻，那么电池输出的功率达到最大，即工作在最大功率点。此参数在分析光伏电池特性、研究寄生电阻损失时非常重要。

特征电阻也可以写成

$$R_{CH} = U_{mp}/I_{mp} = U_{OC}/I_{SC} \tag{2-4}$$

2. 寄生电阻

光伏电池的电阻效应消耗了电池的能量，降低了电池的发电效率。其中最常见的寄生电阻为串联电阻 R_s 和并联电阻 R_{sh}，如图 2-6 所示的电池单二极管的等效电路。

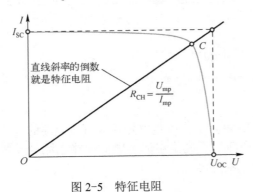

图 2-5　特征电阻

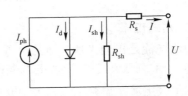

图 2-6　单二极管的等效电路

⊖ AM1.5 指的是光照强度为 1000W/m^2。

3．串联电阻

引起串联电阻的因素有三种：①穿过光伏电池发射区和基区的电流；②金属电极与 PN 结之间的接触电阻；③顶部和背部的金属电阻。

串联电阻对光伏组件的 I-U 输出特性曲线在最大功率点附近的形状有着较大的影响，并且光伏组件的效率随着串联电阻近似呈指数减少。图 2-7 所示为串联电阻分别为参考值以及参考值的 2 倍和 1/2 时，光伏组件的 I-U 输出特性曲线，外部环境参数为温度=25℃、光照强度=1000W/m^2。

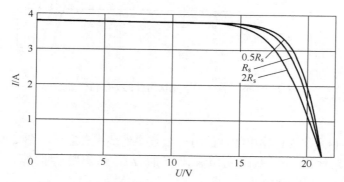

图 2-7 不同串联内阻 R_s 下光伏组件的 I-U 特性曲线

4．并联电阻

并联电阻 R_{sh} 造成的功率损失通常是由制造缺陷引起的，并联电阻以分流的形式造成功率损失，减小了流经 PN 结的电流，同时还降低了光伏电池的电压。在光强很低的情况下，并联电阻对电池的影响最大，因为此时光伏电池的电流很小。

并联电阻对 I-U 特性曲线的影响没有串联电阻对 I-U 特性曲线的影响明显。

5．串、并联电阻的共同影响

当并联电阻和串联电阻同时存在时，光伏电池的电流 I 与电压 U 关系为

$$I = I_L - I_0 \exp\left[\frac{q(U + IR_s)}{nkT}\right] - \frac{U + IR_s}{R_{sh}} \tag{2-5}$$

2.2.3 其他效应

1．温度效应

温度是影响光伏组件输出特性的重要外部环境因素之一。图 2-8 所示为光照强度等于 1000W/m^2 时，光伏组件在 15℃、25℃和 35℃时的 I-U 输出特性曲线。

如图 2-8 所示，在温度为 15℃时，小于标准检测环境中的温度标准（T=25℃），光伏组件的短路电流变化较小，比标准检测温度时略微下降，而开路电压的变化相对较明显，比标准检测温度下增加 1V 左右；在温度为 35℃时，大于标准检测温度时，光伏组件的短路电流变化也较小，比标准检测温度下略微增加，而开路电压则较标准检测温度时减小 1V 左右。综上所述，光伏组件的输出电流与温度成正比关系，但变化较小，在温差为 10℃时，电流变化约为 0.04A；光伏组件的输出电压与温度成反比关系，变化相对较大，在温差为 10℃时，

电压变化约为 1V。

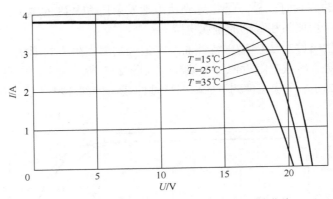

图 2-8　不同温度 T 下光伏组件的 I-U 特性曲线

2．光强效应

光照强度是影响光伏组件输出特性的另一个重要外部因素之一。图 2-9 所示为标准检测温度（25℃）下光伏组件在不同光照强度下的 I-U 输出特性曲线，光照强度分别为 1000W/m² 、750W/m² 以及 500W/m² 。

如图 2-9 所示，光伏组件的短路电流与光照强度成正比，变化比较大，光照强度每增加 250W/m² ，组件的短路电流增加约 1A；开路电压随光照强度的变化并不明显，趋势是随着光照强度的增加开路电压略有增加，光照强度每增加 250W/m² ，组件的开路电压增加 0.5V 左右。由图 2-10 所示的 P-U 特性曲线可知，随着光照强度的增加，组件的输出功率也将相应地增加，特别是最大功率点相差最大。

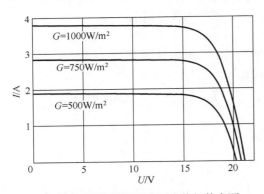

图 2-9　标准检测温度下光伏组件在不同光照强度 G 下的 I-U 输出特性曲线

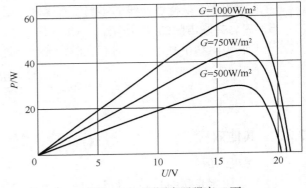

图 2-10　不同光照强度 G 下光伏组件的 P-U 特性曲线

2.3　光伏电池板

1．简介

一块光伏电池板是由许多单光伏电池连接而成的，这样能增加输出功率。相互连接的电池被封装起来制成光伏面板以防止来自周围环境的破坏。电池互联起来形成的光伏电池阵列最主要的问题是：①不匹配的电池之间的互联引起的损耗；②电池板的温度；③电池板的故障模式。光伏电池板如图 2-11 所示。

图 2-11　光伏电池板

a) 单晶硅　b) 多晶硅

2．电池板的结构

一块光伏电池板是由许多互相连接的光伏电池单元封装而成的。由于光伏电池非常薄，所以在缺乏保护的情况下很容易受到机械损伤。另外，电池表面的金属网格以及连接每个电池的金属线都有可能受到水或水蒸气的腐蚀。封装能防止这些破坏。光伏电池板的使用寿命通常为 20 年以上，可见组件经过封装后具有较高的可靠性，封装对于光伏面板的工作具有很高的重要性。

2.4　互联效应

2.4.1　组件电路的设计

通常将多块光伏电池单元串联成一块光伏电池板，以提高输出电压，如图 2-12 所示。独立光伏系统中，光伏组件的输出电压通常被设计成与 12V 蓄电池相匹配。在 25℃和 AM1.5 条件下，单个光伏电池的输出电压只有 0.6V 左右。考虑到由于温度造成的电池板电压损失和蓄电池所需要的充电电压要达到 15V 或者更高，由 36 块电池片组成的光伏电池组件，在标准测试条件下，输出的开路电压将达到 21V 左右，最大功率点处的工作电压大约为 17V 或 18V。

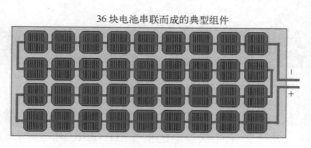

36 块电池串联而成的典型组件

图 2-12　光伏电池组件的外形和连接形式

虽然光伏组件输出电压的大小取决于电池的数量，但是组件的输出电流却取决于单个光伏电池的尺寸大小和它的转换效率。在 AM1.5 和最优倾斜角度下，商用电池的电流密度大约在 30～36mA/cm² 之间。单晶硅电池的面积若为 100cm²，则总的输出电流大约为 3.5A。多晶硅电池组件的电池片面积更大，但电流密度相对较低，因此输出的短路电流约为 3A 左右。但是，多晶硅电池的面积可以有多种变化，因此电流也可以有多种选择。

如果组件中的所有光伏电池都具有相同的电特性，并处于相同的光照和温度下，则所有的电池都将输出相等的电流和电压。在这种情况下，光伏组件的 I-U 曲线的形状将和单个电池的形状相同，只是电压和电流都增大了。则此电路的方程为

$$I_{\mathrm{T}} = MI_{\mathrm{L}} - MI_0 \left\{ \exp\left[\frac{q\left(\dfrac{U_{\mathrm{T}}}{N} + I_{\mathrm{T}}\dfrac{R_{\mathrm{s}}}{M}\right)}{nkT} \right] - 1 \right\} \tag{2-6}$$

式中，N 为串联电池的个数；M 为并联电池的个数；I_{T} 为电路的总电流；U_{T} 为电路的总电压；I_0 为单个电池的饱和电流；I_{L} 为单个电池的短路电流；R_{s} 为单个电池单元的串联电阻；n 为单个电池的理想因子；q、k 和 T 为常数。

2.4.2 错配效应

错配损耗是由互相连接的电池或组件，因为性能不相同或者工作条件不同造成的。在工作条件相同的情况下，错配损耗是由其性能不相同造成的，这是一个相当严重的问题，因为整个光伏模组的输出是取决于那个表现最差光伏电池的输出。例如，在一个模组中有一块电池片被阴影遮住（见图 2-13），则其他工作正常的电池所产生的电能，大部分将被阴影遮挡的电池所抵消。反过来还可能会导致局部电能的严重损失，由此产生的局部加热也可能引起模组致命的损害。模组局部被阴影遮住是引起光伏组件错配的主要原因。

图 2-13 阴影下的光伏组件

当模组中的一个光伏电池的参数与其他的明显不同时，错配现象就会发生。由错配造成的影响和电能损失大小取决于：①光伏模组的工作点；②电路的结构布局；③受影响电池的参数。

一个电池与其余电池在 I-U 曲线上任何一处差异都可能引起错配损耗。图 2-14 展示

了光伏电池在非理想下的 *I-U* 曲线。尽管错配现象可能是由电池参数引起的，但是严重的错配通常都是由短路电流或开路电压的差异所引起的。错配影响力的大小还取决于电路的结构和错配的类型，最大的错配差异存在于电池处于反向偏压的时候。

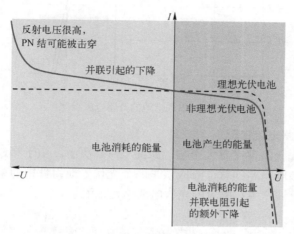

图 2-14　理想光伏电池和非理想光伏电池的比较

2.4.3　串联电池的错配

因为大多数光伏组件都是串联形式连接的，所以串联错配是最常遇到的错配类型，如图 2-15 所示。在两种最简单的错配类型中（短路电流错配和开路电压错配），短路电流的错配比较常见，它很容易被组件的阴影部分所引起。同时，这种错配类型也是最严重的。

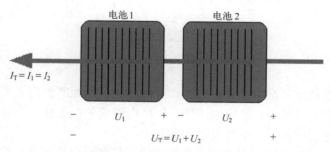

图 2-15　两个互相串联的电池

对于两个串联的光伏电池来说，流过两者的电流大小是一样的，产生的总电压等于两个电池电压之和。因为串联电路中，电流大小相等，所以在电流上出现错配就意味着总电流等于各个光伏电池光生电流中的最小值。

1. 串联电池的开路电压错配

串联电池的开路电压错配是一个不太严重的错配类型，如图 2-16 所示。在短路电流处，光伏组件输出的总电流是不受影响的。而在最大功率点处，总的功率却减小了，因为总有一个电池产生的能量较少。由于两个电池是串联起来的，所以流经两个电池的电流是一样的，而总的电压则等于每个电池的电压之和。

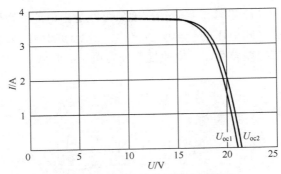

图 2-16 串联电池的开路电压错配

2.串联电池的短路电流错配

短路电流错配对光伏组件有重大影响，如图 2-17 所示。由于穿过每个光伏电池单元的电流需要一致，所以串联电路的总电流应该是两个光伏电池组件中的最小电流，产生大电流的光伏电池单元的电流被产生小电流的光伏电池单元抵消了。

点画线框内的电路元器件为光伏电池的模型，电流的大小等于光伏
电池单元的光生电流 I，因为电池外电路短路，故电池的前置偏压为零

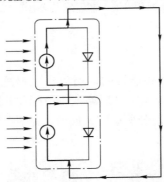

图 2-17 短路电流相等的串联错配

总体来说，在有电流错配的串联电路中，若问题光伏电池产生的光生电流小于正常单元在最大功率点时的电流，或者光伏电池工作在短路电流或欠电压处，则问题电池的高功率耗散会对组件造成致命的伤害，产生严重的功率损失。

两个串联光伏电池的电流错配问题，非常普遍，且有时会是相当严重的，串联电路的电流受到问题电池的电流限制。两线交点的电流表示串联电路的短路电流，这是一个计算串联电池的错配短路电流的简单方法，如图 2-18 所示。

2.4.4 旁路二极管

通过使用旁路二极管可以避免错配对组件造成的破坏，二极管与电池并联且方向相反，如图 2-19 所示，这是通常避免错配的方法。在正常工作状态下，每个光伏电池的电压都是正向偏置的，所以旁路二极管的电压为反向偏置，相当于开路，此时二极管不起作用。然而，如果串联电池中有一个电池发生错配而导致电压被反向偏置，则旁路二极管就会立即导通，因此使得来自正常电池的电流流向外部电路，即二极管电路，而不是变成每个电池的前置偏压。

穿过问题电池的最大反向电压将等于单个旁路二极管的管压降，由此限制了电流的大小。

在短路且电流匹配的情况下，穿过电池和旁路二极管的电压都为零，旁路二极管也不对电池产生影响。

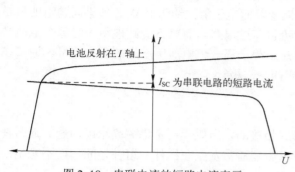

图 2-18 串联电流的短路电流表示

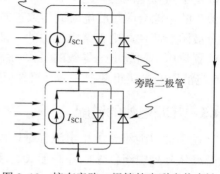

图 2-19 接有旁路二极管的串联光伏电池

要计算旁路二极管对 *I-U* 曲线的影响，首先要画出单个光伏电池（带有旁路二极管）的 *I-U* 曲线，然后再与其他电池的 *I-U* 曲线进行比较。旁路二极管只在电池出现电压反向时才对电池产生影响。如果反向电压高于电池的反向电压，则二极管将导通并让电流流过。图 2-20 是两种情况的 *I-U* 曲线。

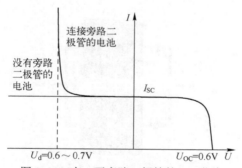

图 2-20 有、无旁路二极管的 *I-U* 曲线

图 2-21 给出了一种带有旁路二极管的电池组件示意图。图中画出了 9 个光伏电池，其中有 8 个正常电池和 1 个问题电池。典型的光伏组件由 36 个电池组成，如果没有旁路二极管，错配效应的破坏将更严重。

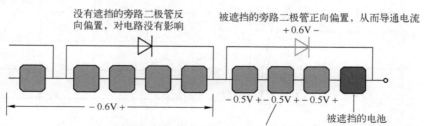

电池串中的电流被最小电流的电池单元所限制，如果一些电池单元被遮挡，那么最大电流将来自串中正向偏置的电池单元的正常电池单元，偏置电压的大小取决于问题单元的问题严重程度，不一定为 0.5V

图 2-21 带有旁路二极管的电池组件

然而，实际应用中若每个光伏电池都连接一个二极管，成本会很高，所以一个光伏组件通常包含 1～2 个二极管。穿过问题电池的电压大小等于串联电路中其他正常光伏电池（即与问题电池共享一个二极管的电池）的前置偏压加上二极管的电压。那些正常电池的电压大小取决于问题电池的问题严重程度。例如，如果一个电池完全被阴影遮住了，那些没有被阴影覆盖的电池会因短路电流而导致正向电压偏置，而电压值大约为 0.6V。如果问题电池只是部分被阴影遮住，则正常电池中的一部分电流将穿过电路，而剩下的则被用来对每个电池产生前置偏压。问题电池导致的最大功率耗散几乎等于那一组电池所产生的所有能量。通常在"36 电池"的光伏组件中，每个组件可以接有两个二极管。

2.4.5　并联电池的错配

在小的电池组件中，电池都是以串联形式相接的，所以不用考虑并联错配问题。通常在大型光伏阵列中组件才以并联形式连接，所以错配通常发生在组件与组件之间，而不是电池与电池之间。

图 2-22a 是电池的并联示意图，穿过每个电池的电压总是相等的，电路的总电流等于两个电池的电流之和。如图 2-22b 所示，电池 1 产生的光生电流小于电池 2。并联错配对电流的影响不大，总的电流总是比单个电池电流大。图 2-22c 是并联电池的电压错配，电池 2 较高的电压实际上起到了降低正常电池开路电压的作用。

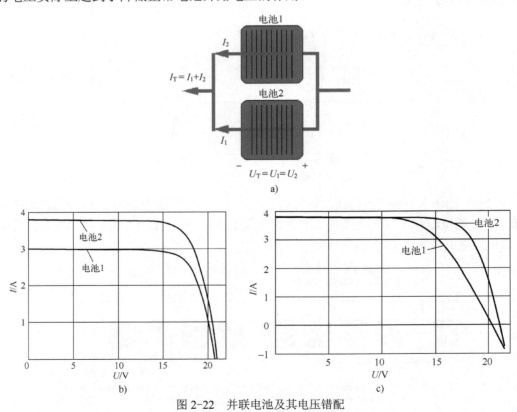

图 2-22　并联电池及其电压错配

a）电池的并联　b）电池 1 的输出电流小于电池 2　c）电池 2 的电压的增加事实上降低了正常电池的开路电压

简单计算错配并联电池的开路电压，即在坐标图中以电压为自变量画出 *I-U* 曲线，则两线的交点就是并联电路的开路电压，如图 2-23 所示。

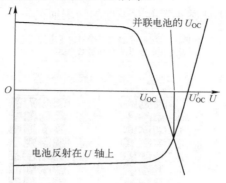

图 2-23　计算错配并联电池的开路电压

2.4.6　光伏阵列中的错配效应

光伏阵列是由多个光伏组件通过串联和并联形式连接起来的，串联与并联相结合可能会导致光伏阵列中出现问题。一个潜在的问题是当组件中的一个电池发生了开路，则来自这个组件的电流要小于阵列中的其余组件。这种情况与串联电路中有一个电池被阴影遮挡的情况相似，即整个光伏阵列输出的能量将会下降，如图 2-24 所示。

如果旁路二极管的额定电流与整个并联电路的输出电流大小不匹配，则并联电路的错配效应同样会导致严重的问题。比如，由串联组件组成的并联电路中，每个串联组件的旁路二极管也以并联形式连接，如图 2-25 所示。串联组件中的一个错配将会导致电流从二极管流过，从而使二极管发热。然而，二极管发热会减少饱和电流和有效电阻，从而使组件中的另一串电池也受影响。电流可能会流过组件中的每一个二极管，但也会流过与二极管相连的那一串电池，使这些旁路二极管变得更热，将大大降低它们的电阻并提高电流。如果二极管的额定电流小于电池组件的并联电流，二极管将会被烧坏，光伏组件也将会损坏。

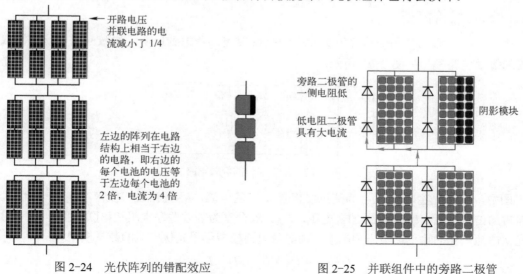

图 2-24　光伏阵列的错配效应　　　　　图 2-25　并联组件中的旁路二极管

除了使用旁路二极管来阻止错配损失外，通常还会使用阻塞二极管来减小错配损失，如图 2-26 所示。它不仅能降低驱动阻塞二极管的电流，还能阻止电流从一个正常工作的电池板流到有问题的电池板，也因此减小了并联组件的错配损失。

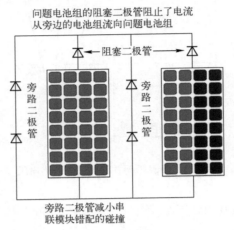

图 2-26　并联组件中的阻塞二极管

2.5　局部阴影特性

光伏组件作为光伏发电系统的基本单元，在均匀光照下，光伏组件的输出呈现单峰特性。但光伏组件处于复杂光照条件时，如被周围建筑物、树木及乌云等遮挡时，光伏组件中将有一部分电池处于阴影状态，会造成输出效率的降低，并容易发生热斑现象而损坏电池。传统光伏电池的单二极管等效模型只适用于光照均匀的情况，没有考虑热斑效应，因此不能显示阵列在部分阴影条件下的输出多峰值特性曲线。也就是说，针对阴影条件下的光伏阵列进行建模，并对其输出特性进行分析，是今后研究多峰值最大功率点跟踪的重要理论依据和基础。

2.5.1　双二极管模型

由于光伏阵列部分阴影情况下会发生的热斑效应，考虑到反向雪崩效应的光伏电池双二极管的等效电路模型如图 2-27 所示。

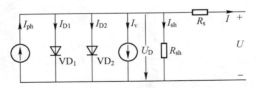

图 2-27　双二极管的等效电路

图中，I_{ph} 为光生电流，I_{D1} 为流过二极管 VD_1 的电流，I_{D2} 为流过二极管 VD_2 的电流，I_v 为反向雪崩击穿电流，U_D 为 R_{sh} 的端电压，R_{sh}、R_s 分别为等效并联电阻和串联电阻，U、I 分别为光伏电池单元的输出端电压和电流。由等效电路模型可得光伏电池的数学模型为

$$I = I_{ph} - I_{D1} - I_{D2} - I_v - I_{sh} \tag{2-7}$$

其中， $I_{D1} = I_{01}\left(\mathrm{e}^{\frac{qU_D}{n_1 kT}} - 1\right) = I_{01}\left(\mathrm{e}^{\frac{q(U+IR_s)}{n_1 kT}} - 1\right)$

$$I_{D2} = I_{02}\left(\mathrm{e}^{\frac{qU_D}{n_2 kT}} - 1\right) = I_{02}\left(\mathrm{e}^{\frac{q(U+IR_s)}{n_2 kT}} - 1\right)$$

$$I_v = \alpha\left(U + IR_s\right)\left(1 - \frac{U+IR_s}{U_{br}}\right)^{-\beta}$$

式中，I_{01}、n_1 为二极管 VD_1 的反向饱和电流和品质因子；I_{02}、n_2 为二极管 VD_2 的反向饱和电流和品质因子；U_{br} 为雪崩击穿电压；α、β 为雪崩击穿特征常数；T 为绝对温度；q 为单位电子电荷；k 为波尔兹曼常数。

图 2-28 为 n 个光伏电池串联支路，m 条并联形成的光伏组件。当光伏组件中各个光伏电池单元的特性完全相同时，n 个光伏电池串联支路的等效电路如图 2-28a 所示，$n \times m$ 个光伏电池等效电路如图 2-28b 所示。

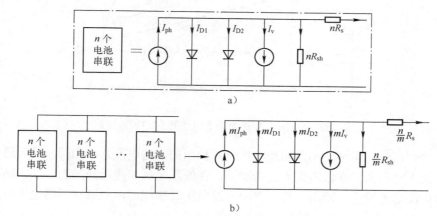

图 2-28 具有 $n \times m$ 个电池光伏组件的等效电路

a) n 个光伏电池串联电路模型 b) $n \times m$ 个光伏电池串并联的光伏组件电路模型

根据电路串、并联关系，可得光伏模组的一般数学模型为

$$I = mI_{ph} - mI_{01}\left(\mathrm{e}^{\frac{q(U/n + IR_s/m)}{n_1 kT}} - 1\right) - mI_{02}\left(\mathrm{e}^{\frac{q(U/n + IR_s/m)}{n_2 kT}} - 1\right) -$$

$$m\frac{(U/n + IR_s/m)}{R_{sh}} - m\alpha\left(U/n + IR_s/m\right)\left(1 - \frac{(U/n + IR_s/m)}{R_{br}}\right)^{-\beta}$$

$$(2\text{-}8)$$

当光伏组件被遮挡到一定程度时，外电流大于光生电流，此时有可能造成反向雪崩击穿现象，该模型考虑了这一可能性，符合部分阴影条件下的光伏电池模型的电气特性。

2.5.2 外部环境对输出特性的影响

局部阴影条件下，光伏组件的输出特性除了与外界光照和电池本身的温度相关外，还与光伏组件的连接方式以及阴影电池的数目和分布相关。

1．遮挡率对输出特性的影响

遮挡率 k 是指在阴影状态下，太阳光照不能被光伏电池表面能够接收光照的百分比。设 $k=0.1$，即有 10%的光照被挡住，$1-k$ 即90%的光仍照在光伏阵列上，因此在局部阴影条件下光伏电池的光生电流可表达为

$$I_{ph} = \frac{(1-k)G}{1000} I_{ph0}$$

式中，I_{ph0} 为标准测试条件下的光生电流；G 为遮挡物之前的太阳能光照强度。

对于由 36 个电池组成的某型号光伏电池组件，照度为 1000W/m^2，温度为 25℃，且只有一个电池被遮挡时，其透光率分别为 0%、30%、50%和 65%时，其 I-U 特性曲线如图 2-29 所示。

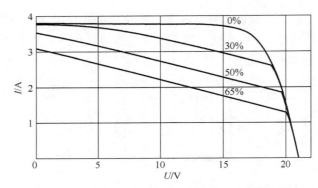

图 2-29　不同 U/V 透光率下电池的 I-U 特性曲线

由图 2-29 可见，电池在不同的透光率时，输出的短路电流几乎相同，随着透光率的降低，短路电流下降不大；在低透光率的情况下，在低压区域和接近开路的区域，随着电压的增加，短路电流迅速减少；而所有情况下的开路电压几乎相同，阴影对开路电压值几乎没有影响。

2．光照度的影响

当一个光伏电池的遮挡率一定时，随着光照强度的增加，如从 200W/m^2 增至 1000W/m^2 时，其 I-U 特性曲线如图 2-30 所示。随着光照强度的增加，短路电流将增加，并且增加幅度较大；开路电压的值也随着照度的增加而增加，幅度相对较小。

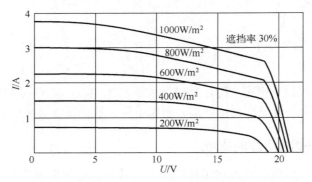

图 2-30　不同照度下电池的 I-U 特性曲线（1 个阴影电池）

3．温度的影响

考虑被遮挡电池的温度变化对阵列输出的影响。图 2-31 为一个电池在遮挡率为 60% 时，被遮挡电池温度在 25℃、40℃、60℃、80℃时的光伏阵列 *I-U* 特性曲线。从图 2-31 可以看出，温度越高，光伏组件的开路电压越小，短路电流越大。同时，随着温度的变化，最大功率点的位置也有相应的改变。证明此模型可以考虑电池温度，当有确切的实时温度数据时，可以进行温度输入，使输出曲线更加精确。

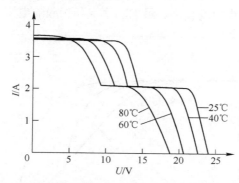

图 2-31　不同温度下电池的 *I-U* 特性曲线（1 个阴影电池）

4．阴影电池的个数对输出特性的影响

在遮挡率为 65% 时，增加被遮挡电池的数目分别为 0、1、2、3，其 *I-U* 特性曲线如图 2-32 所示。

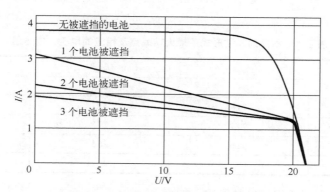

图 2-32　不同阴影电池数目的 *I-U* 特性曲线

由图 2-32 可以看出，当遮挡率相同时，随着阴影电池数目的增加，短路电流显著降低，而开路电压几乎相同，阴影电池数量对开路电压几乎没有影响。

2.5.3　电池连接方式对输出特性的影响

相同电池数目采用不同连接方式组成光伏模组，在部分阴影的情况下其输出特性不同。

1．串、并联电池数目的影响

以 108 个 PV 电池按照不同串联、并联方式进行连接组成光伏组件，组成方式如下：

1）每 18 个电池串联，接一个旁路二极管，然后 6 串再串联，记为 6×18S。

2）每 27 个电池串联，接一个旁路二极管，然后 4 串再串联，记为 4×27S。

3）每 36 个电池串联，接一个旁路二极管，然后 3 串再串联，记为 3×36S。

4）每 54 个电池串联，接一个旁路二极管，然后 2 串再串联，记为 2×54S。

只有一个电池在完全阴影的情况下，即 $k=0$，其输出特性曲线如图 2-33 所示。由图 2-33 可以看出，随着串联电池数目的增加即一个旁路二极管保护的电池数目的增加，输出曲线变形越来越显著，开路电压和短路电流差别不大，最大功率点降低，和最大功率点对应的电压值有较大的减少，电流值减少幅度较小。最大功率点和相应的电流、电压值见表 2-1。

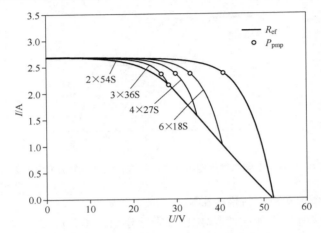

图 2-33 不同的电池串、并联输出特性曲线（1 个电池被完全遮挡）

表 2-1 不同的联结形式下最大功率点及相应的电流、电压值

联 结 形 式	P_{pmp}/W	U_{pmp}/V	I_{pmp}/A
108S	96.8	40.9	2.37
6×18S	78.8	33.2	2.37
4×27S	70.7	29.8	2.37
3×36S	62.6	26.5	2.36
2×54S	60.7	28.2	2.15

2．阴影电池分布对输出特性的影响

当有几个阴影电池分布在一个或不同的串联电池支路中时，阴影电池的数目和分布支路不相同，输出特性也不相同。

当有 18 个电池串联组成串联支路时，阴影电池数目如下：

1）String A：18S，18 个电池串联均接受正常光照。

2）String B1：18S，17 个接受正常光照，1 个电池遮挡率为 75%。

3）String B2：18S，16 个接受正常光照，2 个电池遮挡率为 75%。

4）String B3：18S，15 个接受正常光照，3 个电池遮挡率为 75%。

5）String Bn：18S，18-n 个接受正常光照，n 个电池遮挡率为 75%。

图 2-34 为 18 个电池串联，不同的阴影电池数目的 I-U 特性曲线。由图 2-33 可以看

出，随着阴影电池数目的增加，曲线变形变得更明显，主要由于随着阴影电池数目的增加，串联支路中电流减少，结论与图 2-33 相同。

当阴影电池处于相同的串联支路时（即有一个旁路二极管），不同的串联形式的输出 I-U 特性曲线如图 2-35 所示。不同的串联支路中时（即每 18 个电池串联有一个旁路二极管），特性曲线如图 2-36 所示。图中，A 表示 18 个电池串联；3A 表示 3 个 A 串联；2A+B1 表示 2 个 A 和 1 个 B1 串联；1A+2B1 表示 1 个 A 和 2 个 B1 串联；3B1 表示 3 个 B1 串联。由图 2-35 可以看出，在相同的串联电路中，不同阴影电池的数目其最大功率点相同，即阴影电池数量对最大功率点没有影响。而图 2-36 可以看到，当阴影电池位于不同的串联支路时，随着阴影电池数目的增加，最大功率点降低，相应工作点电流、电压值见表 2-2。

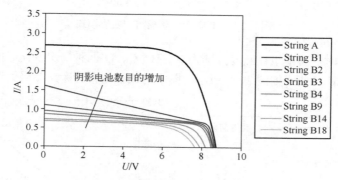

图 2-34　不同阴影电池数目的 I-U 特性曲线（18S）

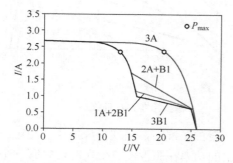

图 2-35　在同一个串中不同的阴影电池（3×18S）

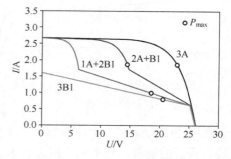

图 2-36　在不同串中不同的阴影电池（3×18S）

表 2-2　最大功率点及相应电流、电压值

联 结 形 式	P_{pmp}/W	U_{pmp}/V	I_{pmp}/A
3A	43.0	22.8	1.88
2A+B1	27.1	14.4	1.88
1A+2B1	18.5	18.5	1.00
3B1	16.6	20.5	0.81

3．不同阴影模式对输出特性的影响

对于大的光伏组件，串、并联电池数目多，所处的阴影形式也更加复杂，在阴影存在时使输出特性发生较大的变化。以 SM55 光伏模组为例进行说明，该模块由 20 个电池串联，再由 3 个这样的支路并联组成，记为 SP20×3。阴影模式如图 2-37 所示。在阴影模式下的照度分别为 1000W/m²、750W/m²、500W/m² 和 250W/m²。

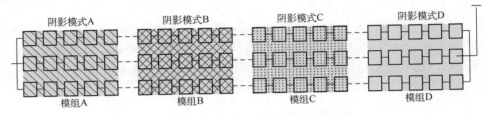

图 2-37　SP20×3 光伏模组的阴影模式

在温度为 50℃时，该模组在照度分别为 A、B、C、D 四种情况变化时的输出 I-U 特性曲线如图 2-38 所示，P-U 曲线如图 2-39 所示。图中对比了是否有旁路二极管对输出的影响。

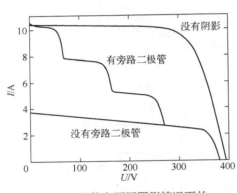

图 2-38　组件在不同阴影情况下的
输出特性 I-U 曲线

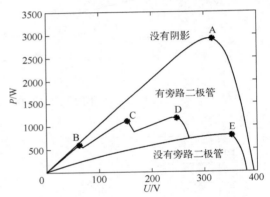

图 2-39　组件在不同阴影情况下的
输出特性 P-U 曲线

由图 2-38、图 2-39 可以看出，在有旁路二极管的情况下，呈现多峰现象，相对于没有旁路二极管的情况，功率输出能力大大提高。输出的功率在照度没有变化时，只有一个峰值点即最大功率点，而当处于不同的阴影时，其输出功率呈现多峰值，并且峰值的个数等于照度的水平等级，这会给后续的最大功率点跟踪提出新的课题。因为传统的最大功率点跟踪算法都是基于均匀光照环境下并且假定温度恒定时进行的，而光伏模组在实际的工作环境中时处于复杂光照环境中。因此，在考虑光伏电池的输出特性和最大功率点跟踪的研究中，除了考虑温度、均匀照度的影响外，还要考虑部分阴影情况及模组的连接方式。

2.6　习题

1．描述光伏发电的基本原理。
2．什么是光伏效应？

3．写出光伏电流的方程，用 MATLAB 仿真光伏电池的特性曲线？

4．什么是光伏电池的短路电流、开路电压及最大功率点？

5．写出光伏电池的双二极管模型，画出光伏电池的双二极管模型的等效电路。

6．仿真光伏电池在不同光照度、不同温度下的特性，根据 I-U 特性曲线理解光伏电池的特性。

7．仿真复杂光照条件下的光伏电池的 I-U 特性曲线，并考虑如何判断其最大功率点。

第3章　光伏逆变器的结构与原理

光伏逆变器是实现光伏能量转换的核心，它对光伏发电系统稳定、安全、可靠、高效的运行起着决定性的作用，因此了解光伏逆变器的结构和工作原理对光伏逆变器的设计十分重要。本章将对光伏逆变器的结构和工作原理进行介绍。

3.1　光伏逆变器的结构

逆变器也称逆变电源，是将直流电能转变成交流电能的变流装置，是太阳能、风力等再生能源发电系统中的一个重要部件。随着电力电子技术和功率电子器件的发展，逆变技术有了长足的发展。从 20 世纪六七十年代的晶闸管逆变技术，到 21 世纪的 MOSFET、IGBT、GTO、IGCT、MCT 逆变技术，控制电路从模拟电路发展到单片机和数字信号处理器（DSP）控制。各种现代控制理论如自适应控制、自学习控制、模糊逻辑控制、神经网络控制等智能控制理论和算法也大量应用于逆变领域。其应用领域也达到了前所未有的广阔程度，从瓦级的液晶背光板逆变电路到百兆瓦级的太阳能光伏电站，从日常生活的变频空调、变频冰箱到航空航天领域的机载设备，从常规化石能源的火力发电设备到可再生能源发电的太阳能风力发电设备，都少不了逆变电源。随着计算机技术和新型功率器件的发展，逆变装置也将向着体积更小、效率更高、性能指标更优越的方向发展。

光伏逆变器可分为独立和并网型两种，它们又可分为方波逆变器、阶梯波逆变器和正弦波逆变器。逆变器根据是否使用变压器可以划分成有变压器型逆变器和无变压器型逆变器。逆变器是一种由半导体器件组成的电力调整装置，主要用于把直流电力转换成交流电力，一般含有升压电路和逆变桥电路。升压电路将光伏电池板的不规则输出电压升高到所需的稳定直流电压，为后级逆变电路提供稳定的直流母线电压。

在介绍光伏逆变器的工作原理之前，首先应该了解光伏逆变器的基本构成。

3.1.1　光伏发电系统的基本构成

光伏发电系统的结构如图 3-1 所示，该系统主要由光伏阵列、充/放电控制器、储能系统、逆变器与负载系统 5 个部分组成。

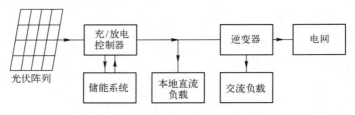

图 3-1　光伏发电系统的结构框图

1．光伏电池阵列

光伏电池是组成光伏发电系统的电源，单个光伏电池功率较小，为满足不同负载的供电需要，将光伏电池串、并联后统一封装构成光伏电池模块（Photovoltaic Module，PVM），这是目前光伏电池的主要存在及应用形式，用户可根据需要构建任意功率的光伏电池模块。如果光伏发电系统中所需功率超过光伏电池模块功率，需将同规格的光伏模块串联或并联起来构成光伏阵列（PV Array），以便为系统提供更大的输出功率。

2．充/放电控制器

充/放电控制器主要是把光伏阵列输出的电压存入储能系统和释放给逆变器。由于光伏阵列输出的功率是日照强度和模块温度的非线性函数，存在着最大功率点跟踪（Maximum Power Point Tracking，MPPT）问题，如果不加以控制就直接给负载提供能量，则不能把光伏电池模块转换的能量最大限度地存储在储能系统中，因此还需要增加 MPPT 控制功能。

3．逆变器

光伏电池输出的是准直流电，而包括电网在内的许多用电场合是交流电，因此逆变器是光伏发电系统中的一个关键环节。它的主要功能是将直流电转变为与交流电网或本地交流负载相匹配的交流电。该环节的主要指标是高可靠性和高转换效率。

4．储能系统

光伏电池只有在白天有阳光时才能发电，而人们用电时间一般是在晚上，所以储能单元（主要是蓄电池）可以在白天将太阳能储存起来以供人们夜间使用，同时也可起交流电网断电时不间断电源（Uninterruptible Power Supply，UPS）的功能，为本地重要交流负载供电。这种以蓄电池作为储能环节的光伏发电系统称为"可调度式光伏并网发电系统"。尽管这种系统在功能上有很多的优点，如作为 UPS、可根据运行需要控制并网输出功率以实现一定的电网调峰功能等，但增加了储能环节后，系统成本增加，而且蓄电池的寿命短、体积大及存在污染等缺点极大地制约了可调度光伏并网发电系统的广泛应用。所以目前这种形式应用较少，而用得较多的是"不可调度式光伏并网发电系统"，其结构框图如图 3-2 所示，与"可调度式光伏并网发电系统"不同的是它不含蓄电池组储能环节。

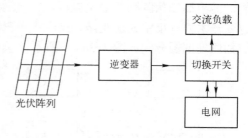

图 3-2　不可调度式光伏并网发电系统

不可调度式光伏并网发电系统中，并网逆变器将光伏阵列产生的直流电能转化为和电网电压同频、同相的交流电能，当主电网断电时，系统自动停止向电网供电。白天，当光伏系统产生的交流电能超过本地负载所需时，超过部分馈送给电网。当光伏系统产生的电能不能满足本地负载时，电网自动向负载提供补充电能。当电网故障或维修时，出于安全考虑，逆变器应停止工作，而且必须使逆变器、电网和负载三者电气断开，光伏并网系统不再向电网和负载提供电能。

不可调度式光伏并网发电系统和可调度式光伏并网发电系统相比，最大的不同处是系统中不再配有储能环节。可调度式光伏并网发电系统的主要优点表现在以下几方面：

1）逆变器一般由并网逆变器和蓄电池充/放电器两部分组成。其功能不仅是将光伏电池阵列产生的直流电能逆变后输向电网，同时还向蓄电池充电。

2）逆变器配备有主开关和负载开关。正常情况下，两者均闭合，当交流电网断电时，逆变器断开其本身的并网发电主开关，但本地负载开关仍保持闭合，以便光伏电池阵列和蓄电池组提供的直流电仍能通过逆变器向交流负载供电，对交流负载而言，系统兼具不间断电源（UPS）的作用。这对于诸如银行、医院、公共场所等重要负荷甚至某些家庭用户来说是十分具有吸引力的。

3）系统不仅能向电网馈送同频、同相的正弦波电能，而且还可作为电网终端的有源功率调节器，用于补偿电网终端缺乏的无功分量以稳定电网电压，同时亦可抵消有害的高次谐波分量，对提高电能质量极为有益。

4）大功率可调度式光伏并网发电装置可以根据运行需要自由确定并网电流的大小，这有益于电网调峰。电网负荷增加时，可以调度增加光伏并网发电装置的上网电流，有助于电网的运行质量。

可调度式光伏并网系统在功能上虽优于不可调度式光伏并网系统，也有若干严重的弱点，正是这些弱点使可调度式并网系统的应用规模还难与不可调度式相比较，这是因为：

1）蓄电池组的寿命较短。目前免维护蓄电池在良好环境下的工作寿命通常为 3 年，而光伏阵列稳定工作的寿命则在 25～30 年左右，因此只有为数较少的场合使用可调度式光伏并网系统。

2）蓄电池组的价格目前仍较高。

3）蓄电池组较为笨重，需占用较大空间，如有漏液，则会泄漏出腐蚀性液体。此外，报废的蓄电池必须进行后处理，否则将会造成"铅污染"。

4）不可调度式光伏并网发电系统的集成度高，安装和调试相对方便，可靠性也高。

根据以上的比较，选用哪种结构需根据具体情况来决定，没有哪种结构绝对优劣。

另外，由于光伏电池模块输出电压和系统的功率等级有关，为发挥光伏电池模块的效能，需根据光伏阵列的输出电压选择合适的光伏发电系统的结构。根据光伏系统功率情况，逆变器主要有集中式逆变器、集成式逆变器、串型逆变器以及多重串型逆变器 4 种结构，其结构原理框图分别如图 3-3a～d 所示。

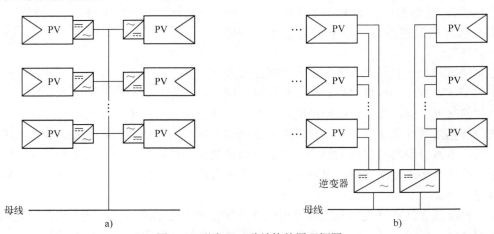

图 3-3　逆变器 4 种结构的原理框图

a）集中式逆变器　b）集成式逆变器

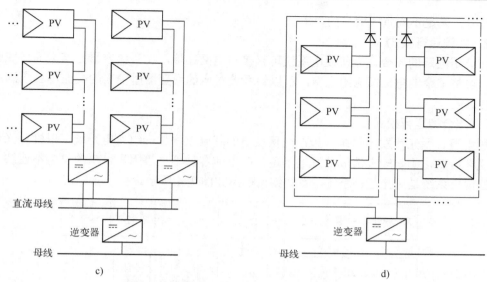

图 3-3   逆变器 4 种结构的原理框图（续）

c）串行逆变器   d）多重串行逆变器

表 3-1 给出了这 4 种逆变器结构的特性比较。

表 3-1   4 种逆变器结构的特性

指标 \ 逆变器	集 中 式	集 成 式	串 型	多重串联型
MPPT	集中式	独立式	独立式	独立式
功率等级	MW	≤500W	≤2kW	MW
系统可扩充性	不可扩充	不可扩充	不可扩充	可扩充
直流母线	需要	不需要	不需要	需要
效率	低	较低	高	高
是否容错	无	有	无	有
单位功率生产成本	较低	高	较低	较低

3.1.2   光伏发电系统的运行模式

光伏并网发电系统根据系统本身的结构、系统运行环境情况、输出容量的大小、本地负载容量的大小以及交流电网的情况，可工作于独立运行模式、并网发电运行模式和混合运行模式 3 种。

1. 独立运行模式

独立运行光伏发电系统的电能来源于光伏阵列。为了保证整个系统连续稳定运行，必须要使用蓄电池来调节电能。因天气等原因照度不足时，可由蓄电池提供能量；当太阳能充足时，可以将多余的能量存储于蓄电池中。充/放电控制器中通常都有一个保护和调节环节对太阳能充/放电的速率进行控制，以延长蓄电池的使用寿命。

虽然独立系统的构成分类有许多，但其基本原理都是将太阳能通过光伏器件转换成电能，再经过能量储存、控制、保护和能量变换等环节，最终提供以直流或交流形式的电能提供给负载，满足不同负载用户的要求。

2．并网运行模式

在公用电网的场合，光伏发电系统可直接与电网连接，在系统容量足够大而日照强度较大时，可将多余的电能馈送给电网，所以该系统对应的逆变器所输出的交流电要求满足并网的条件。

3．混合型运行模式

所谓混合型光伏发电系统是指在光伏发电的基础上增加一组发电系统，以弥补光伏发电系统受环境变化影响较大造成的发电不足，或电池容量不足等因素带来的供电不连续。较为常见的混合系统是风光互补系统，系统结构框图如图3-4所示。

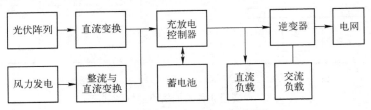

图3-4　风光互补系统结构框图

通常情况下，白天日照强，夜间风多。风能发电与太阳能发电具有很好的互补性，利用太阳能、风能的互补特性可以产生稳定的输出，提高系统供电的稳定性和可靠性；在保证供电情况下，可以大大减少储能蓄电池的容量；对混合发电系统进行合理的设计和匹配，可以基本上由风/光系统供电，无须起动备用电源和备用发电机，以此获得较好的经济效益。当然，风光互补联合发电系统存在一次性投资较大是一大缺点。

3.1.3　光伏逆变器的电路结构

光伏逆变器的电路结构根据有无变压器隔离主要分为隔离型和非隔离型，下面对这两种类型分别讨论。

1．隔离型光伏逆变器的结构

工频隔离型是光伏逆变器最常用的结构之一，其结构形式如图3-5所示。光伏电池输出的电能首先通过DC/AC变换器变为工频频率的交流电能，然后再经过工频变压器将这个交流电能变换成具有一定幅值的交流电能，该工频

图3-5　工频光伏逆变器的基本结构

变压器同时完成电压匹配和隔离的作用。采用工频变压器的优点是主电路和控制电路简单，而且光伏阵列与 DC/AC 变换器输入电压的匹配范围较大。使用工频变压器进行电压变换和电气隔离，具有结构简单、可靠性高、抗冲击性能好、安全性能良好等优点。然而，工频变压器体积大的缺点，使得逆变器的外形笨重；此外，工频变压器系统效率较低，损耗了很多电能，不符合节能的要求。早期的逆变器主要采用的就是这种形式，随着电力电子技术的发展，高频隔离型逆变器已经逐渐取代了工频隔离型逆变器。

高频隔离型逆变器与工频隔离型逆压器的主要不同点在于前者在前级升压电路使用了高频变压器，取代了后级的工频变压器，其逆变效率大大提高，从而使逆变器的体积和重量大大减小。由于非晶材料、纳米材料等技术的发展，采用这些新材料制作的高频变压器的工作频率

可以做得很高，如图 3-6 所示是一种高频光伏逆变器的结构形式。光伏电池输出的准直流电能通过 DC/AC 变换器转化为高频电能，再通过高频变压器转化为较高电压的交流电能，然后经过 AC/DC 变换和整流滤波，变换为具有较高电压的直流电能，最后再通过 DC/AC 变换为符合一定频率和电压要求的交流电能。高频变压器既有隔离作用又有升压作用，同时提高了逆变器的效率、减小了体积，是逆变器的发展趋势。这种结构同时具有电气隔离和重量轻的优点，而且效率得到了提高。其缺点是功率等级一般较小，所以这种结构集中在 5kW 以下；高频工作的工作频率较高，一般为几十 kHz 或更高，系统存在 EMI 问题；系统的抗冲击性能差。

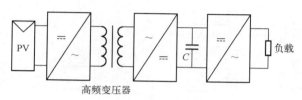

图 3-6　高频光伏逆变器的基本结构

逆变技术正向着频率更高、功率更大、效率更高、体积更小的方向发展。因此，隔离型的两种结构中，高频隔离型是逆变器的发展趋势。

2. 非隔离型逆变器的结构

相对于隔离型光伏逆变器，非隔离型光伏逆变器中没有了变压器，避免了变压器电磁转化环节上的能量损耗，进一步提高了光伏发电系统的转化效率。在非隔离系统中，系统的结构变简单、重量变轻，成本也就降低了。非隔离型光伏逆变器又可以分为单级和多级两类，如图 3-7 所示。

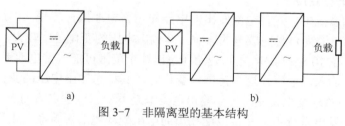

图 3-7　非隔离型的基本结构

a) 单级型　b) 多级型

单级非隔离型光伏逆变器的结构如图 3-7a 所示，逆变器直接将直流电能转化为交流电能。为了使直流侧电压满足逆变交流输出的电压等级，一般是将多个光伏阵列串联，使其具有较高的输出电压，省去了笨重的工频变压器。其特点是效率高、重量轻、结构简单，成本低。但光伏电池板与电网没有电气隔离，光伏电池板两极有电网电压，对人身安全不利，这对于光伏电池组件乃至整个系统的绝缘有较高要求，容易出现漏电现象。

多级非隔离型光伏逆变器的结构如图 3-7b 所示，光伏电池输出的准直流电先经过 DC/DC 转化为较高电压的直流电，再经过 DC/AC 将直流电转化为符合用电设备要求的交流电能。整个系统由 DC/DC 和 DC/AC 两（或多）级功率变换部分组成。由于系统中包含多级功率变换部分，不需要刻意将多个光伏阵列串联在一起，也不需要变换比很高的 DC/AC 变换器，所以在实际应用中多采用多级非隔离型光伏逆变器的结构。由于加入了 Boost 或 Buck/Boost 电路用于 DC/DC 直流输入电压的提升，所以光伏电池阵列的直流输入电压范围可以很宽，这种结构越来越成为市场的主流。同样，光伏电池板与电网没有电气隔离，光伏电池板两极有电网电压。由于电路中使用了高频 DC/DC，EMC 难度加大。

除了以上两种非隔离型的结构，多 DC/DC（MPPT）、单逆变系统也比较常见。结构如图 3-8 所示。这种结构主要区别于以上两种结构的特点是每一路光伏阵列采用单独 DC/DC 结构。由于具有多个 DC/DC 电路，适合多个不同倾斜面阵列接入，即阵列 1～n 可以具有不同的 MPPT 电压，十分适合应用于分布式光伏发电系统。由于每路光伏阵列单独工作，系统整体的可靠性得到了提高。

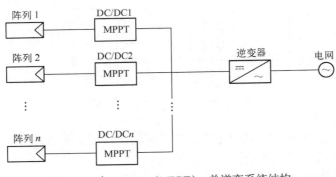

图 3-8　多 DC/DC（MPPT）、单逆变系统结构

3.1.4　光伏逆变器的主要技术指标

合格的逆变器需要有许多重要指标，主要的技术指标如下。

1．输出电压的稳定度

在独立型光伏系统中，光伏电池发出的电能先由蓄电池储存起来，然后经过逆变器逆变成交流电。但是蓄电池受自身充放电的影响，其输出电压的变化范围较大，如标称 12V 的蓄电池，其电压值可在 10.8～14.4V 之间变动（超出这个范围可能对蓄电池造成损坏）。对于一个合格的逆变器，输入端电压在这个范围内变化时，其稳态输出电压的变化量应不超过额定值的 ±5%；同时当负载发生突变时，其输出电压偏差不应超过额定值的 ±10%。

在并网型光伏发电系统中，光伏电池输出的电压受环境的影响而发生变化，此时同样要求逆变器要输出稳定的交流电能。

2．输出电压的波形失真度

对正弦波逆变器，应规定允许的最大波形失真度（或谐波含量）。通常以输出电压的总波形失真度表示，其值应不超过 5%（单相输出允许 10%）。由于逆变器输出的高次谐波会在感性负载上产生涡流等附加损耗，如果逆变器波形失真度过大，会导致负载部件严重发热，不利于电气设备的安全，并且严重影响系统的运行效率。

3．额定输出频率

对于包含电动机之类的负载，如洗衣机、电冰箱等，由于其电动机最佳频率工作点为 50Hz，频率过高或者过低都会造成设备发热，降低系统运行效率和使用寿命，所以逆变器的输出频率应是一个相对稳定的值，通常为工频 50Hz，正常工作条件下其偏差应在 ±1% 以内。

4．负载功率因数

负载功率因数表征逆变器带感性负载或容性负载的能力。在负载功率一定的情况下，如果逆变器的功率因数较低，则所需逆变器的容量就要增大，一方面造成成本增加，同时光伏系统交流回路的视在功率增大，回路电流增大，损耗必然增加，系统效率也会降低。

5．逆变器效率

逆变器的效率是指在规定的工作条件下，其输出功率与输入功率之比，以百分数表示。一般情况下，光伏逆变器的标称效率是指纯阻负载，80%负载情况下的效率。由于光伏系统总体成本较高，因此应该最大限度地提高光伏逆变器的效率，降低系统成本，提高光伏系统的性价比。目前主流逆变器标称效率在 85%～96%之间，对小功率逆变器，要求其效率不低于 90%。在实际的光伏发电系统中，不但要选择高效率的逆变器，同时还应通过系统合理配置，尽量使光伏系统负载工作在最佳效率点附近。

6．额定输出电流

额定输出电流表示在规定的负载功率因数范围内逆变器的输出电流。有些逆变器产品给出的是额定输出容量，其单位以 V·A 或 kV·A 表示。逆变器的额定容量是当输出功率因数为 1 （即纯阻性负载）时，额定输出电压与额定输出电流的乘积。

7．保护措施

一款性能优良的逆变器，应具有完备的保护功能或措施，以应对在实际使用过程中出现的各种异常情况，使逆变器本身及系统其他部件免受损伤。

8．起动特性

起动特性表征逆变器带负载起动的能力和动态工作时的性能，逆变器应保证在额定负载下可靠起动。

9．噪声

电力电子设备中的变压器、滤波电感、电磁开关及风扇等部件均会产生噪声。逆变器正常运行时，其噪声应不超过 80dB，小型逆变器的噪声应不超过 65dB。

3.2　光伏逆变器的基本工作原理

逆变器主要由晶体管、MOS 晶体管、IGBT 等开关器件构成，通过有规则地使开关器件重复开-关（ON-OFF），从而实现直流输入到交流输出。当然，这样单纯地由开和关回路产生的逆变器输出波形并不实用。一般需要采用高频脉宽调制（High Pulse Width Modulation, HPWM），使靠近正弦波两端的电压宽度变窄，正弦波中央的电压宽度变宽，并在半周期内始终让开关器件按一定频率朝一个方向动作，这样就形成一个脉冲序列（拟正弦波），然后让脉冲通过简单的滤波器输出正弦波。要使逆变器的输出满足要求，还需要在逆变器的控制中采用闭环控制。在独立型的逆变器中，负载变化时，需要输出电压稳定。在并网逆变器中，逆变器需要实现对电网电压锁相跟踪。因此，逆变器的控制是整个系统的关键。

3.2.1　单相逆变器

根据逆变器输出类型的不同，可以分为电压源逆变器和电流源逆变器。单相逆变器在独立运行状态中主要应用类型为电压源逆变器。电压源逆变器是通过控制输出电压将直流电能转变为交流电能，是逆变技术中最为常见的一种，下面从单相电压源逆变器入手，介绍逆变器的主要原理。将一个直流电能变换成交流电能，有多种方式，但至少应使用两个功率开关器件，单相逆变器有推挽式、半桥式、全桥式 3 种电路拓扑。如果每半个工频周期内只输出一个脉冲，称其为方波逆变器。如果每半个周期内有多个脉宽，并且脉冲宽度符合正弦波调制（SPWM）规律，则称其为正弦波脉宽调制输出。下面介绍 3 种电路拓扑的工作原理。

1. 推挽式逆变器

图 3-9 是单相推挽式逆变器的拓扑，该电路由两只共负极的功率开关器件和一个一次带有中心抽头的升压变压器组成。

电路驱动波形如图 3-10 所示，若交流负载为纯阻性负载，当 $t_1 \leqslant t \leqslant t_2$ 时，VF_1 功率管的栅极加上驱动信号 u_{g1}、VF_1 导通、VF_2 截止，变压器输出端感应出正电压；当 $t_3 \leqslant t \leqslant t_4$ 时，VF_2 功率管的栅极加上驱动信号 u_{g2}，VF_2 导通、VF_1 截止，变压器输出端感应出负电压。

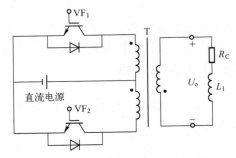

图 3-9　单相推挽式逆变器的拓扑

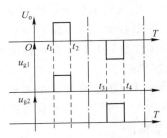

图 3-10　电路驱动波形

若负载为感性负载，则变压器内的电流波形连续，输出电压、电流波形如图 3-11 所示，推挽逆变器的输出只有两种状态 U_o 和 $-U_o$，实质上是双极性调制，可通过调节 VF_1 和 VF_2 的占空比来调节输出电压。

推挽式方波逆变器的电路拓扑简单，两个功率管可共地驱动，但功率管承受开关电压两倍的直流电压，因此适合应用于直流母线电压较低的场合。另外，变压器的效率较低，驱动感性负载困难。

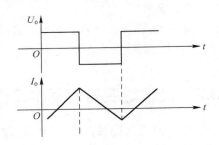

图 3-11　输出电压、电流波形

2. 半桥式逆变器

半桥式逆变电路的拓扑如图 3-12 所示，两只串联电容的中点作为参考点，负载连接在直流电源中点和两个桥臂联结点之间。

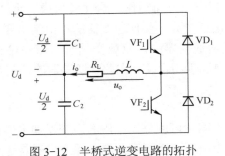

图 3-12　半桥式逆变电路的拓扑

当开关器件 VF_1 导通时，电容 C_1 上的能量释放到负载 R_L 上，而当 VF_2 导通时，电容 C_2 上的能量释放到负载 R_L 上，VF_1 和 VF_2 轮流导通时在负载两端获得了交流电能，半桥逆变电路在功率开关器件不导通时承受直流电源电压 U_d，由于电容 C_1 和 C_2 两端的电压均为 $U_d/2$（假设 $C_1=C_2$），因此功率开关器件 VF_1 和 VF_2 承受的电流为 $2I_d$。

半桥型逆变器的工作波形如图 3-13 所示，开关器件 VF_1 和 VF_2 的栅极信号在一个周期内各有半周正偏、半周反偏，且两者互补。输出电压 u_o 为矩形波，其幅值为 $U_m=U_d/2$。

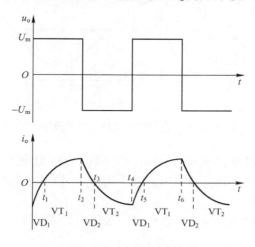

图 3-13　半桥型逆变器的工作波形

当电路带感性负载时，t_2 时刻给 VF_1 关断信号，给 VF_2 开通信号，则 VF_1 关断，但感性负载中的电流 i_o 不能立即改变方向，于是 VD_2 导通续流，当 t_3 时刻 i_o 降零时，VD_2 截止，VF_2 导通，i_o 开始反向，由此得出如图 3-13 所示的电流波形。VF_1 或 VF_2 导通时，i_o 和 u_o 同方向，直流侧向负载提供能量；VD_1 或 VD_2 导通时，i_o 和 u_o 反向，电感中储能向直流侧反馈。VD_1、VD_2 称为反馈二极管，它又起着使负载电流连续的作用，又称续流二极管。

半桥型逆变电路结构简单，由于两只串联电容的作用，不会产生磁偏或直流分量，非常适合后级带动变压器负载，当该电路工作在工频（50Hz）时，电容必须选取较大的容量，使电路的成本上升，因此该电路主要用于高频逆变场合。其优点是简单，使用器件少。缺点是输出交流电压的幅值 U_m 仅为 $U_d/2$，且直流侧需要两个电容器串联，工作时还要控制两个电容器电压的均衡。因此，半桥电路常用于几千瓦及以下的小功率逆变电源。

3. 单相全桥逆变器

单相全桥逆变电路也称为"H 桥"电路，其电路拓扑如图 3-14 所示，由两个半桥电路组成。以 180°方波为例说明单相全桥电路的工作原理，功率开关器件 VF_1 与 VF_4 互补，VF_2 与 VF_3 互补，当 VF_1 与 VF_3 同时导通时，负载电压 $U_o=U_d$；当 VF_2 与 VF_4 同时导

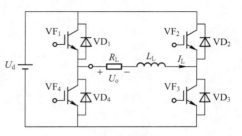

图 3-14　单相全桥逆变电路拓扑

通时，负载两端 $U_o=-U_d$，VF_1、VF_3 和 VF_2、VF_4 轮流导通，负载两端就得到交流电能。

如图 3-15 所示的全桥输出电压、电流波形，假设负载具有一定电感，即负载电流落后

于电压ϕ角度，在 VF$_1$、VF$_3$ 功率管栅极加上驱动信号时，由于电流的滞后，此时 VD$_1$、VD$_3$ 仍处于导通续流阶段，当经过ϕ角度时，电流过零，电源向负载输送有功功率，同样当 VF$_2$、VF$_4$ 加上栅极驱动信号时 VD$_2$、VD$_4$ 仍处于续流状态，此时能量从负载馈送回直流侧，再经过 y 电角度后，VF$_2$、VF$_4$ 才真正流过电流。

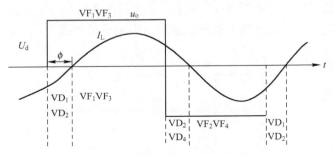

图 3-15　全桥输出电压、电流波形

单相全桥电路上述工作状况下 VF$_1$、VF$_3$ 和 VF$_2$、VF$_4$ 分别工作半个周期，其输出电压波形为 180°的方波，事实上这种控制方式并不实用，因为在实际的逆变电源中输出电压是需要可以控制和调节的。

下面介绍输出电压的调节方法——移相调压法和脉宽调压法。

3.2.2　输出电压的调节方法

1．移相调压法

图 3-16 为移相控制原理，VF$_1$、VF$_4$ 互补，VF$_2$、VF$_3$ 互补，且均为 180°方波信号，但 VF$_1$、VF$_4$ 桥臂所加的方波与 VF$_2$、VF$_3$ 桥臂所加的方波相位错开ϕ角度，假设负载功率因数在 0～1 之间，且电流滞后于电压某一角度，则移相电路可分为 6 个不同的工作时间段：

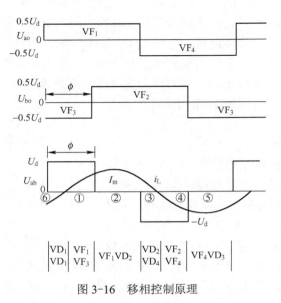

图 3-16　移相控制原理

第 1 时段：有功输出模式，输出电压电流均为正，VF_1、VF_3 导通。

第 2 时段：续流模式，电压为零但电流为正，VF_1、VF_2 导通。

第 3 时段：回馈模式，电压为负但电流为正，VD_2、VD_4 导通。

第 4 时段：有功输出模式，电压为负电流为负，VF_2、VF_4 导通。

第 5 时段：续流模式，电压为零但电流为负，VF_4、VF_3 导通。

第 6 时段：回馈模式，电压为正但电流为负，VD_1、VD_3 导通。

根据移相调压原理可知，改变 ϕ 的大小就可以调节输出电压。

2. 脉宽调节法

脉宽调节的控制波形如图 3-17 所示，用一个幅值为 U_r 的直流参考电平与幅值为 U_c 的三角波载波信号进行比较，得到 VF_1、VF_3 和 VF_2、VF_4 的基极驱动信号，其中 VF_1 和 VF_4 互补。当 U_c 在 $0\sim1$ 范围内变化时，脉冲宽度可在 $0\sim180°$ 范围内变化，从而改变输出电压 U_o。图 3-14 所示的控制方式中"H 桥"斜对角的功率开关同时导通和关断，4 个功率开关在 $\left[0,\dfrac{\pi}{2}-\dfrac{\theta}{2}\right]$ 区间、$\left[\dfrac{\pi}{2}-\dfrac{\theta}{2},\dfrac{\pi}{2}+\dfrac{\theta}{2}\right]$ 区间、$\left[2\pi-\dfrac{\theta}{2},2\pi\right]$ 区间均不导通，在这种情况下若负载功率因数在 $0\sim1$ 之间，续流二极管将完成部分能量从负载回馈至直流侧的作用，这种工作方式中输出只有 1、-1 两种状态，称之为双极性调制；与之相反的单极性调制法是保证输出具有 1、0、-1 三种状态，该方法将在后续章节中详细讨论。

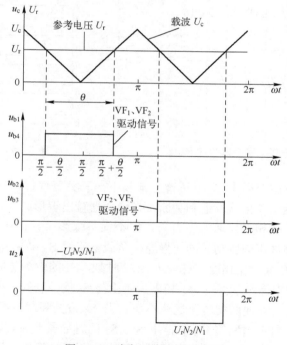

图 3-17　脉宽调节的控制波形

3.2.3　三相逆变器

单相逆变器由于受到功率器件容量、中性线（俗称零线）电流、电网负载平衡要求和用电负载的性质（如三相交流异步电动机等）的限制，其容量一般都在 100kV·A 以下，大容量的逆变电路多采用三相形式，三相逆变器按照直流电源的性质分为三相电压型逆变器和三相电流型逆变器。

1. 三相电压型逆变器

图 3-18 所示为三相电压型逆变器的基本电路。图中标示出了直流电压源的中性点，在大部分应用中并不需要该中性点。$S_1 \sim S_6$ 采用 GTO、GTR、IGBT、MOSFET 等自关断器件，$VD_1 \sim VD_6$ 是与 $S_1 \sim S_6$ 反并联的二极管，其作用是为感性负载提供续流回路。图中，L 和 R 为负载相电感和相电阻。

（1）三相电压型方波逆变器

在图 3-18 中，开关器件 $S_1 \sim S_6$ 的使用开关频率较低，一般适宜做 0～400Hz 方波逆变。与其反并联的续流二极管，可采用普通整流二极管。在该电路中，当控制信号为三相互差 120° 的方波信号时，可以控制每个开关导通 180°。同一相（即同一半桥）上、下两臂交替导电，各相开始导电的角度差为 120°，任一瞬间有 3 个桥臂同时导通。每次换相都是在同一相上、下两臂之间进行，也称为纵向换相。驱动脉冲波形如图 3-19 所示。

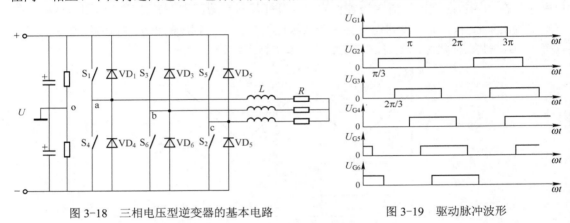

图 3-18　三相电压型逆变器的基本电路　　　　图 3-19　驱动脉冲波形

由图 3-19 可见，逆变桥中 3 个桥臂上部和下部开关器件以 180° 间隔交替开通和关断，$S_1 \sim S_6$ 以 60° 的相位差依次开通和关断，在逆变器输出端形成 a、b、c 三相电压。逆变输出电压波形与电路接法和"导通型"有关，但不受负载影响。在 $0 < \omega t \leqslant \pi/3$ 期间，开关器件 S_1 和 S_5 及 S_6 被施加正向驱动脉冲而导通。负载电流经 S_1 和 S_5 被送到 a 和 c 相绕组；然后经 b 相负载和开关 S_6 流回电源。在 $\omega t = \pi/3$ 时刻，S_5 的驱动脉冲下降到零电平，S_5 迅速关断，由于感性负载电流不能突变，c 相电流将由与 S_2 反并联的二极管 VD_2 提供，c 相负载电压被钳位到零电位。其他两相电流通路不变。当 S_5 被关断时，不能立即导通 S_2，以防止 S_5 没完全关断而出现同一桥臂的两个器件 S_5、S_2 同时导通造成短路，必须保证在一段时间 t，在该时间内同一桥臂的两个器件都不通，称之为死区时间或互锁延迟时间。经互锁延迟时间 t 后，与 S_5 同一桥臂的下部器件 S_2 被施加正向驱动脉冲而导通。当 VD_2 中续流结束时（续流时间取决于负载电感和电阻值），c 相电流反向经 S_2 流回电源。此时负载电流由电源送出，经 S_1 和 a 相负载，然后分流到 b 和 c 相负载，分别经 S_6 和 S_2 流回电源。在 $\omega t = 2\pi/3$ 时刻，S_6 的驱动脉冲由高电平下降到零使 S_6 关断，b 相电流由 VD_3 续流。S_6 关断

后经互锁延迟时间 t，同一桥臂上部器件 S_3 被施加正向驱动脉冲而导通。当续流结束时，b 相电流改变方向由 S_3 流入 b 相负载。此时电流由电源送出，经 S_1 和 S_3 及 a、b 相负载汇流到 c 相。类似地，可以分析整个周期中各管的运行工况。各相输出的波形如图 3-20 所示。

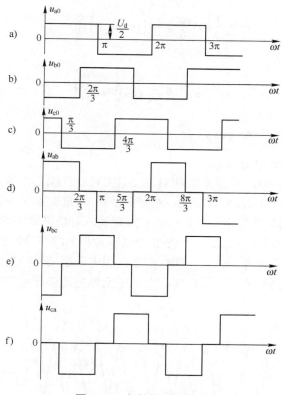

图 3-20　各相输出的波形

把输出相电压展开成傅里叶级数得

$$\begin{cases} u_{a0} = \dfrac{2U_d}{\pi} \displaystyle\sum_{n=1}^{\infty} \dfrac{1}{n}\sin n\omega t & (n=1,3,5,\cdots) \\[2mm] u_{b0} = \dfrac{2U_d}{\pi} \displaystyle\sum_{n=1}^{\infty} \dfrac{1}{n}\sin n(\omega t -120°) \\[2mm] u_{c0} = \dfrac{2U_d}{\pi} \displaystyle\sum_{n=1}^{\infty} \dfrac{1}{n}\sin n(\omega t +120°) \end{cases}$$

线电压为

$$\begin{cases} u_{ab} = u_{a0} - u_{b0} \\ u_{bc} = u_{b0} - u_{c0} \\ u_{ca} = u_{c0} - u_{a0} \end{cases}$$

线电压展开为傅里叶级数为

$$u_{ab} = \frac{4U_d}{\pi} \sum_{n=1}^{\infty} \frac{1}{n} \cos \frac{n\pi}{6} \sin n\left(\omega t + \frac{\sqrt{6}}{\pi}\right) \qquad n = 1, 3, 5, \cdots$$

$$u_{bc} = \frac{4U_d}{\pi} \sum_{n=1}^{\infty} \frac{1}{n} \cos \frac{n\pi}{6} \sin n\left(\omega t - \frac{\pi}{2}\right)$$

$$u_{ca} = \frac{4U_d}{\pi} \sum_{n=1}^{\infty} \frac{1}{n} \cos \frac{n\pi}{6} \sin n\left(\omega t - \frac{7}{6}\pi\right)$$

线电压基波有效值为

$$u_{a1b1} = \frac{4U_d}{\pi} \frac{1}{\sqrt{2}} \cos \frac{\pi}{6} = \frac{\sqrt{6}}{\pi} U_d$$

线电压平均值为 $\frac{2}{3}U_d$，有效值为 $\sqrt{\frac{2}{3}}U_d$。

（2）三相电压型 SPWM 逆变器

在图 3-19 所示电路中，开关器件用 GTR、IGBT、MOSFET 等开关频率较高的功率器件。以 a 相桥臂为例，在 $0 < \omega t \leqslant \pi$ 期间，对开关器件 S_1 施加如图 3-21b 所示脉宽调制驱动波形，开关器件 S_4 驱动信号为零。在 $\pi < \omega t \leqslant 2\pi$ 期间，对功率器件 S_4 施加如图 3-21c 所示脉宽调制波形，而 S_1 驱动信号为零，即将 6 个功率器件方波信号置换为每半周期 n 个脉冲宽度按正弦规律变化的系列方波信号，即可构成三相电压型 SPWM 逆变器。与方波逆变器不同之处是，在正弦波调制的半个周期内，方波逆变器是连续导通的，而 SPWM 逆变器要分别导通和关断 n 次。

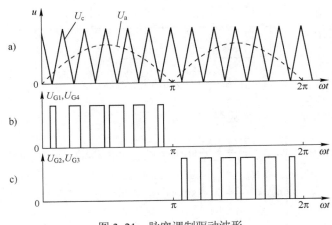

图 3-21 脉宽调制驱动波形

2．三相电流型逆变器

前文讨论的逆变电路中的输入直流能量由一个稳定的电压源提供，称之为电压型逆变器，其特点是逆变器在脉宽调制时的输出电压的幅值等于电压源的幅值，而电流波形取决于实际的负载阻抗。

在电流型逆变器中，有两种不同的原理可用于控制基波电流的幅值，一种是直流电流型的幅值变化法，这种方法使得交流侧的电流控制简单，另一种方法是用脉宽调制来控制基波电流，这种方法控制电流输出更加精准。

电流型逆变器非常适合于并网型应用，电流型逆变器有如下特点：

1）直流侧接有较大的滤波电感。

2）当负载功率因数变化时，交流输出电流的波形不变，即交流输出电流波形与负载无关。

3）在逆变器的桥式电路中，与功率开关器件串联的是反向阻断二极管。

电路结构如图 3-22 所示。

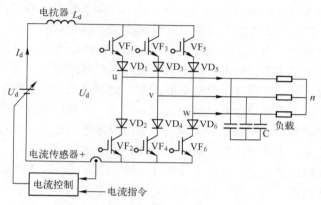

图 3-22　三相电流型逆变器的电路结构

电流型逆变器的电源即直流电流源是利用可变电压的电源通过电流反馈控制来实现的。该电源通常采用他励式正变换器或者自励式正变换器。但是，仅仅用电流反馈，不能减小因开关动作形成的逆变器输入电压 U_d 的脉动而产生的电流脉动，所以，要与电源串联电抗器 L_d。电流型逆变器的各个开关流过的电流是单方向的（零或者正），但加在开关上的电压是双向的。因此，电流型逆变器的开关，采用与晶体管（其他的自关断型器件也可以）串联二极管的形式。

3.3　习题

1. 画出光伏逆变器的基本结构。
2. 描述集中式逆变器与组串式逆变器的相同点与不同点？
3. 描述工频逆变器与高频逆变器的优缺点？
4. 画出推挽式逆变器的原理拓扑图，并画出驱动电路的控制波形图。
5. 画出全桥式逆变器的拓扑结构图，并画出其移相控制波形图。
6. 画出三相逆变器的基本原理图，并画出其驱动波形图。

第4章　光伏逆变器的脉宽调制技术

脉宽调制（Pulse Width Modulation，PWM）技术，其思想源于通信技术，是用一种参考波（通常是正弦波，有时也采用梯形波等）为调制波（Modulating Wave），而以 N 倍于调制波频率的三角波（有时也用锯齿波）为载波（Carrier Wave）进行波形比较，在调制波大于载波的部分产生一组幅值相等、宽度正比于调制波的矩形脉冲序列，用来等效调制波，用开关量取代模拟量。通过对逆变器开关管的通断控制，把直流电变成交流电，这种技术就叫做脉宽控制逆变技术。由于载波三角波（或锯齿波）的上、下宽度是线性变化的，故这种调制方式也是线性的。当调制波为正弦波时，输出矩形脉冲序列的脉冲宽度按正弦规律变化，这种调制技术通常又称为正弦脉宽调制（Sinusoidal PWM）技术。

高速全控型开关器件的发展，促进了 PWM 控制技术的发展，PWM 控制技术以其对波形调制的灵活性和通用性，成为逆变技术的核心。尤其是最近十几年，微处理器的应用和数字化控制的实现，更促进了 PWM 控制技术的发展。

4.1　PWM 的基本原理

在采样控制技术中有一个重要的结论：冲量相等而形状不同的窄脉冲加在具有惯性的环节上时，其效果基本相同。其中：①冲量即指窄脉冲的面积；②效果基本相同，是指环节的输出响应波形基本相同。即当它们分别加在具有惯性的同一个环节上时，其输出响应基本相同。如果把各输出波形用傅里叶变换分析，其低频分量基本接近，仅在高频段略有差异。上述原理可以称为面积等效原理，它是 PWM 控制技术的重要理论基础。

若分别将图 4-1 所示的窄脉冲加在一阶惯性环节（RL 电路）上，如图 4-2a 所示。其输出电流 $i(t)$ 对不同窄脉冲时的响应波形如图 4-2b 所示。从波形可以看出，在 $i(t)$ 的上升段，其形状略有不同，但其下降段则几乎完全相同。脉冲越窄，各 $i(t)$ 响应波形的差异越小。如果周期性地施加上述脉冲，则响应 $i(t)$ 也是周期性的。用傅里叶级数分解后将可看出，各 $i(t)$ 在低频段的特性将非常接近，仅在高频段有所不同。

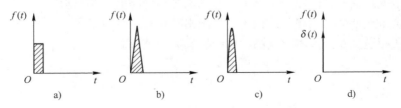

图 4-1　形状不同而冲量相同的各种窄脉冲

把图 4-3a 的正弦半波分成 N 等份，就可以把正弦半波看成是由 N 个彼此相连的脉冲序列组成的波形。这些脉冲宽度相等，都等于 $1/N$，但幅值不等，且脉冲顶部不是水平直线，而是曲线，各脉冲的幅值按正弦规律变化。如果把上述脉冲序列利用相同数量的等幅而不等宽的矩形脉冲代替，使矩形脉冲和相应正弦波部分的中点重合，且使矩形脉冲和相应的正弦波部分面积（冲量）相等，就得到图 4-3b 所示的脉冲序列，这就是 PWM 波形。可以看出，各脉冲的幅值相等，而宽度是按正弦波规律变化的。根据面积等效原理，PWM 波形和正弦半波是等效的。对于正弦波的负半周，也可以用同样的方法得到 PWM 波形。像这种脉冲的宽度按正弦规律变化而和正弦波等效的 PWM 波形，称为 SPWM（Sinusoidal PWM）波形。要改变等效输出的正弦波的幅值时，只要按照同一比例系数改变上述各脉冲的宽度即可。

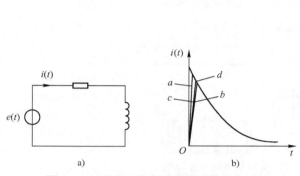

图 4-2　冲量相同的各种窄脉冲的响应波形

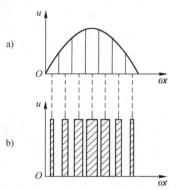

图 4-3　用 PWM 波代替正弦半波

4.2　PWM 方式的谐波含量评价指标

1. 谐波系数

谐波系数为第 n 次谐波分量的有效值和基波分量的有效值之比，定义为

$$HF_n = U_n / U_1$$

2. 总谐波畸变系数（THD）

非正弦周期信号全部谐波含量均方根值与基波均方根值之比定义为总谐波畸变系数（Total Harmonic Distortion，THD），它表征了实际波形与其基波分量差异的程度，一般以百分数表示。以电压信号为例，若基波电压的有效值为 U_1，二次谐波电压的有效值为 U_2，以此类推，一般地，可以记 n 次谐波的有效值为 U_n，则电压的总谐波畸变系数为

$$\text{THD} = \frac{1}{U_1}\left(\sum_{n=1}^{\infty} U_n^2\right)^{1/2} = \frac{1}{U_1}\left(\sum_{n=1}^{\infty}\left(U^2 - U_1^2\right)\right)^{1/2} = \sqrt{\left(\frac{U}{U_1}\right)^2 - 1}$$

式中，$U^2 = U_1^2 + U_2^2 + U_3^2 + \cdots$

4.3　PWM 模式

从调制脉冲的极性看，PWM 又可分为单极性与双极性模式。

4.3.1　单极性 PWM 模式

产生单极性 PWM 模式的基本原理如图 4-4 所示。首先用同极性的三角波载波信号 u_t 与

调制信号 u_r 比较（见图 4-4a），产生单极性的 PWM 脉冲（见图 4-4b）。然后将单极性的 PWM 脉冲信号与图 4-4c 所示的倒相信号 u_l 相乘，从而得到正负半波对称的 PWM 脉冲信号 u_d，如图 4-4d 所示。

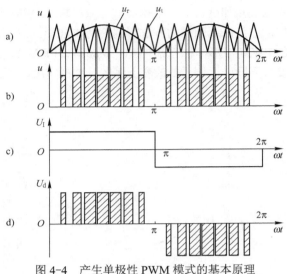

图 4-4　产生单极性 PWM 模式的基本原理

4.3.2　双极性 PWM 模式

双极性 PWM 控制模式采用的是正负交变的双极性三角载波 u_t 与调制波 u_r，如图 4-5 所示，可通过 u_t 与 u_r 的比较直接得到双极性的 PWM 脉冲，而不需要倒相电路。

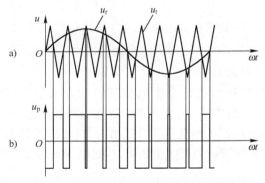

图 4-5　双极性 PWM 控制模式调制原理

与单极性模式相比，双极性 PWM 模式控制电路和主电路比较简单，然而对比图 4-4d 和图 4-5b 可看出，单极性 PWM 模式要比双极性 PWM 模式输出电压中、高次谐波分量小得多，这是单极性模式的一个优点。

4.4　正弦波脉宽调制技术

逆变器要求输出正弦波，其逆变电路在控制上采用正弦波脉宽调制（Sinusoidal Pulse Width Modulation, SPWM）技术。所谓 SPWM，是指用正弦波为调制波，以 N 倍于调制波频率的三角波为载波进行波形比较，在调制波大于载波的部分产生一组幅值相等、而宽度随正弦波幅值变化的矩形脉冲序列用来等效调制波，通过对逆变电路开关管的通/断控制，把直流变成交流。根据输出滤波器的前端电压 SPWM 波的极性，SPWM 可分为单极性和双极性两种。

4.4.1　单相单极性 SPWM

下面以图 3-14 所示的单相全桥式 DC/AC 逆变电路来说明单极性 SPWM 逆变的工作原理。图中，$VF_1 \sim VF_4$ 四只功率开关管构成全桥式逆变电路，$VF_1 \sim VF_4$ 的通/断受 SPWM 信号控制，SPWM 驱动脉冲宽度由正弦调制波 U_r 和三角载波 U_c 决定。单极性 SPWM 控制的逆变电路工作方式遵照以下原则：VF_1 和 VF_2 通/断互补，VF_3 和 VF_4 通/断互补；功率开关管 $VF_1 \sim VF_4$ 的通/断变化是在 U_r 和 U_c 相交的时刻。单相单极性 SPWM 的波形如图 4-6 所示，$U_{g1} \sim U_{g4}$ 分别为 $VF_1 \sim VF_4$ 上的驱动信号，U_o 为逆变电路的输出信号。

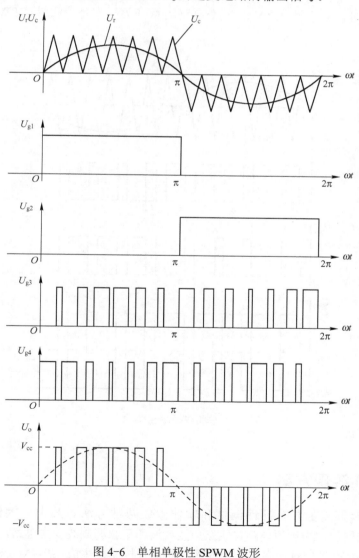

图 4-6　单相单极性 SPWM 波形

逆变电路工作过程如下：U_r 在正半周时，VF_1 导通、VF_2 关断。当 $U_r>U_c$ 时，VF_4 导通、VF_3 关断，则 $U_o=V_{cc}$；当 $U_r<U_c$ 时，VF_4 关断、VF_3 导通，则 $U_o=0$。同理，U_r 在负半周时，各功率开关管导通情况相反。图中，U_o 波形的虚线表示其基波分量。4 个功率开关管中，VF_1 和 VF_2 是基波频率开关，称为控制臂；VF_3 和 VF_4 是高频斩波开关，称为斩波臂。

4.4.2　单相双极性 SPWM

图 4-7 所示为单相双极性 SPWM 波形图。与单相单极性 SPWM 相比，它们的不同之处在于单极性电路中三角载波 U_c 与正弦调制波 U_r 同相，而双极性电路中三角载波 U_c 在正弦调制波 U_r 的半个周期内有正有负，因而所得到的 PWM 波也有正有负。单极性 SPWM 全桥逆变电路有一个低频桥臂，一个高频桥臂而双极性 SPWM 两个均为高频臂。因此，当载波频率相同时，双极性 SPWM 逆变电路的总开关频率是单极性 SPWM 逆变电路的两倍。

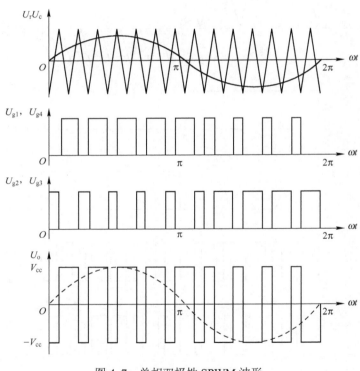

图 4-7　单相双极性 SPWM 波形

4.5　SPWM 实现方案

SPWM 波形生成主要有硬件调试和软件生成两种方法。其中，硬件调试法是按照 SPWM 波形生成原理，用模拟电路构成三角波载波和正弦调制波发生电路，用比较器来确定它们的交点，在交点时刻对功率开关管的通、断进行控制，生成 SPWM 波形。但模拟电路结构复杂，难以实现精确的控制。微处理技术及数字信号处理技术的发展使得用软件生成 SPWM 波形容易实现且控制精确，因此，目前 SPWM 波形的生成和控制多采用软件法来实现。用软件生成 SPWM 波形基本算法包括自然采样法、对称规则采样法、不对称规则采样法和面积等效法等。

1）自然采样法。与硬件调试法的思想相同，按照 SPWM 控制的基本原理，在调制正弦波和三角载波的自然交点时刻控制功率开关管的通断。因此，要准确生成 SPWM 波形，就需要准确地计算出正弦波和三角波的交点。但由于载波和基准波交点的任意性，脉冲中心在单个周期内不等距，使得脉冲宽度计算较为烦琐。若使用查表法来输出 PWM 波，其数据占用的内存过大，微处理器无法进行实时等采样周期控制。

2）规则采样法。自然采样法的主要缺点是 SPWM 波形脉冲的起始和终止时刻对三角波的中心线不对称，使得求解困难。规则采样法在三角波的固定点对正弦波进行采样，得到一个具体电压值的阶梯波，用此阶梯波和三角波的交点作为 SPWM 波形的脉冲生成时刻。根据固定点的不同，规则采样法分为对称采样和不对称采样两种。对称规则采样的固定采样点是三角波的顶点（或底点），所得脉宽在一个载波周期内是对称的。此种方法计算较自然采样法简单，但由于采样的特定电压阶梯波与三角载波的交点处于正弦调制波的同一侧，使所得脉冲宽度偏小，从而造成控制误差。不对称规则采样法在三角载波的顶点和底点都进行采样，所得脉宽在一个载波周期内是不对称的。由于特定电压阶梯波与三角波的交点坐落于正弦调制波的两侧，减少了脉宽生成误差，所得的 SPWM 波形更为准确。规则采样法的缺点是对直流电压的利用率低，线性控制范围小。

3）面积等效法（或等面法）。将半个周期的正弦波分成 N 等份，把正弦波分成 N 个宽度相等、幅值不等的相连的脉冲，脉冲幅值整体按正弦规律变化。用相同数量的等幅不等宽的矩形脉冲序列代替上述脉冲序列，要求各个矩形脉冲与所对应的脉冲中点重合、面积相等。计算各脉冲的宽度和间隔，将这些数据汇集成表存于微处理器的 Flash 中，微处理器通过查表法生成控制信号控制开关器件的通、断。图 4-8 为面积等效法实现 SPWM 的原理图。

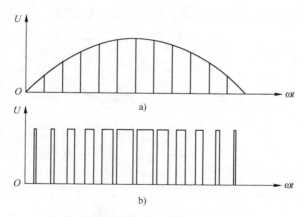

图 4-8　面积等效法实现 SPWM 的原理

面积等效法由已知数据和正弦数值即可依次算出各个脉冲的宽度值，它是实时控制中最简单的一种算法。

4.5.1　计算法和调制法

PWM 逆变电路可分为电压型和电流型两种，目前实用的几乎都是电压型，SPWM 波的开环控制分为计算法和调制法。

计算法给出了逆变电路的正弦波输出频率、幅值和半个周期内的脉冲数，SPWM 波形中各脉冲的宽度和时间间隔可以准确计算出来，按照计算的结果控制逆变电路中各个开关器件的通断，以便得到所需要的 PWM 波。由于计算法较烦琐、计算量大，当输出正弦波的频率、幅值或相位变化时，结果都要变化，所以较少使用。

调制法是把希望输出的波形作为调制信号，把接受调制的信号作为载波，通过信号波的调制得到所期望的 PWM 波形。通常采用等腰三角波或锯齿波作为载波，其中等腰三角波应用最多。因为等腰三角波上任一点的水平宽度和高度呈线性关系且左右对称，当它与任何一个平缓变化的调制信号波相交时，如果在交点时刻对电路中开关器件的通、断进行控制，就可以得到宽度正比于信号波幅值的脉冲，这正好符合 PWM 控制的要求。在调制信号波为正弦波时，所得到的就是 SPWM 波形。在实际应用中，可以用模拟电路构成三角波载波和正弦调制波发生电路，用比较器来确定它们的交点，在交点时刻对功率开关器件的通断进行控制，就可以生成 SPWM 波形。

1. IGBT 单相桥式电压型逆变电路的调制方法

图 4-9 是 IGBT 单相桥式电压型逆变电路的调制法，负载为阻感负载，工作时 VF$_1$ 和 VF$_2$ 通断互补，VF$_3$ 和 VF$_4$ 通断也互补。它的控制规律是：

u_o 正半周，VF$_1$ 通，VF$_2$ 断，VF$_3$ 和 VF$_4$ 交替通断，负载电流比电压滞后，在电压正半周，电流有一段为正、一段为负，负载电流为正区间，VF$_1$ 和 VF$_4$ 导通时，$u_o=U_d$，VF$_4$ 关断时，负载电流通过 VF$_1$ 和 VD$_3$ 续流，$u_o=0$，负载电流为负区间，i_o 为负，实际上从 VD$_1$ 和 VD$_4$ 流过，仍有 $u_o=U_d$，VF$_4$ 断，VF$_3$ 通后，i_o 从 VF$_3$ 和 VD$_1$ 续流，$u_o=0$，u_o 总可得到 U_d 和 0 两种电平。

u_o 负半周，让 VF$_2$ 保持通，VF$_1$ 保持断，VF$_3$ 和 VF$_4$ 交替通断，u_o 可得 $-U_d$ 和 0 两种电平。

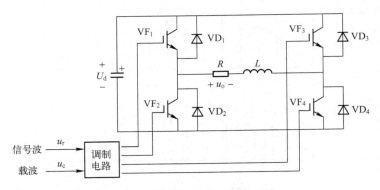

图 4-9　单相桥式 PWM 逆变电路

2. 单极性 PWM 控制方式（单相桥逆变）

在 u_r 和 u_c 的交点时刻控制 IGBT 的通断。u_r 正半周，VF$_1$ 保持通，VF$_2$ 保持断，当 $u_r>u_c$

时，使 VF_4 通、VF_3 断，$u_o=U_d$，当 $u_r<u_c$ 时，使 VF_4 断、VF_3 通，$u_o=0$。u_r 负半周，VF_1 保持断，VF_2 保持通，当 $u_r<u_c$ 时，使 VF_3 通、VF_4 断，$u_o=-U_d$，当 $u_r>u_c$ 时，使 VF_3 断、VF_4 通，$u_o=0$，虚线 u_{of} 表示 u_o 的基波分量。波形如图 4-10 所示。

3. 双极性 PWM 控制方式（单相桥逆变）

在 u_r 半个周期内，三角波载波有正有负，所得 PWM 波也有正有负。在 u_r 一周期内，输出 PWM 波只有 $\pm U_d$ 两种电平，仍在调制信号 u_r 和载波信号 u_c 的交点控制器件通断。u_r 正负半周，对各开关器件的控制规律相同，当 $u_r>u_c$ 时，给 VF_1 和 VF_4 导通信号，给 VF_2 和 VF_3 关断信号，如 $i_o>0$，VF_1 和 VF_4 通，如 $i_o<0$，VD_1 和 VD_4 通，$u_o=U_d$；当 $u_r<u_c$ 时，给 VF_2 和 VF_3 导通信号，给 VF_1 和 VF_4 关断信号，如 $i_o<0$，VF_2 和 VF_3 通，如 $i_o>0$，VD_2 和 VD_3 通，$u_o=-U_d$。波形如图 4-11 所示。

单相桥式电路既可采取单极性调制，也可采用双极性调制。

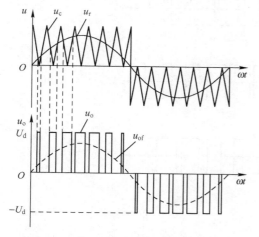

图 4-10　单极性 PWM 控制方式波形

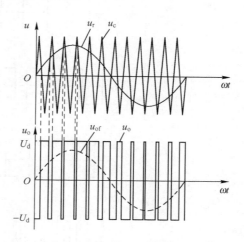

图 4-11　双极性 PWM 控制方式波形

4. 双极性 PWM 控制方式（三相桥逆变）

三相 PWM 控制共用 u_c，三相的调制信号 u_{rU}、u_{rV} 和 u_{rW} 依次相差 120°，三相桥式 PWM 型逆变电路如图 4-12 所示。

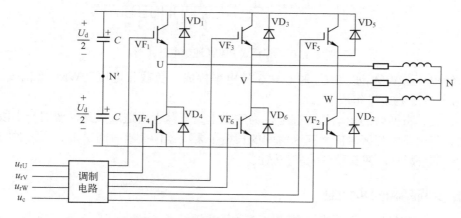

图 4-12　三相桥式 PWM 型逆变电路

当 $u_{rU} > u_c$ 时，给 VF$_1$ 导通信号，给 VF$_4$ 关断信号，$u_{UN'} = U_d/2$；当 $u_{rU} < u_c$ 时，给 VF$_4$ 导通信号，给 VF$_1$ 关断信号，$u_{UN'} = -U_d/2$；当给 VF$_1$(VF$_4$) 加导通信号时，可能是 VF$_1$(VF$_4$) 导通，也可能是 VD$_1$(VD$_4$) 导通。$u_{UN'}$、$u_{VN'}$ 和 $u_{WN'}$ 的 PWM 波形只有 $\pm U_d/2$ 两种电平，u_{UV} 波形可由 $u_{UN'} - u_{VN'}$ 得出，当 VF$_1$ 和 VF$_6$ 导通时，$u_{UV} = U_d$；当 VF$_3$ 和 VF$_4$ 导通时，$u_{UV} = -U_d$；当 VF$_1$ 和 VF$_3$ 或 VF$_4$ 和 VF$_6$ 导通时，$u_{UV} = 0$。波形如图 4-13 所示。

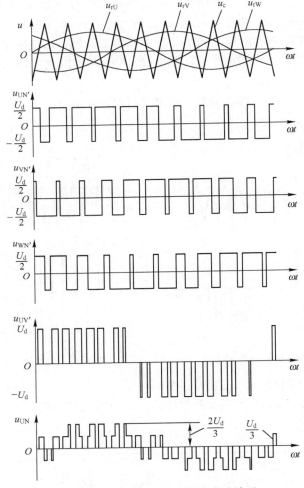

图 4-13 三相桥式 PWM 逆变电路波形

输出线电压 PWM 波由 $\pm U_d$ 和 0 共 3 种电平构成，负载相电压 PWM 波由 $(\pm 2/3)U_d$、$(\pm 1/3)U_d$ 和 0 共 5 种电平组成。

同一相上、下两臂的驱动信号互补，为防止上、下臂直通造成短路，要留一小段上、下臂都施加关断信号的死区时间。死区时间的长短主要由器件关断时间决定。死区时间会给输出 PWM 波带来影响，使其稍稍偏离正弦波。

4.5.2 异步调制和同步调制

根据载波和信号波是否同步及载波比 N（载波频率 f_c 与调制信号频率 f_r 之比，$N = f_c/f_r$）

的变化情况，PWM 调制方式分为异步调制和同步调制。

1. 异步调制

异步调制是指载波信号和调制信号不同步的调制方式。

通常保持 f_c 固定不变，当 f_r 变化时，载波比 N 是变化的。在信号波的半周期内，PWM 波的脉冲个数不固定，相位也不固定，正负半周期的脉冲不对称，半周期内前后 1/4 周期的脉冲也不对称。当 f_r 较低时，N 较大，一周期内的脉冲数较多，PWM 脉冲不对称的不利影响都较小；当 f_r 增高时，N 减小，一周期内的脉冲数减少，PWM 脉冲不对称的影响就变大。因此，在采用异步调制方式时，希望采用较高的载波频率，以使在信号波频率较高时仍能保持较大的载波比。

2. 同步调制

同步调制是指 N 等于常数，并在变频时使载波和信号波保持同步。

基本同步调制方式，f_r 变化时 N 不变，信号波一周期内输出脉冲数固定。三相共用一个三角波载波，且取 N 为 3 的整数倍，使三相输出对称。为使一相的 PWM 波正负半周镜像对称，N 应取奇数。当 $N=9$ 时的同步调制三相 PWM 波形如图 4-14 所示。

f_r 很低时，f_c 也很低，由调制带来的谐波不易滤除；f_r 很高时，f_c 会过高，使开关器件难以承受。为了克服上述缺点，可以采用分段同步调制的方法。

3. 分段同步调制

把 f_r 范围划分成若干个频段，每个频段内保持 N 恒定，不同频段的 N 不同。在 f_r 高的频段采用较低的 N，使载波频率不致过高，在 f_r 低的频段采用较高的 N，使载波频率不致过低。

图 4-15 为分段同步调制的例子。为防止 f_c 在切换点附近振荡，采用滞后切换的方法。同步调制比异步调制复杂，但用微机控制时容易实现。可在低频输出时采用异步调制方式，高频输出时切换到同步调制方式，这样把两者的优点结合起来，和分段同步方式效果接近。

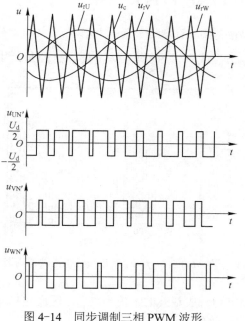

图 4-14　同步调制三相 PWM 波形

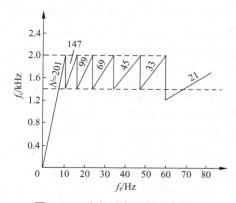

图 4-15　分段同步调制方式举例

4.5.3　自然采样和规则采样法

1．自然采样 PWM

自然采样 PWM 是在参考信号与载波信号的交点处进行开关切换的 PWM 方式。它完全按照模拟控制的方法，计算正弦调制波与三角载波的交点，从而求出相应的脉宽和脉冲间歇时刻，生成 SPWM 波形。载波一般有锯齿波和三角波两种。

（1）正弦波——锯齿波调制

自然采样的脉宽调制是通过将一个低频参考波形（通常是一个正弦曲线）与一个高频载波相比较而得以实现。图 4-16 展示了该类调制方式的一个简单的例子，图中逆变器的一相桥臂由一锯齿形载波所驱动。正如前面所描述的，当参考波形大于锯齿形载波时，相桥臂切换连接到上母线；当参考波形小于锯齿形载波时，相桥臂切换连接到下母线。为了采用该调制策略获得一个正弦的输出，参考波形取如下的形式：

$$v_{az}^* = M\cos(\omega_0 t + \theta_0) = M\cos y \tag{4-1}$$

式中，M 为调制比或者调制深度（即归一化的输出电压幅值），其范围是 $0<M<1$；ω_0 为目标输出频率；θ_0 为任意的输出相位。

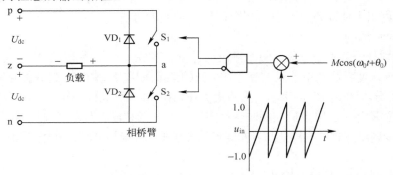

图 4-16　半桥（单相桥臂）电压源型逆变器的后边沿自然采样脉宽调制

式（4-1）中，带星号的变量表示是"命令值"或者"目标值"。需要注意的是，由于归一化的载波在-1～1 之间变化，所以相桥臂的输出参考波形是零对称。使用该类型的载波。只有脉冲的后边沿随着 M 的变化而变化，因此这种调制被称为后边沿自然采样脉宽调制。

图 4-17 给出的是后边沿自然采样的脉宽调制在载波比为 21 和调制比为 0.9 条件下的电压频谱，该图显示了由调制过程产生的单个基波低频分量以及分布在载波和两倍载波周围的边带谐波组。在图的右边还可以看到一些属于 3

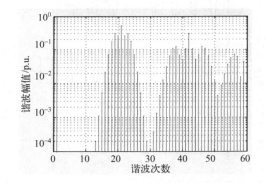

图 4-17　在 $M=0.9$，$f_c/f_0=21$ 时后边沿锯齿波调制谐波分量

倍载波组的边带谐波。因为调制比为 1 时所输出的合成基波的幅值为 U_{dc}，因而包括基波在内的所有谐波分量的幅值均为以 U_{dc} 为基准的归一化值。

（2）正弦波——三角波调制

如图 4-18 所示，更为普遍的自然采样 PWM 采用三角形载波而不是锯齿波来与参考波形进行比较。采用三角形载波，相桥臂输出的开关脉冲波形的两侧边沿都得到调制，这极大改善了脉冲序列的谐波性能。这种类型的调制称之为双边沿自然采样调制。

图 4-19 给出了在载波比为 21 和调制比为 0.9 情况下，双边沿自然采样 PWM 的电压频谱。该图再次显示了由开关过程产生的单个基波低频分量，还有分布在载波和两倍载波周围的边带谐波组。可以在图的右边看到 3 倍载波的边带谐波组中一些边带谐波。

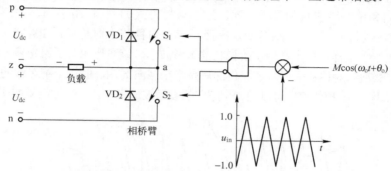

图 4-18　双边沿自然采样 PWM 半桥（单相桥臂）电压源型逆变器

由图 4-17、图 4-19 可知，三角波调制与锯齿波调制含有一些相同的谐波分量，然而在自然采样的三角波调制中，奇次倍载波频率周围的奇次边带谐波分量和偶次倍载波频率周围的偶次边带谐波分量都被完全消除了，说明三角波调制优越于锯齿波调制。与使用锯齿形载波的单沿调制相比，这是使用三角波的双边沿自然采样调制所固有的一个优点。

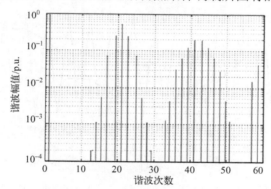

图 4-19　在 $M=0.9$，$f_c/f_0=21$ 时双边沿自然采样 PWM 逆变器的谐波分布

由于三角形或锯齿波与正弦波交点有任意性，脉冲中心在一个周期内不等距，从而脉宽表达式是一个超越方程，计算烦琐，难以实时控制。

2. 规则采样 PWM

因为参考正弦波形与三角或者锯齿形载波之间的交点是个超越方程，而求解计算相当复杂，因此在数字调制系统中推荐用自然采样 PWM 方式。这大大限制了自然采样 PWM 的应用，所以通常采用规则采样 PWM 策略。在规则采样 PWM 策略中，低频的参考波形被采样并在各个载波周期里面保持恒定，用这些采样值取代正弦变化的参考信号，与三角形载波相比，较易控制各相桥臂的开关过程。

该采样参考波形的值必须在载波的正峰值时刻或在正峰值/负峰值时刻发生改变，这取决于采用何种采样策略。采取这种变化方式是为了避免在载波的斜坡阶段参考值出现瞬间的变化。如果采样参考波形在载波的斜坡阶段发生变化，这可能导致一个载波周期内开关状态发生多次转变。

对于锯齿形载波而言，总是在载波上升斜坡阶段末端的下降时刻进行采样。对于三角形载波而言，可采用对称方式进行采样，在载波的正的或者负的峰值时刻对参考信号进行采样，且采样值在该载波周期内保持恒定；也可采用对称方式进行采样，参考值每半个载波周期在载波的正的和负的峰值时刻采样一次。这些采样方式如图 4-20 所示。因为每（锯齿)载波周期计算一次相桥臂的开关状态转变，因而不存在对称和不对称单沿 PWM。

图 4-20 显示了采样过程中产生了阶梯状的参考波形，该波形相对于原先参考波形有相位滞后，对于锯齿形载波和对称的采样，该相位滞后是半个载波周期，而对于不对称的采样，该相位滞后是 1/4 载波周期。该相位滞后可以用相位超前的参考波形来补偿，补偿结果如图 4-21 所示。

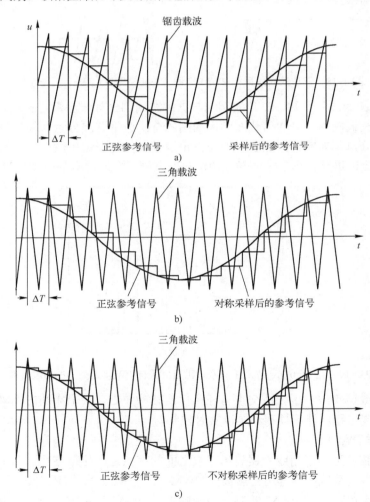

图 4-20　规则采样 PWM

a) 使用锯齿载波的采样　b) 使用三角载波的对称采样（正峰值时刻采样）　c) 使用三角载波的不对称采样

由于通过在原始的参考波形上进行相位延迟采样，而不是将参考波形本身相位提前，可以取得相同的相位延迟补偿结果，显然这一调整只影响所产生的 PWM 开关波形的谐波的相位，而不影响谐波的幅值。规则采样法原理可简述如下：

图 4-22 中，三角波两个正峰值之间为一个采样周期 T_c。自然采样法中，脉冲中点不和三角波一个周期的中点（即负峰点）重合。规则采样法使两者重合，每个脉冲中点为相应三角波中点，计算大为简化。三角波负峰时刻 t_D 对信号波采样得 D 点，过 D 点作水平线和三角波交于 A、B 点，在 A 点时刻 t_A 和 B 点时刻 t_B 控制器件的通断，脉冲宽度 δ 和用自然采样法得到的脉冲宽度非常接近。

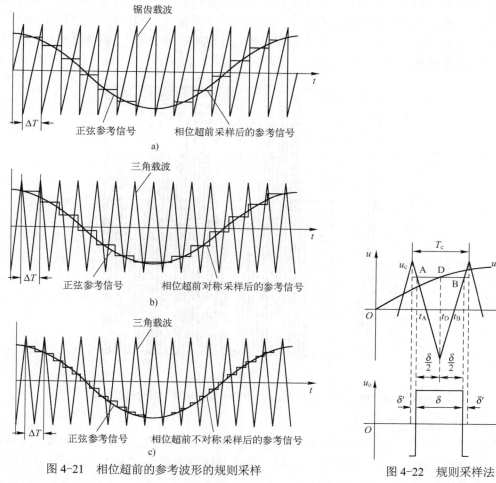

图 4-21　相位超前的参考波形的规则采样

a) 锯齿载波（1/2 载波周期超前）　　b) 使用三角载波的对称采样（1/2 载波周期超前）

c) 使用三角载波的不对称采样（1/4 载波周期超前）

图 4-22　规则采样法

正弦调制信号波公式中，a 称为调制度，$0 \leqslant a \leqslant 1$；$\omega_r$ 为信号波角频率。从图 4-19 因此可得

$$u_r = a \sin \omega_r t$$

在三角波的一个周期内，脉冲两边间隙宽度满足

$$\frac{1 + a\sin\omega_r t_D}{\delta/2} = \frac{2}{T_c/2}$$

（1）锯齿形载波规则采样脉宽调制

图 4-23 呈现了后边沿规则采样 PWM 在载波比为 21 和调制比为 0.9 条件下的电压频谱。将该图与图 4-17 所示的自然采样 PWM 相比较，可以看出两种调制策略之间的差别。规则采样 PWM 会产生一些比期望的基波频率高的低次基带谐波，这些谐波是规则采样过程的结果，任何一种规则采样 PWM 策略都会产生。但是，它们的幅值随着 n 增长而衰减的速率会受载波比和调制策略影响。由于载波比越高基带谐波的衰减速度会越快，所以通常取高载波比。

由规则采样所产生的谐波的另一个变化是载波边带谐波能量在低频侧和高频侧边带谐波之间出现了转换，这些可以通过比较图 4-20 和图 4-14 看出来。和自然采样相比，规则采样使得边带谐波的对称性发生畸变。这种影响实质上是规则采样 PWM 的一种特性，尽管精确地来看，畸变程度与采用何种调制策略关系不大。

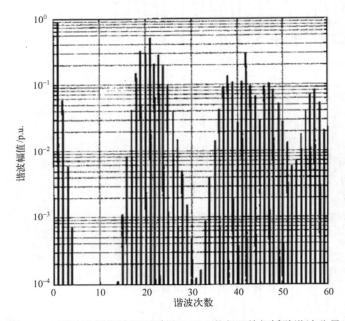

图 4-23　后边沿锯齿波规则采样 PWM 逆变器单相桥臂谐波分量

（2）对称规则采样脉宽调制

采样发生在三角波的正峰值或负峰值处，在一个载波周期内利用此采样值作为实际的调制信号与三角波比较，这种规则采样 PWM 称为对称规则采样 PWM，对于对称规则采样 PWM 可以采用锯齿波的方法来处理。

三角形载波对称规则采样 PWM 在载波比为 21、调制比为 0.9 情况下的电压频谱如图 4-24 所示。将该调制方案与锯齿形载波双边沿自然采样以及锯齿形载波规则采样相比较，从该图可以看出三种调制方法间的一些显著差别：

1）双边沿自然采样 PWM 能够消除载波边带，而对称规则采样 PWM 不能完全做到这一点。但是，对称规则采样 PWM 能够显著降低奇次载波频率周围的奇次边带谐波的幅值以及偶次载波频率周围的偶次边带谐波的幅值，这种谐波消除不尽完全。

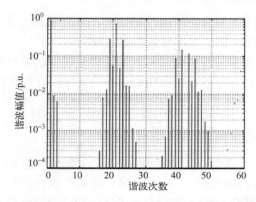

图 4-24　三角形载波对称规则采样 PWM 逆变器单相桥臂谐波分量

2）规则采样过程产生的基带谐波分量仍然存在，但幅值要比锯齿形载波规则采样的衰减得更快。在本章中所规定的工作条件下，锯齿形载波规则采样的基带谐波中的第二个谐波的幅值为 6%，而三角形载波对称规则采样的基带谐波中的第二个谐波的幅值低于 0.5%。这清楚地表明在规则采样调制系统中采用三角形载波的益处。

（3）不对称规则采样脉宽调制

采样同时在三角波的正峰值与负峰值处进行，并在每半个载波周期内利用此采样值作实际的调制信号与三角波比较，这种规则采样 PWM 称为不对称规则采样 PWM。

对于不对称规则采样而言，因为每一个载波周期内设有两个采样点，可以通过设立两个阶梯形变量来实现。一个变量用于确定开关脉冲的上升沿，它从各载波周期的 $x=-\pi/2$ 处就保持不变；另一个变量于确定开关脉冲的下降沿，它从各载波周期的 $x=\pi/2$ 处起其值不变。

三角形载波不对称规则采样 PWM 在载波比为 21、调制比为 0.9 条件下的电压频谱如图 4-25 所示。该图显示看出，该调制方法比三角形载波对称规则采样 PWM 在谐波性能方面有显著的提高。

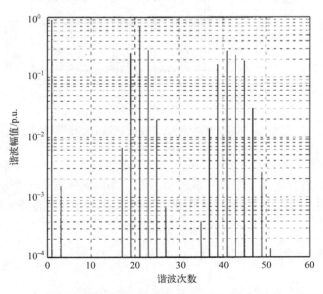

图 4-25　三角形载波不对称规则采样 PWM 逆变器单相桥臂谐波分量

特别需要指出的是，不管规则采样的过程如何，奇次载波频率周围的奇次谐波边带分量以及偶次载波频率周围的偶次谐波边带分量都被完全抵消掉了。

在三角形载波（或者其他等效的载波）规则采样系统中，非对称采样相对于对称采样所固有的优势带来了上述的种种好处，这对研究不同变换器拓扑的相桥臂之间的谐波抵消问题有着重要的影响。

4.5.4　PWM逆变电路的谐波分析

使用载波对正弦信号波调制，产生了和载波有关的谐波分量。谐波频率和幅值是衡量PWM逆变电路性能的重要指标之一。同步调制可看成异步调制的特殊情况，这里只分析异步调制方式。因为不同信号波周期的PWM波不同，无法直接以信号波周期为基准分析，以载波周期为基础，再利用贝塞尔函数推导出PWM波的傅里叶级数表达式，分析过程相当复杂，结论却简单而直观。

1．对单相的分析

不同调制度时的单相桥式PWM逆变电路，在双极性调制方式下输出电压的频谱图，如图4-26所示。其中所包含的谐波角频率为 $n\omega_c \pm k\omega_r$，式中，当 $n=1$，3，5，…时，$k=0$，2，4，…；当 $n=2$，4，6，…时，$k=1$，3，5，…。可以看出，PWM波中不含低次谐波，只含有角频率为 ω_c、$2\omega_c$、$3\omega_c$ 等及其附近的谐波。在上述谐波中，幅值最大的是角频率为 ω_c 的谐波分量。

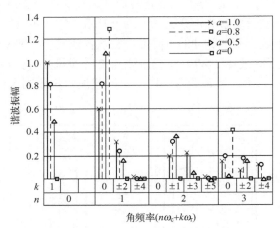

图4-26　单相PWM桥式逆变电路输出电压频谱图

2．对三相的分析

三相桥式PWM逆变电路采用公用载波信号时，不同调制度的三相桥式PWM逆变电路输出线电压的频谱图，如图4-27所示。在输出线电压中，所包含的谐波角频率为

$$\omega = n\omega_c \pm k\omega_r \tag{4-2}$$

式中，当 $n=1$，3，5，…时，$k=3(2m-1)\pm1$，$m=1$，2，…；

当 $n=2$，4，6，…时，$k = \begin{cases} 6m+1 & m=0,1,\cdots \\ 6m-1 & m=1,2,\cdots \end{cases}$

和单相比较，共同点是都不含低次谐波，一个较显著的区别是载波角频率 ω_c 整数倍的谐波被消去了，谐波中幅值较高的是 $\omega_c \pm 2\omega_r$ 和 $2\omega_c \pm \omega_r$。

SPWM 波中谐波主要是角频率为 ω_c、$2\omega_c$ 及其附近的谐波，很容易滤除。当调制信号波不是正弦波时，谐波由两部分组成：一部分是对信号波本身进行谐波分析所得的结果，另一部分是由于信号波对载波的调制而产生的谐波。后者的谐波分布情况和 SPWM 波的谐波分析一致。

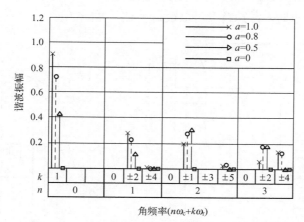

图 4-27　三相桥式 PWM 逆变电路输出线电压频谱图

4.5.5　PWM 跟踪控制技术

PWM 跟踪控制就是将输出电流或电压与实际输出，两者的瞬时值比较来决定逆变电路各功率开关器件的通断，使实际的输出动态跟踪输入的变化。PWM 跟踪控制具有结构简单和响应速度快的优点。而且这种控制方法是闭环调制，因此其稳定性和输出控制精度受系统参数影响较小，具有很好的鲁棒性。

常用的 PWM 跟踪控制方法有滞环比较方式、定时比较方式和基于线性调节的三角波比较方式。其中滞环比较方法应用最为广泛。

1. 滞环比较方式

（1）电流跟踪控制

电流滞环跟踪 PWM（Current Hysteresis Band PWM，CHBPWM）控制，其原理如图 4-28 所示，该图给出了采用滞环比较方式的 PWM 电流跟踪控制单相桥式逆变电路原理示意图。图 4-29 给出了其跟踪输出 PWM 波形 u_o 和输出电流 i_o 波形。如图 4-28 所示，把输入电流 i_r 与实际电流 i_f 的偏差 $e=i_r-i_f$ 作为带有滞环特性的比较器的输入，通过其输出来控制功率器件 S_1、S_2、S_3 和 S_4 的通断。当 S_1、S_4 导通时，输出电压 $u_o=U_d$，使得 i_f 增大，当 $e \leqslant -h$ 时，关断 S_1 和 S_4，开通 S_2 和 S_3；当 S_2、S_3 导通时，$u_o=-U_d$，使得 i_f 减小，当 $e \geqslant h$ 时，关断 S_2 和 S_3，开通 S_1 和 S_4，电流又开始增大。依此交替通断，使得 $|e| \leqslant h$ 以实现对 i_r 的自动跟踪，即通过环宽为 $2h$ 的滞环比较器的控制，i_f 就在 $i_r \pm h$ 的范围内呈锯齿状地跟踪输入电流 i_r。显然只要设定足够小的环宽 h，就可得到希望的跟踪精度。

滞环比较跟踪型 PWM 逆变器的开关频率受各种系统参数的影响，在不同的条件下逆变器开关频率的变化很大。开关频率过高会使主电路的开关功耗增大，影响系统效率；开关频率过低时会使输出滤波器的体积增大。

采用滞环比较方式的电流跟踪型 PWM 交流电路有以下特点：

1）控制电路简单，其核心只是一个滞环比较器。

2）属于非线性 bang-bang 控制，使得跟踪输出响应快。

3）当选取滞环较小时，跟踪精度可以很高。

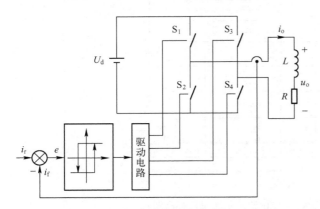

图 4-28　滞环比较方式电流跟踪控制原理图　　　图 4-29　滞环比较跟踪控制方式的波形图

4）属于闭环控制，所以其稳定性和输出控制精度受系统参数影响较小，具有很好的鲁棒性。

5）开关频率不固定，带来开关损耗和输出滤波器设计方面的矛盾。与开环调制方法相比，这是其主要缺点。

6）滞环比较型跟踪控制的研究工作主要集中在如何稳定开关频率，至少是减少开关频率的波动范围。

（2）电压跟踪控制

采用滞环比较方式实现电压跟踪控制。如图 4-30 所示。把指令电压 u^* 和输出电压 u 进行比较，滤除偏差信号中的谐波，滤波器的输出送入滞环比较器，由比较器输出控制开关通断，从而实现电压跟踪控制。和电流跟踪控制电路相比，只是把指令和反馈从电流变为电压。输出电压 PWM 波形中含大量高次谐波，必须用适当的滤波器滤除。

当 $u^*=0$ 时，输出 u 为频率较高的矩形波，相当于一个自励振荡电路。

当 u^* 为直流时，u 产生直流偏移，变为正负脉冲宽度不等，正宽负窄或正窄负宽的矩形波。

当 u^* 为交流信号时，只要其频率远低于上述自励振荡频率，从 u 中滤除由器件通断产生的高次谐波后，所得的波形就几乎和 u^* 相同，从而实现电压跟踪控制。

2．定时比较方式

滞环比较跟踪方法可能导致较高的开关频率，开关管的损耗较大，而开关频率较低时，滤波器的体积偏大。定时比较跟踪控制方式可以有效地限制最高开关频率。

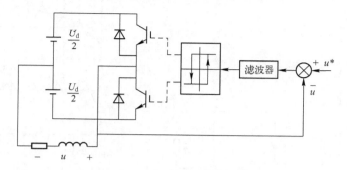

图 4-30 电压跟踪控制电路举例

这种方式不用滞环比较器，而代之以过零比较器，同时设置一个固定周期的定时器，在定时器每个输出脉冲的上升沿对比较器的输出进行采样，以决定输出 PWM 脉冲的取值。定时比较方式的原理图如图 4-31 所示。指令电流 i_r 与输出电流 i_f 相减得电流误差 e。当 $e>0$ 时比较器使 $D=1$，反之，$D=0$。在每个定时脉冲的上升沿将 D 触发器的数据 D 写到输出 Q 端，在 Q 端即得到输出 PWM 波形。

其各点波形示于图 4-32 中。如果 CP 上升沿时，而 $D=1$，意味着 $e=i_r-i_f>0$，PWM 输出置"1"，此时 S_1 和 S_4 导通，$u_o=U_d$，使 i_f 快速上升，e 的幅值减小。当 CP 上升沿时，而 $D=0$，意味着 $e<0$，PWM 输出置"0"，此时 S_2 和 S_3 导通，$u_o=-U_d$，使 i_f 快速下降，同样使 e 的幅值减小。显然，PWM 波形只有在定时器输出 CP 的上升沿处才有可能发生跳变。无论是 PWM 输出的正脉冲宽度还是负脉冲宽度都不会小于定时器的周期 T，因此限制了 PWM 输出的最高频率为 f_{max}。

由图 4-32 看出，由于没有限制误差的幅值，使得输出的误差平均值可能不为零。这是定时比较跟踪控制方式的主要缺点。当然，这种控制方式并未能改善开关频率可能过低的问题。

定时比较跟踪控制型 PWM 方法的特点为：

1）限制了开关管的最高频率，可缓解开关损耗可能过大的问题。

2）采用定时比较方式时，器件最高开关频率为时钟频率的 1/2，和滞环比较方式相比，电流误差没有一定的环宽，控制的精度低一些。

3）该方法单独使用的场合不太多。

3. 三角波比较方式

严格地说，基于线性调节的三角波比较跟踪控制方法并不属于直接误差跟踪控制方法，但通常都把它归于跟踪控制。图 4-33 是采用三角波比较方式的电流跟踪型 PWM 逆变器控制电路原理图。该方法把输入电流 i_r 和逆变电路实际输出的反馈电流 i_f 进行比较，求出偏差电流 e，经过线性调节器调节后，其输出和三角波进行比较，以产生 PWM 控制波形。控制系统设计时，首先要对 PWM 逆变器和负载进行动态建模，然后通过线性调节器的设计来满足闭环跟踪控制系统的动态和稳态性能。

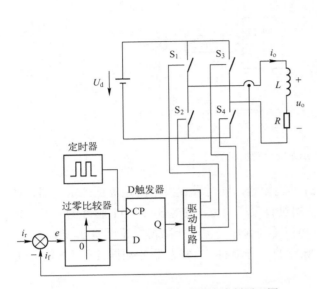 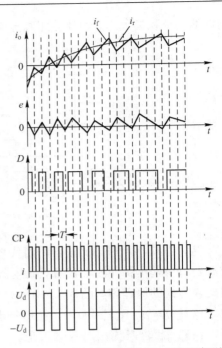

图 4-31 定时比较方式电流跟踪控制原理图　　　　图 4-32 定时比较跟踪控制方式原理波形图

　　显然，采用三角波比较方式时，PWM 波形的开关频率由三角载波唯一确定，保持固定不变，这是该方法的最大优点。但是，由于系统设计需要动态建模和线性调节，使得系统设计相对于滞环比较方式较为复杂，更重要的是，线性调节使得三角波比较方式的跟踪速度相对较慢。

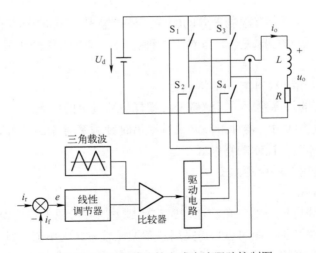

图 4-33 三角波比较方式电流跟踪控制图

　　三角波比较电流跟踪型 PWM 特点主要有：①开关频率固定，等于载波频率，高频滤波器设计方便；②为改善输出电压波形，三角波载波常用三相；③和滞环比较控制方式相比，这种控制方式输出电流谐波少。

4.6　习题

1. 画出单极性 PWM 和双极性 PWM 的基本原理图。
2. 什么是正弦脉宽调制技术？
3. 画出单相桥式 PWM 逆变电路图，并描述其基本原理。
4. 画出一种实现 SPWM 的电路？
5. 画出三相桥式 PM 型逆变电路和输出波形图。

第 5 章　带高频环节的光伏逆变技术

5.1　概述

采用工频变压器作为逆变器主电路功率输出与负载电压的匹配和隔离时，逆变器具有功率可双向流动、可靠简单、无直流分量输出等优点。但由于工频变压器的存在，往往使得逆变器的功率密度小、体积大、笨重，在小功率场合使用不方便；而在高频环节采用逆变技术用高频变压器替代工频变压器时，具有效率高、体积小、重量轻、价格低廉等优点。

具有高频环节逆变器的主电路拓扑结构如图 5-1 所示，低压的直流电源经过高频逆变电路 A 变成高频交流电，高频交流电能通过高频升压变压器 B 变成高压交流电，经过高频整流电路 C 变成高频脉动的直流，经过滤波器 D 滤成直流，再经过低频逆变器 E 和低通滤波器后得到所需的工频交流电力，图中，A、B、C、D 构成一个隔离升压型的 DC/DC 变换器，E、F 构成一个非隔离逆变器，因此具有高频环节的逆变器实质上是 DC/DC 变换器和后级非隔离 DC/AC 变换器的串联。

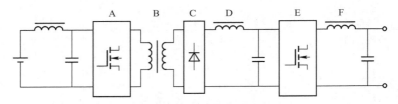

图 5-1　具有高频环节逆变器的主电路拓扑结构

本章接下来将分别介绍高频 DC/DC 变换器和后级 DC/AC 逆变器技术。

5.2　高频 DC/DC 变换器

直流/直流变流电路（DC/DC Converter）包括直接直流变流电路和间接直流变流电路。直接直流变流电路也称斩波电路，功能是将直流电变为另一固定电压或可调电压的直流电。一般是指直接将直流电变为另一个电压的直流电，这种情况下输入与输出之间不隔离。间接直流变流电路在直流变流电路中增加了交流环节，在交流环节中通常采用变压器实现输入、输出间的隔离，因此也称为直—交—直电路。本节就这两种电路分别介绍它们的主要电路结构和工作原理。

5.2.1　非隔离型直流电路

根据输入和输出之间连接的开关器件、二极管、电抗器等位置的不同，可以构成三种直流电路：Buck-降压、Boost-升压和 Buck/Boost-降/升压电路。本节内容主要对这三种电路进行简单的分析介绍。

1. Buck-降压电路

Buck 电路的理想电路如图 5-2a 所示，其实际电路可以图 5-2b 来实现。电感、电容和开关都不消耗能量，开关关闭时，开关上的电压降为 0，开关打开时，开关上的电流为 0，由此可知，开关上没有能量损耗。开关在交替开闭下，$u_s(t)$ 与开关的关系如图 5-3 所示。

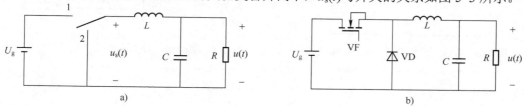

图 5-2　Buck 电路

a) Buck 电路原理图　b) Buck 电路的实际电路

开关输出电压 $u_s(t)$ 有一个小于输入电压 U_g 的直流电压，$u_s(t)$ 的直流部分为

$$\langle u_s \rangle = \frac{1}{T_s} \int_0^{T_s} u_s(t) \mathrm{d}t = \frac{1}{T_s}(DT_s U_g) = D U_g$$

直流部分通过图 5-2 中的电感和电容组成的低频滤波器，使输出 $u(t)$

$$u(t) \approx \langle u_s \rangle = D U_g \tag{5-1}$$

Buck 降压电路的输出电压与控制开关的占空比关系，如图 5-4 所示。由此可见，Buck 降压电路的输出电压随着占空比的增加而线性增加，但始终大于等于 0，小于等于输入电压。

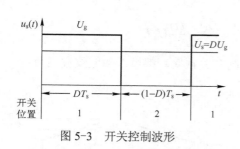

图 5-3　开关控制波形　　　　　图 5-4　输出电压 u 与控制占空比 D 的关系

当开关处于 1 位置时，电感的左边连接输入电压，电路如图 5-5 所示。电压上的电压 $u_L(t)$ 为

$$u_L(t) = U_g - u(t)$$

由于输出电压 $u(t)$ 是一个接近于直流的电压，其值如式（5-1）所示，由此电感电压为

$$u_L(t) \approx U_g - D U_g = (1-D)U_g = D' U_g$$

式中，$D' = 1-D$

电感电压如图 5-6 所示。由于电感电压如式（5-2）所示

$$u_L(t) = L \frac{\mathrm{d}i_L(t)}{\mathrm{d}t} \tag{5-2}$$

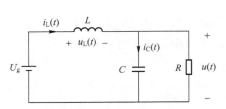

图 5-5　开关处于位置 1 时的 Buck 电路

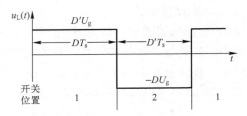

图 5-6　静态电感电压

所以

$$\frac{\mathrm{d}i_L(t)}{\mathrm{d}t} = \frac{u_L(t)}{L} \approx \frac{D'U_g}{L}$$

由于开关处于位置 1 时，电感电压 $u_L(t)$ 接近于直流，电感电流也是接近于直线上升。

当开关位于位置 2 时，电感的左边与地连接，如图 5-7 所示。此时电感上电压 $u_L(t)$ 为

$$u_L(t) = -u(t) \approx -DU_g$$

由此可见，当开关处于位置 2 时，电感电压也接近于直流，如图 5-6 所示。由此可得

$$\frac{\mathrm{d}i_L(t)}{\mathrm{d}t} = \frac{u_L(t)}{L} \approx -\frac{DU_g}{L}$$

当开关处于位置 2 时，电感电流反相，但其变化也是线性的。电感电流在位置 1 和位置 2 两个时间段，其变化波形如图 5-8 所示。开关位于位置 1 时，电感电流以斜率 $D'U_g/L$ 增加；开关位于位置 2 时，电感电流以 DU_g/L 减小。图中的 Δi_L 是纹波电流，它与电感值、电容值、负载电阻值以及占空比 D 有关，其大小为

$$\Delta i_L = \frac{1}{2} \times \frac{D'U_g}{L} \times DT_s = \frac{D(1-D)}{2L}U_g T_s \tag{5-3}$$

由式（5-3）可以看出，增加电感的值和提高开关频率，都可以降低纹波系数。

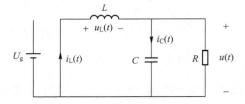

图 5-7　开关处于位置 2 时的 Buck 电路

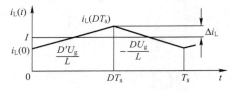

图 5-8　稳态电感电流波形

由电感的伏-秒平衡原理可知，在稳定状态下电感电流 $i_L(t)$，在 $t=0$ 到 T_s 的一个周期内的净变化为 0，由式（5-2）可以得到

$$i_L(T_s) - i_L(0) = \frac{1}{L} \int_0^{T_s} u_L(t)\mathrm{d}t = 0$$

由此得到

$$\int_0^{T_s} u_L(t)\mathrm{d}t = 0 \qquad (5\text{-}4)$$

将式（5-4）两边除以周期 T_s 得

$$\frac{1}{T_s}\int_0^{T_s} u_L(t)\mathrm{d}t = 0$$

由此得到电感上的平均电压或电压的直流分量为

$$\langle u_L \rangle = \frac{1}{T_s}\int_0^{T_s} u_L(t)\mathrm{d}t = 0$$

同时可以得到电容上的电流为

$$i_C(t) = C\frac{\mathrm{d}u_C(t)}{\mathrm{d}t} \qquad (5\text{-}5)$$

对式（5-5）两边进行一个周期的积分得

$$u_C(T_s) - u_C(0) = \frac{1}{C}\int_0^{T_s} i_C(t)\mathrm{d}t \qquad (5\text{-}6)$$

由电容的安-秒平衡原理可知，在稳定状态下电容上的电压 $u_C(t)$，在 $t=0$ 到 T_s 的一个周期内的净变化为 0，由式（5-6）可以得到

$$\int_0^{T_s} i_C(t)\mathrm{d}t = 0$$

由此得到电容上的平均电流或电流的直流分量为

$$\langle i_C \rangle = \frac{1}{T_s}\int_0^{T_s} i_C(t)\mathrm{d}t = 0$$

2. Boost-升压电路

Boost 升压电路的理想电路如图 5-9a 所示，其实际电路可用图 5-9b 来实现。Boost 电路的直流输出电压 u 高于直流输入电压 U_g。

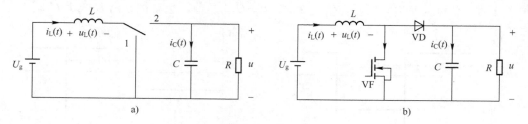

图 5-9 Boost 电路

a) Boost 原理电路 b) Boost 实现电路

当开关处于位置 1 时，电感的右端接地，电路变为图 5-10 所示。此时电感电压和电容电流为

$$u_L = U_g$$

$$i_C = -\frac{u}{R} \qquad (5\text{-}7)$$

由于输出电压 u 的纹波很小，定义 $u \approx U$，U 为输出电压的直流分量。所以式（5-7）变为

$$u_{\mathrm{L}} = U_{\mathrm{g}}$$
$$i_{\mathrm{C}} = -\frac{U}{R}$$

（5-8）

当开关处于位置 2 时，电感的右端与输出连接在一起，电路变为图 5-11 所示。此时电感电压和电容电流为

$$u_{\mathrm{L}} = U_{\mathrm{g}} - u$$
$$i_{\mathrm{C}} = i_{\mathrm{L}} - \frac{u}{R}$$

（5-9）

由于输出电压和电感上的电流纹波极小，式（5-9）变为

$$u_{\mathrm{L}} = U_{\mathrm{g}} - U$$
$$i_{\mathrm{C}} = I - \frac{U}{R}$$

（5-10）

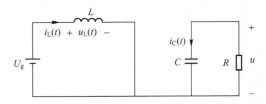

图 5-10　当开关处于位置 1 时，Boost 原理电路　　　图 5-11　当开关处于位置 2 时，Boost 原理电路

由式（5-8）和式（5-10）分别得到电感电压和电容电流图 5-12 和图 5-13 所示。由图 5-12 可以看出，输出电压 U 大于输入电压 U_{g}。在开关处于位置 1 时，电感电压等于输入电压 U_{g}，电感有正的伏秒特性。由于在稳定态，一个周期内总的伏秒等于 0。因此在开关处于位置 2 时，伏秒为负值。所以在位置 2 时，$U_{\mathrm{g}}-U$ 为负值，也就推导出 U 大于 U_{g}。

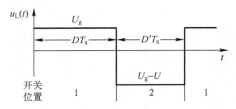　　　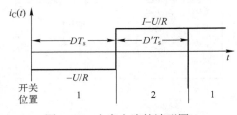

图 5-12　电感电压的波形图　　　　　图 5-13　电容电流的波形图

一个周期内，加在电感上的伏秒为

$$\int_{0}^{T_{\mathrm{s}}} u_{\mathrm{L}}(t)\mathrm{d}t = (U_{\mathrm{g}})DT_{\mathrm{s}} + (U_{\mathrm{g}} - U)D'T_{\mathrm{s}}$$

（5-11）

根据电感的伏秒，在一个周期内为零，有

$$\int_{0}^{T_{\mathrm{s}}} u_{\mathrm{L}}(t)\mathrm{d}t = 0$$

所以，式（5-11）变为

$$(U_g)DT_s + (U_g - U)D'T_s = 0 \tag{5-12}$$

又由于 $D+D'=1$，由式（5-12）得

$$U = \frac{U_g}{1-D}$$

一个周期内，加在电容上的安秒为

$$\int_0^{T_s} i_C(t)\,\mathrm{d}t = \left(-\frac{U}{R}\right)DT_s + \left(I - \frac{U}{R}\right)D'T_s \tag{5-13}$$

根据电容的安秒，在一个周期内为零，有

$$\int_0^{T_s} i_C(t)\,\mathrm{d}t = 0$$

又由于 $D+D'=1$，由式（5-13）得

$$-\frac{U}{R}(D + D') + ID' = 0 \tag{5-14}$$

$$I = \frac{U}{(1-D)R} = \frac{U_g}{(1-D)^2 R}$$

当开关处于位置 1 时，电感电流为

$$\frac{\mathrm{d}i_L(t)}{\mathrm{d}t} = \frac{u_L(t)}{L} = \frac{U_g}{L} \tag{5-15}$$

同样地，当开关处于位置 2 时，电感电流为

$$\frac{\mathrm{d}i_L(t)}{\mathrm{d}t} = \frac{u_L(t)}{L} = \frac{U_g - U}{L} \tag{5-16}$$

由式（5-15）和式（5-16）得到电感电流 $i_L(t)$ 的波形图，如图 5-14 所示。

在 $0 \sim DT_s$ 区间，存在

$$2\Delta i_L = \frac{U_g}{L}DT_s$$

由此得

$$\Delta i_L = \frac{U_g}{2L}DT_s \tag{5-17}$$

在 Δi_L 一定的情况下，式（5-17）可用来确定 L 的大小。

同样地，在区间 1 时，电容上的电压变化率为

$$\frac{\mathrm{d}u_C(t)}{\mathrm{d}t} = \frac{i_C(t)}{C} = -\frac{U}{RC} \tag{5-18}$$

在区间 2 时，电容上的电压变化率为

$$\frac{\mathrm{d}u_C(t)}{\mathrm{d}t} = \frac{i_C(t)}{C} = \frac{I}{C} - \frac{U}{RC} \tag{5-19}$$

由式（5-18）和式（5-19），得到输出电压的波形图，如图 5-15 所示。

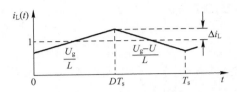

图 5-14　Boost 电路的电感电流波形图

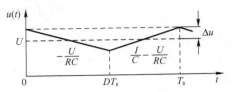

图 5-15　Boost 输出电压波形图

由图 5-15 可知

$$-2\Delta u = -\frac{U}{RC}DT_{\text{s}}$$

$$\Delta u = \frac{U}{2RC}DT_{\text{s}}$$

在 Δu 一定的情况下，式（5-19）可用来确定 C 的大小。

3．Buck/Boost-降/升压电路

Buck/Boost-降/升压电路的理想电路如图 5-16a 所示，其实际电路可用图 5-16b 来实现。通过改变开关频率的占空比，Buck/Boost 电路的直流输出电压 u 低于或高于直流输入电压 U_{g}。

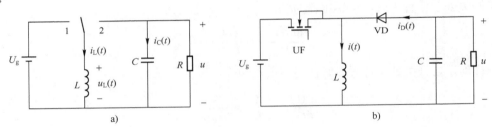

图 5-16

a) Buck/boost-降/升压理想电路　b) Buck/boost-降/升压实际电路

当图 5-16a 电路中的开关处于位置 1 时，电感的左端与输入电压相接，电路变为图 5-17 所示。此时电感电压和电容电流为

$$u_{\text{L}} = U_{\text{g}} \tag{5-20}$$

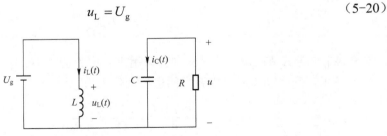

图 5-17　当开关处于位置 1 时，Buck/Boost 原理图

由于输出电压 u 的纹波很小，定义 $u \approx U$，U 为输出电压的直流分量。所以式（5-20）变为

$$u_L = U_g \tag{5-21}$$

当开关处于位置 2 时，电感的右端与输出连接在一起，电路变为图 5-18 所示。此时电感电压和电容电流为

$$u = u_L \tag{5-22}$$

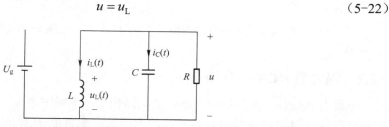

图 5-18　当开关处于位置 2 时，Buck/Boost 原理图

由于输出电压和电感上的电流纹波极小，式（5-22）变为

$$U = u_L \tag{5-23}$$

当开关处于位置 1 和位置 2 时，一个周期内电感电压的伏秒平衡

$$\int_0^{T_s} u_L(t)\mathrm{d}t = \left(U_g\right)DT_s + \left(U\right)D'T_s = 0 \tag{5-24}$$

又由于 $D+D'=1$，由此可得

$$U_g DT_s + U(1-D)T_s = 0$$

所以

$$U = -\frac{D}{1-D}U_g \tag{5-25}$$

由式（5-25），可以得到如下结论：

● 输出电压 $u(t)$ 与输入电压 U_g 的极性相反。
● 输出电压 $u(t)$ 即可以大于输入电压 U_g，也可以小于输入电压 U_g。
● 在占空比 $D=50\%$ 时，输出电压 $u(t)$ 等于输入电压 U_g，但极性相反。

由式（5-21）和式（5-23）得到图 5-19 所示电感电压波形图。由图 5-19 也可以看出，输出电压 U 与输入电压 U_g 的极性相反。在开关处于位置 1 时，电感电压等于输入电压 U_g，电感有正的伏秒特性。同时在稳定态，一个周期内总的伏秒等于 0。因此在开关处于位置 2 时，伏秒为负值。所以在位置 2 时，U 为负值。

下面总结一下电感电流 $i_L(t)$ 的变化，并推导出 $\Delta i_L(t)$ 的表达式。由图 5-19 可以直接推导出电感电流 $i_L(t)$ 的波形图。在开关处于位置 1 时，电感电流为

$$\frac{\mathrm{d}i_L(t)}{\mathrm{d}t} = \frac{u_L(t)}{L} = \frac{U_g}{L} \tag{5-26}$$

同样地，当开关处于位置 2 时，电感电流为

$$\frac{\mathrm{d}i_L(t)}{\mathrm{d}t} = \frac{u_L(t)}{L} = \frac{U}{L} \tag{5-27}$$

由式（5-26）和式（5-27）得到电感电流 $i_L(t)$ 的波形图，如图 5-20 所示。

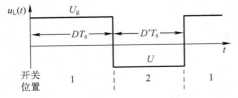

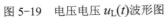

图 5-19 电压电压 $u_L(t)$波形图

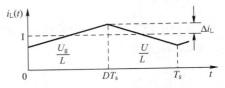

图 5-20 电感电流 $i_L(t)$的波形图

5.2.2 隔离型 DC/DC 变换器

隔离型 DC/DC 变换器同直流斩波电路相比，电路中增加了交流环节，因此也称为直—交—直电路。采用这种结构较为复杂的电路来完成直流/直流的变换有以下原因：①输出端与输入端需要隔离；②某些应用中需要相互隔离的多路输出；③输出电压与输入电压的比例远小于 1 或远大于 1；④交流环节采用较高的工作频率，可以减小变压器和滤波电感、滤波电容的体积和重量。间接直流变流电路分为单端（Single End）和双端（Double End）电路两大类。在单端电路中，变压器中流过的是直流脉动电流，而双端电路中，变压器中的电流为正负对称的交流电流，正激电路和反激电路属于单端电路，半桥、全桥和推挽电路属于双端电路。本节主要对以上几种基本电路进行介绍。

1. 正激电路

正激电路的电路拓扑如图 5-21 所示，开关 S 导通后，变压器绕组 W_1 两端的电压为上正下负，与其耦合的 W_2 绕组两端的电压也是上正下负，因此 VD_1 导通，VD_2 断开，电感 L 的电流逐渐增加。S 关断后，VD_1 关断，电感 L 通过 VD_2 续流。变压器的励磁电流经 W_3 绕组和 VD_3 流回电源。S 关断后承受的电压为 $U_S = \left(1 + \dfrac{N_1}{N_3}\right)U_i$。电路工作时，为了保证能够满足磁心复位条件，即磁通建立和复位时间应相等，所以电路中脉冲的占空比不能大于 50%

正激电路的理想化波形如图 5-22 所示。输出滤波电感电流连续时，输出电压的直流分量与输入电压的关系为

$$\frac{U_o}{U_i} = \frac{N_2}{N_1}\frac{t_{on}}{T}$$

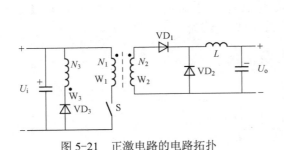

图 5-21 正激电路的电路拓扑

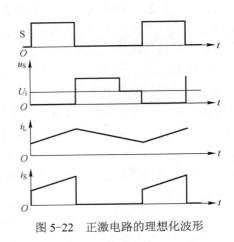

图 5-22 正激电路的理想化波形

正激电路的工作过程中需要考虑变压器的磁心复位问题，开关 S 导通后，变压器的励磁电流由零开始，随时间线性增长，直到 S 关断，导致变压器的励磁电感饱和。必须设法使励磁电流在 S 关断后到下一次导通时降为零，这一过程称为变压器的磁心复位。变压器的磁心复位所需的时间为

$$t_{rst} = \frac{N_3}{N_1} t_{on}$$

在正激变换拓扑结构中，电感 L 和续流二极管 VD2 非常重要，起到存储能量和续流的作用。在正激变换拓扑结构中，能量存储在电感 L 中是有利于负载的，储能电容可以取得很小，因为它只用于来协助降低输出纹波电压。

正激变换拓扑结构较反激变换拓扑结构线路复杂，元件成本增加。其应用在低压、大电流、功率较大的场合。

2. 反激电路

单端反激式（flyback）开关电路是一种最低成本的电源电路，输出功率一般在 20～150W 之间，可以同时输出多路电压，且有较好的电压调整率。它最大的优点是不同于其他拓扑结构需要接二次侧输出电感，使得变换器成本下降，体积减小。其典型拓扑电路如图 5-23 所示。

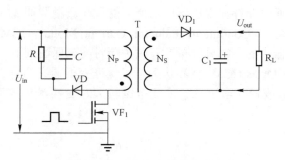

图 5-23　反激电路的电路结构

所谓的单端，是指高频变换器的磁心仅工作在磁滞回线的一侧。所谓的反激，是指当开关管 VF_1 导通时，变压器 T 的一次侧电压感应到二次侧，但是由于感应电动势为上负下正的状态，所以整流二极管 VD_1 处于截止状态，在一次绕组中储存能量；当开关管 VF_1 截止时，这个感应电动势通过变压器的绕组耦合到二次侧，由于二次侧的同名端和一次侧同名端是相反的，所以次级的感应电动势是上正下负，当二次侧的感应电动势达到输出电压时，二次侧整流二极管 VD_1 导通，二次侧电感在 VF_1 开通时储存的能量通过磁心耦合到二次侧电感，然后通过二次绕组释放到二次侧输出电容 C_1 中。

单端反激变换器的工作原理如下：当开关管导通时，即 t_{on} 阶段，变压器一次侧 N_p 有电流 I_p，并将能量储存于其中 $(E=L_p I_p/2)$，由于一次绕组 N_p 与二次绕组 N_s 极性相反，此时二极管 VD_1 反向偏压而截止，无能量传送到负载；当开关管关断时，即 t_{off} 阶段，由楞次定律 $(e=-N\Delta\phi/\Delta T)$可知，变压器一次绕组将产生一个反向电动势，变压器二次侧 N_s 有电流 I_s，此时二极管 VD_1 正向导通，负载有电流 I_L 流过，如图 5-24 所示。

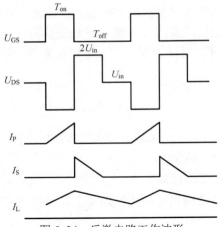

图 5-24 反激电路工作波形

单端反激变换器具有电路简单、输入电压范围大、输出稳定、转换效率高等优点得到广泛应用，但输出电压纹波较大，负载调整精度不高，输出功率通常限制在 150W 以下，并且漏感影响较为严重，容易磁心饱和，造成设计上的困难。

反激式变换器一般工作于两种工作方式：

① 电感电流不连续模式（Discontinuous Inductor Current Mode，DCM），是一种完全能量转换模式，开关管导通时储存在变压器中的所有能量在反激周期(t_{off})中都转移到输出端。

② 电感电流连续模式（Continuous Inductor Current Mode，CCM），是一种不完全能量转换模式，储存在变压器中的一部分能量在开关关断时间末保留到下一个导通周期的开始。

在设计时通常选择 DCM/CCM 临界状态，以保证变换器在两种工作方式下都能正常工作，因为当负载电流 I_L 或输入电压 U_{in} 变化范围较大时变换器常常跨越两种工作方式，如图 5-25 所示。

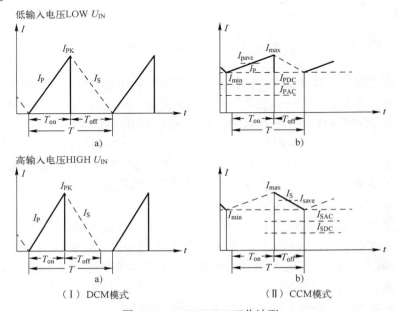

图 5-25 DCM/CCM 工作波形

3. 半桥电路

半桥电路的电路结构如图 5-26 所示，S_1 与 S_2 交替导通，使变压器一次侧形成幅值为 $U_i/2$ 的交流电压（电容 C_1 和 C_2 相同），改变开关的占空比，就可以改变二次整流电压 U_d 的平均值，也就改变了输出电压 U_o。S_1 导通时，二极管 VD_1 处于通态，S_2 导通时，二极管 VD_2 处于通态，当两个开关都关断时，变压器绕组 W_1 中的电流为零，VD_1 和 VD_2 都处于通态，各分担一半的电流。S_1 或 S_2 导通时电感 L 的电流逐渐上升，两个开关都关断时，电感 L 的电流逐渐下降，S_1 和 S_2 断态时承受的峰值电压均为 U_i。半桥电路的工作理想波形如图 5-27 所示。

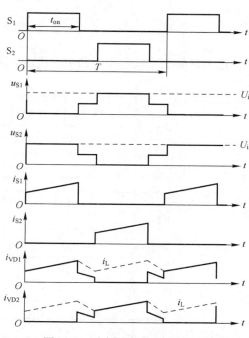

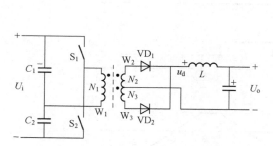

图 5-26　半桥电路的电路结构

图 5-27　半桥电路的工作理想波形

由于电容的隔直作用，半桥电路对由于两个开关导通时间不对称而造成的变压器一次电压的直流分量有自动平衡作用，因此不容易发生变压器的偏磁和直流磁饱和。滤波电感 L 的电流连续时，输出电压与输入电压的关系为

$$\frac{U_o}{U_i} = \frac{N_2}{N_1} \frac{t_{on}}{T}$$

输出电感电流不连续，输出电压 U_o 将高于式连续情况的计算值，并随负载减小而升高，在负载为零的极限情况下，有

$$U_o = \frac{N_2}{N_1} \frac{U_i}{2}$$

4. 全桥电路

全桥电路是 DC-DC 变换器的主要电路，结构如图 5-28 所示，全桥电路采用 4 只功率开关管构成全桥结构，取两桥臂的中间点 A、B 之间的电压作为输出，经变压器、整流滤波

后，获得直流输出电压 U_{out}。

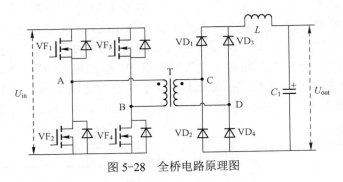

图 5-28　全桥电路原理图

全桥电路的工作状态分为四个阶段，如图 5-29 所示。

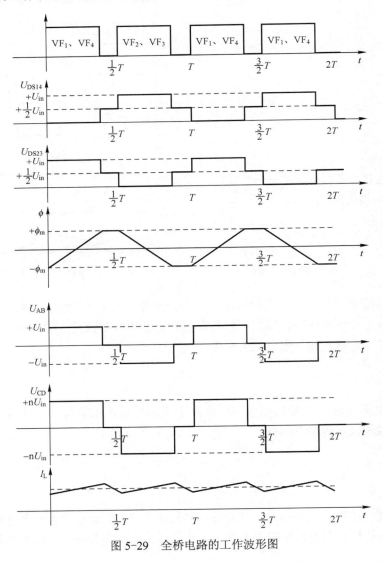

图 5-29　全桥电路的工作波形图

阶段 1：开关管 VF$_1$、VF$_4$ 同时导通，VF$_2$、VF$_3$ 截止，输入端向变压器一次绕组施加电压 U_{AB}，理想状态下，U_{AB} 等于输入端电压 U_{in}，电压极性上正下负；变压器一次侧的绕组为 N$_1$，二次侧的绕组为 N$_2$，则输出电压 U_{CD} 为 $(N_2/N_1)U_{in}$，电压极性亦为上正下负。整流二极管 VD$_1$、VD$_4$ 导通，VD$_2$、VD$_3$ 截止，电感 L 储能，其电流值线性增加，经滤波后向负载供电。变压器磁通由 $-\phi_m$ 变为 $+\phi_m$，在 $(1/2)t_{on1}$ 时过零点。

阶段 2：开关管 VF$_1$、VF$_4$ 同时截止，VF$_2$、VF$_3$ 尚未导通。每个开关管漏源极电压均为 $(1/2)U_{in}$。这时 L 释放储能，VD$_1$、VD$_4$ 继续导通，其电流值线性减小，起到续流作用。变压器磁通保持 $+\phi_m$ 不变。

阶段 3：开关管 VF$_2$、VF$_3$ 导通，VF$_1$、VF$_4$ 截止，输入端向变压器一次绕组施加电压 U_{AB}，其幅值等于 U_{in}，电压极性上负下正；感应到二次绕组的电压 U_{CD} 为 $(N_2/N_1)U_{in}$，电压极性亦为上负下正。整流二极管 VD$_2$、VD$_3$ 导通，VD$_1$、VD$_4$ 截止，电感 L 储能，其电流值线性增加，经滤波后向负载供电。变压器磁通由 $+\phi_m$ 变为 $-\phi_m$，在 $1/2t_{on2}$ 时过零点。

阶段 4：开关管 VF$_2$、VF$_3$ 同时截止，VF$_1$、VF$_4$ 尚未导通。每个开关管漏源极电压均为 $(1/2)U_{in}$。这时 L 释放储能，VD$_2$、VD$_3$ 继续导通，其电流值线性减小，起到续流作用。变压器磁通保持 $-\phi_m$ 不变。

全桥变换器不断重复四个阶段的工作状态，二次绕组两端的交流方波电压 U_{CD}，经过整流滤波，滤除方波电压中的高频成分，获得全桥变换器稳定的直流输出电压为

$$U_{out} = 2D\left(\frac{N_2}{N_1}\right)U_{in} = 2nDU_{in}$$

式中，D 为控制信号占空比；n 为变压器一次与二次的绕组比。

由全桥变换器输出电压公式可以看出，通过改变占空比和增减变压器匝数可以调整全桥输出电压幅值，因此可以满足 DC-DC 变换的目的。

5．推挽电路

推挽电路的电路结构如图 5-30 所示，推挽电路中两个开关 S$_1$ 和 S$_2$ 交替开通，在绕组 W$_1$ 和 W$_1'$ 两端分别形成相位相反的交流电压。S$_1$ 导通时，二极管 VD$_1$ 处于通态，电感 L 的电流逐渐上升；S$_2$ 导通时，二极管 VD$_2$ 处于通态，电感 L 电流也逐渐上升。当两个开关都关断时，VD$_1$ 和 VD$_2$ 都处于通态，各分担一半的电流，S$_1$ 和 S$_2$ 断态时承受的峰值电压均为 $2U_i$。推挽电路的理想化波形如图 5-31 所示。

当滤波电感 L 的电流连续时，推挽电路的输出电压与输入电压的关系为

$$\frac{U_o}{U_i} = \frac{N_2}{N_1}\frac{2t_{on}}{T}$$

当输出电感电流不连续，输出电压 U_o 将高于电感电流连续时的计算值，并随负载减小而升高，在负载为零的极限情况下，有

$$U_o = \frac{N_2}{N_1}U_i$$

需要注意的是，如果 S$_1$ 和 S$_2$ 同时导通，就相当于变压器一次绕组短路，因此应避免两个开关同时导通，每个开关各自的占空比不能超过 50%，还要留有死区。

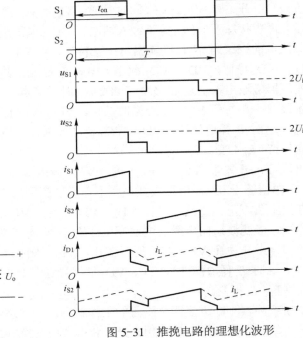

图 5-31 推挽电路的理想化波形

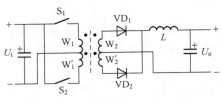

图 5-30 推挽电路的电路结构

5.3 后级 DC/AC 逆变器

5.3.1 DC/AC 逆变器的等效模型

后级逆变器系统框图如图 5-32 所示，逆变桥的开关信号采用 PWM 方式生成。当没有超调时，PWM 脉冲电压的频谱包含有调制波所有等量信息，只不过多出了集中在开关频率次附近的高频谐波分量。PWM 生成过程如图 5-33 所示，其中，U_c 为调制波，U_{tri} 为高频载波，T_s 为载波周期，t_{on} 为对应开关管导通时间。

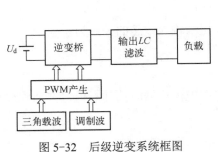

图 5-32 后级逆变系统框图

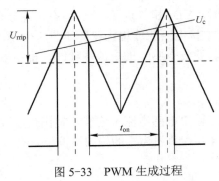

图 5-33 PWM 生成过程

当调制波 U_c 的频率远低于载波频率 f_s 时，可认为每个开关周期 T_s 调制波信号为常值，容易得到

$$t_{on} = \frac{U_{trip} + U_c}{2U_{trip}} T_s$$

式中，U_{trip} 为载波峰值。

逆变电源主电路中各功率管都工作在导通和关断两种状态，逆变电路是一个非线性系统，而在开关管每个开关导通或关断期间系统又是连续的，故采用状态空间平均法将其等效为线性系统。状态空间平均法是基于系统截止频率远小于开关频率的情况下，在一个开关周期内可以用断续变量的平均值代替其瞬时值，从而得到线性化的状态空间平均模型，利用这种状态空间平均思想取平均，得到逆变桥开关变量 S_i 的平均值为

$$S_i^* = \frac{t_{on}}{T_s} = \frac{U_{trip} + U_c}{2U_{trip}}$$

对于图 5-34 所示的单相逆变全桥电路，VF_1 与 VF_4 驱动信号相同，VF_2 与 VF_3 驱动信号相同，当两组功率管轮流导通、关断时，逆变桥输出是幅值为 U_d 的脉冲电压，取开关变量为 S_i^*，$S_i^* = 1$ 表示 VF_1、VF_4 管导通，VF_2、VF_3 管关断，$S_i^* = 0$ 表示 VF_2、VF_3 管导通，VF_1、VF_4 管关断，则逆变器输出为

$$U_0 = U_d(2S_i^* - 1)$$

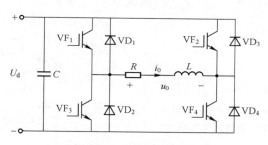

图 5-34　全桥逆变电路

因此，PWM 逆变器的等效平均模型是

$$U_0 = U_d(2S_i^* - 1) = \frac{U_d}{U_{trip}} U_c$$

因此，当调制波频率和滤波器的截止频率相对于开关频率足够低时，逆变桥和 PWM 产生过程可以等效为一个比例环节，其放大倍数为 $K_b = U_d/U_{trip}$，实际应用中，U_c、U_{trip} 取相同的定标，可认为 $U_{trip} = 1$，U_c 亦为归一化调制信号，逆变桥和 PWM 过程引发的放大倍数即为 $K_b(U_d, U_{trip}) = U_d$。

实际逆变电源负载不是唯一的，总在一个额定范围内变动，为了保持在不同负载下模型的统一性，可将负载电流处理为扰动量。对逆变电源输出滤波器，取电容电压 U 和电容电流 i 作为状态变量，U_0 和 i_0 分别为输入量和扰动量，输出电压 U 为输出量，可以得到逆变电源输出滤波器线性双输入、单输出状态空间模型为

$$\begin{bmatrix} \dot{U} \\ \dot{i} \end{bmatrix} = \begin{bmatrix} 0 & \dfrac{1}{C} \\ \dfrac{-1}{L} & \dfrac{-r}{L} \end{bmatrix} \begin{bmatrix} U \\ i \end{bmatrix} + \begin{bmatrix} 0 \\ \dfrac{1}{L} \end{bmatrix} U_n + \begin{bmatrix} \dfrac{-1}{C} \\ 0 \end{bmatrix} i_o \tag{5-28}$$

$$y = \begin{bmatrix} 1 & 0 \end{bmatrix} \begin{bmatrix} U \\ i \end{bmatrix}$$

式（5-28）表示成 s 域为

$$U = G_{fo}(s)U_0 + G_o(s)i_o \tag{5-29}$$

其中，

$$G_{fo}(s) = \frac{1}{LCs^2 + Crs + 1} = \frac{\omega_n^2}{s^2 + 2\zeta\omega_n s + \omega_n^2}$$

$$G_o(s) = \frac{-(sL + r)}{LCs^2 + Crs + 1}$$

得到传递函数框图模型如图 5-35 所示。

5.3.2 逆变器并网控制模型

上节对单相并网型 DC/AC 逆变器进行简单的介绍，为了从理论上研究 DC/AC 逆变器，需要对全桥逆变电路进行建模。并网型主电路如图 5-36 所示。

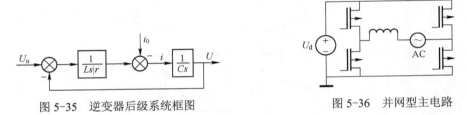

图 5-35 逆变器后级系统框图　　　　　图 5-36 并网型主电路

根据规定的参考方向，交流侧存在矢量三角形关系：

$$U_s(t) - U_i(t) = L\frac{di(t)}{dt} + Ri(t) \tag{5-30}$$

经过拉普拉斯变换，式（5-30）变为

$$U_s(s) - U_i(s) = (Ls + R)I(s)$$

由于整流器使用的是压控电流源，即需要用使用输入电压来控制输入电流，故写成传递函数为

$$H(s) = \frac{I(s)}{U_s(s) - U_i(s)} = \frac{1}{(Ls + R)}$$

在实际逆变的控制策略设计过程中，可以采用上述模型进行设计。依照以上分析可以将后级逆变电路简化为图 5-37a。

并网光伏逆变器的控制目标为：控制逆变电路输出的交流电流为稳定的、高品质的正弦波，电压同频、同相。因此选择并网逆变器的输出电流 I_{out} 作为被控制量，并网逆变下的等效电路和电压电流矢量图如图 5-37b 所示。与电网在实际电路控制中，通过输出 U_{out} 控制并

网电流与电网电压同频同相来达到并网要求。其中，U_{net} 为电网电压，U_{out} 为并网逆变器交流侧电压，I_{out} 为电感电流。因为并网逆变器的输出滤波电感的存在会使逆变电路的交流侧电压与电网电压之间存在相位差 θ，即为了满足输出电流与电网电压同相位的关系，逆变输出电压要超前于电网电压。

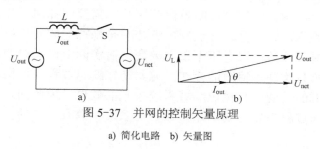

图 5-37　并网的控制矢量原理

a) 简化电路　b) 矢量图

5.3.3　光伏逆变器的输出控制

从全桥逆变器的输入、输出类型看，有电压源输入电压控制、电压源输入电流控制、电流源输入电压控制和电流源输入电流控制四种类型。电流源输入往往在输入端串联一个大电感，用来提供较为稳定的电流输入，但是大电感会导致系统的动态性能差，且大电感体积笨重、成本较高，因此往往采用电压源输入。并网输出时电网相当于容量无穷大的交流电压源，输出电压控制则意味着两个电压源的并联，这就需要采用锁相控制，但是由于环流等问题，很难达到稳定。所以并网逆变器多采用电压源输入、电流输出控制方式。

目前，逆变器的输出控制模式主要有两种：电压型控制模式和电流型控制模式。电压型控制模式的原理是以输出电压作为受控量，系统输出与电网电压同频、同相的电压信号，整个系统相当于一个内阻很小的受控电压源；电流型控制模式则是以输出电感电流作为受控目标，系统输出与电网电压同频、同相的电流信号，整个系统相当于一个内阻较大的受控电流源。当逆变电源独立运行时，一般采用电压型控制模式，使系统输出恒有效值、恒频率的正弦波电压；当逆变电源并网运行时，采用电流型控制模式，将并网逆变器的输出电流作为被控制量，可以实时地控制输出电流与电网电压同频同相。

市电系统可视为容量无穷大的定值交流电压源，如果太阳能光伏发电并网逆变器的输出采用电压控制，则实际上就是一个电压源与电压源并联运行的系统，这种情况下要保证系统的稳定运行，就必须采用锁相控制技术以实现与市电同步。在稳定运行的基础上，可通过调整逆变器输出电压的大小及相移以控制系统的有功输出和无功输出。但由于锁相回路的响应较慢、逆变器输出电压值不易精确控制、可能出现环流等问题，如果不采取特殊措施，一般来说同样功率等级的电压源并联运行方式不易获得优异性能。如果逆变器的输出采用电流控制，则只需控制逆变器的输出电流以跟踪市电电压，即可达到并联运行的目的。由于其控制方法相对简单，因此使用比较广泛。

1. 并网输出电流控制

并网逆变器中逆变部分控制的关键量是矢量图中的 I_{out}，根据矢量图可知，可以通过对输出电压的控制完成对 I_{out} 的控制；或者直接对 I_{out} 进行控制，完成对交流侧电流、功率因数的控制。因此，根据电流控制方法的不同，可以将电流控制方式分为以下两种控制模式。

（1）间接电流控制

间接电流控制也称为幅相控制，是基于稳态的电流控制方法，根据稳态电流向量的给定、PWM 基波电压向量的幅值和相位，分别进行闭环控制，进而通过 SPWM 电压控制实现对并网电流的控制。该控制策略虽然简单且不需检测并网电流，但动态响应慢，存在瞬时直流电流偏移，尤其是瞬态过冲电流几乎是稳态值的两倍；从稳态向量关系进行电流控制，其前提条件是电网电压不发生畸变，而实际上由于电网内阻抗、负载的变化以及各种非线性负载扰动等情况的存在，尤其是在瞬态过程中电网电压的波形会发生畸变。电网电压波形的畸变会直接影响着系统控制的效果，因此间接电流控制方法控制电路复杂、信号运算过程中要用到电路参数、对系统参数有一定的依赖性、系统的动态响应速度也比较慢。

（2）直接电流控制

通过运算求出交流电流，再引入交流电流反馈，通过对交流电流的直接控制，使其跟踪输入电流值。根据直接电流控制的概念，对于并网型逆变器来说为了获得与电网电压同步的给定正弦电流波形，通常用电网电压信号乘以电流有功给定，产生正弦参考电流波形，然后使其输出电流跟踪这一输入电流。具有控制电路相对简单、对系统参数的依赖性低、系统动态响应速度快等优点。

要成功实现并网必须使 PWM 逆变器在工作时的功率因数接近于 1，即要求输入电流为正弦波且与网压同频同相，通常采用电流型 PWM 控制方法。常用的电流控制方法主要有两种，即电流滞环控制和固定开关频率控制。

1）滞环电流控制。滞环电流控制示意图如图 5-38 所示，它是一个双闭环结构，其外环是直流电压反馈控制环，内环是交流电流控制环。将电压 PI 调节器输出电流幅值指令乘以表示网压的单位正弦信号后，得到交流的电流，将它与实际检测到的电流信号进行比较，当电流误差大于指定的环宽时，滞环比较器产生相应的开关信号来控制逆变器增大或减小输出电流，使其重新回到滞环内。这样，使实际电流围绕着指令电流曲线上下变化，并且始终保持在一个滞环带中。

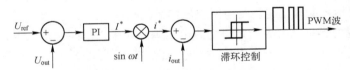

图 5-38　滞环电流控制示意图

在这种方式中，滞环的宽度 h 对电流的跟踪性能有较大的影响，当 h 较大时，开关频率较低，则对开关器件的开关频率要求不高，但跟踪误差较大，输出电流中的高次谐波含量较大；而当 h 变小时，跟踪误差小了，器件开关频率提高，所以对器件的开关频率要求高。

滞环电流控制的缺点在于开关频率不固定，有时会出现很窄的脉冲和很大的电流尖峰，给驱动保护电路以及主电路的设计带来困难，对系统性能也有所影响。而且开关频率不固定，滤波困难，对外界的电磁干扰也比较大。

　　2）固定开关频率。这种方法在保留电流追踪的动态性能好的基础上，可克服滞环控制的开关频率不固定的缺点，它的控制示意图如图 5-39 所示。这种控制方法与电流滞环控制的区别在于，从电流误差信号得到最终控制逆变器的 PWM 信号的方式不同。电流滞环控制时将电流误差输入滞环比较器，从而产生 PWM 波，而这种控制方法则是正弦脉宽调制的方式，把电流误差直接作为参考波，与固定频率的三角波信号比较，产生相应的 PWM 波来对逆变器进行控制。因而采用这种控制方式的逆变器的开关频率是固定的。在本质上，经电流控制器处理后的电流误差信号就是调制信号，而三角波信号就是载波信号。如果给定电流信号比实测的电流信号更大，误差信号为正，经过调制信号与三角波比较后，使实际电流增加，反之，则使实际电流减少。

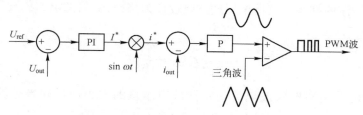

图 5-39　固定开关频率电流控制示意图

　　这种控制方法有一个固定开关频率，很少产生噪声，开关消耗也较少，而且系统的动态性能也很好。

2. 直流母线电压控制

　　在电路工作过程中，后级的控制中不仅包含电流控制，有时后级还要维持母线电压 U_d 的稳定。给定的电容电压与实际检测到的电容电压相比较，差值经过调节器，得到电流环的给定并网电流的幅值，当电容电压超过给定值时，应增大给定并网电流的幅值，使电容电压下降；当电容电压小于给定值时，应减小给定并网电流的幅值，使电容电压增加。结合电流控制，逆变器并网控制整体框图如图 5-40 所示。

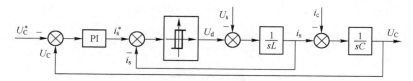

图 5-40　逆变器并网控制整体框图

　　在整体的控制中，电网电压可以看作是外部干扰。整个控制系统的控制目的是在这个外部干扰下实现电流环对电网电压的跟踪和直流母线电压的稳定。由于电网电压可以测量，可以在系统中加入前馈更好的消除干扰，使系统的输出特性可以进一步提高。

5.3.4　输出滤波参数的设计

　　并网逆变器的滤波参数设计需以其工作方式为依据来选择适当的设计方法。由于逆变器不同的运行模式，所采用的滤波器结构也有所不同，独立运行模式采用 LC 滤波结构，所以本节在分析逆变电路所采用工作方式的基础上，主要介绍滤波参数的设计方法。正弦脉宽调制（SPWM）技术由于其控制简单、输出谐波可控、响应速度较快，是目前高频逆变器获得正弦输出的一种常用方法。为了让输出电感工作在高频以便减小体积、抑制谐波、降低开关损耗和提高系统效率，逆变器采用了单极性倍频的 SPWM 调制方式。调制方式原理是正弦调制波分别与两个极性相反的三角波载波进行比较，产生两对相位互补的脉冲序列，分别驱动全桥逆变电路中 4 个功率开关管的导通与断开，使逆变桥输出电压的脉宽也按正弦分布（SPWM）。

独立运行模式 LC 滤波器的设计取决于电路的载波频率 f_c、最大输出电压纹波 ΔU_{om} 和电流纹波 ΔI_{Lm}，同时对通过滤波器的高频电流需要进行限制以减小损耗和 EMI。首先，LC 滤波器作为低通滤波器，频率高于其谐振频率的高次谐波将以−40dB/dec 速度衰减。为了实现对开关次谐波的抑制，其谐振周期一般设计为 5～10 倍的电路载波周期，即有下式成立：

$$\frac{1}{2\pi\sqrt{LC}} \leqslant \left(\frac{1}{5} \sim \frac{1}{10}\right)f_c$$

其次，根据滤波电感的纹波电流确定滤波电感量的大小，已知电感的纹波电流计算公式为

$$\Delta I_L = \frac{U_d - u_o(t)}{L}\frac{D(t)}{f_c}$$

根据单极性 SPWM 原理可知，在开关频率远远大于工频频率的条件下，可以得到每个开关周期的占空比为

$$D(t) = \frac{u_o(t)}{U_d}$$

整理可以得出

$$\Delta I_L = \frac{U_d - u_o(t)}{L}\frac{u_o(t)}{f_c U_d}$$

当 $u_o = \dfrac{U_d}{2}$ 时，ΔI_L 有最大值

$$\Delta I_{Lmax} = \frac{U_d}{4Lf_c}$$

所以可以取

$$L \geqslant \frac{U_d}{4f_c \Delta I_{Lmax}}$$

根据 ΔI_{Lmax} 的取值可确定滤波 L 的取值。

若将滤波电感电流纹波近似看作正弦波且假设均由滤波电容吸收，则输出电压纹波的最大值应为

$$\Delta U_{om} = \Delta I_{Lmax}\frac{1}{2\pi f_c C}$$

整理得

$$\Delta U_{om} = \frac{U_d}{8\pi f_c^2 LC}$$

因此，为限制电压纹波，要求

$$LC \geqslant \frac{U_d}{8\pi f_c^2 \Delta U_{om}}$$

根据已选取的电感 L 的值，即可确定滤波电容 C 的取值。

5.4　习题

1．画出 Buck 电路的原理图和控制开关波形图，写出输出电压与控制信号、输入电压的关系式。

2．分析 Buck 电路的工作过程。

3．描述电感的伏－秒平衡原理。

4．描述电容的安－秒平衡原理。

5．画出 Boost 电路的原理图，并描述其工作原理。

6．画出 Boost 变换器工作过程中的原理图，写出输出电压与输入电路、占空比的关系式。

7．分析 Buck/Boost 变换器的原理。

8．画出正激电路，分析其工作原理。

9．分析反激电路的工作原理，并分析与正激电路的区别。

10．画出隔离式全桥变换器的原理图，并分析其工作过程。

11．画出隔离式推挽式变换器的原理图，并分析其工作过程。

12．画出全桥逆变器的原理图，并给出其并网控制模型。

13．光伏逆变器有几种并网控制方式？

第6章 光伏逆变器相关技术

随着现代电源技术的发展，光伏逆变器正向着两个方向发展，一是大容量，二是微型化，但两者都追求高效率和高可靠性。逆变器的软开关技术以及逆变器之间互相组合、互备、并联等技术已越来越广泛地在电源变换领域得到应用，逆变器的多重叠加技术和多电平（如三电平、五电平等）变换技术也越来越受到重视，下面就分别讨论上述几种新技术。

6.1 软开关技术

由于现代功率变换器向小型化和轻量化方向发展，这就要求开关频率越来越高。当开关频率很高时，会给电路造成严重的噪声污染和开关损耗，且产生严重的电磁干扰（EMI），软开关技术是解决这一问题的有效方法之一，也是使功率变换器得以高频化的重要技术之一。它应用谐振原理，通过辅助的谐振电路使开关器件中的电流或电压按正弦规律变化。当电流自然过零时，开关器件关断；电压为零时，开关器件开通。这样就实现了在零电压情况下开通或者在零电流条件下关断，从而大大降低了开关器件的功率损耗，减少了噪声污染和 EMI。所以，它不仅可以解决硬开关变换器中的硬开关损耗问题、容性开通问题、感性关断问题及二极管反向恢复问题，而且还能解决由硬开关引起的 EMI 等问题。

当开关频率增大到兆赫级范围时，被抑制的或低频时可忽视的开关应力和噪声，将变得难以接受。谐振变换器虽能为开关提供零电压开关和零电流开关状态，但工作中会产生较大的循环能量，使得电能损耗增大。为了在不增大循环能量的同时，建立开关的软开关条件，发展了许多软开关 PWM 技术。使用某种形式的谐振软化开关转换过程，开关转换结束后又恢复到常规的 PWM 工作方式，但它的谐振电感串联在主电路内，因此零开关条件与电源电压、负载电流的变化范围有关，在轻载下有可能失去零开关条件。为了改善零开关条件，人们将谐振网络并联在主开关管上，从而发展成零转换 PWM 软开关变换器，它既克服了硬开关 PWM 技术和谐振软开关技术的缺点，又综合了它们的优点。

6.1.1 硬、软开关方式及开关过程器件损耗

1. 硬开关方式

所谓的硬开关或硬开关转换（hard-switching transformation），是指开关器件在其端电压不为零时开通（硬开通），在其电流不为零时关断（硬关断），硬开通、硬关断统称为硬开关。

无论是在 DC/DC 变换或是 DC/AC 变换中，电路多按 PWM 方式工作，器件处于重复的开通、关断过程。由于器件上的电压 u_T、电流 i_T 会在开关过程中同时存在，因而会出现开关

功率损耗。以图 6-1a 所示的 Buck 变换电路为例，设开关器件 VF 为理想器件，关断时无漏电流，导通时无管压降，因此稳定通或断时应无损耗。图 6-1b 为开关过程中 VF 上的电压、电流及损耗 p 的波形，设负载电流 $i_o=I_o$ 恒定。

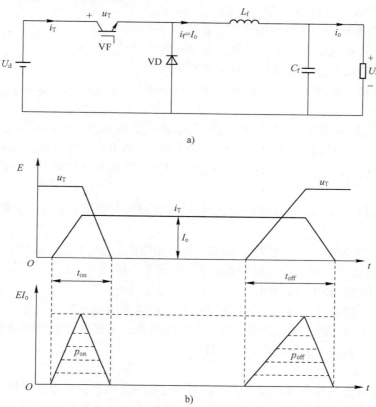

图 6-1　Buck 直流变换电路硬开关过程中的电压、电流及损耗 p 的波形

a) Buck 变换电路　b) 硬开关过程中的波形

当 VF 关断时，负载电流 I_o 改由续流电感 L_f 通过二极管 VD 回路提供。若再次触发导通 VF，电流从 VD 向 VF 转移（换流），故在 t_{on} 期间，i_T 上升但 $u_T=E$，直至 $i_T=I_o$，u_T 才下降为零，这样就产生了开通损耗 p_{on}。当停止导通 VF 时，u_T 从零开始上升，在 t_{off} 期间维持 $i_T=I_o$，直至 $u_T=E$，i_T 才减小为零，这样就产生了关断损耗 p_{off}。

设器件开关过程中电压 u_T、电流 i_T 线性变化，则有

$$\begin{cases} p_{on} = \dfrac{1}{2} f_T E I_o t_{on} \\ p_{off} = \dfrac{1}{2} f_T E I_o t_{off} \end{cases} \tag{6-1}$$

式中，f_T 为开关频率。

这个开关过程伴随着电压、电流的剧烈变化，会产生很大的开关损耗。例如，若 $I_o=50A$，$E=400V$，$t_{on}=t_{off}=0.5\mu s$，$f_T=20kHz$，则开关过程的瞬时功率可达 20kW，平均损耗为 100W，功率损耗不能忽略。这种开关方式称为硬开关。

器件开关过程的开关轨迹如图 6-2 所示，SOA 为器件的安全工作区，A 为硬开关方式的开关轨迹。由于 PWM 变换器开关过程中器件上作用的电压、电流均为方波，开关状态转换条件恶劣，开关轨迹接近 SOA 边沿，开关损耗和开关应力均很大。此时虽可在开关器件上增设吸收电路以改变开关轨迹及相应开关条件，但仅仅是使部分开关损耗从器件上转移至吸收电路中，并没有减少电路工作中的损耗总量。所以硬开关的主要特点有：

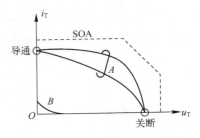

图 6-2　器件开关过程的开关轨迹

1）由于开关的开通和关断过程伴随着电压和电流的剧烈变化，且电压、电流均不为零，出现了重叠，有显著的开关损耗。开关损耗与开关频率呈线性关系，因此当硬开关电路的工作频率不高时，开关损耗占总损耗的比例并不大，但随着开关频率的提高，开关损耗就越来越显著。

2）在开关过程中，由于电压和电流变化的速度很快，波形会出现明显的过冲，从而产生了开关噪声。

3）方波工作方式时，会产生较大的电磁干扰，电路存在着较大的动态电压、电流应力。

4）在开关过程中，要求开关元件要有很大的安全工作区。

5）在桥式电路拓扑中，存在着上、下桥臂直通短路的问题。

为了大幅度地降低开关损耗、改善开关条件，可以采用谐振软开关方式，基本思想是创造条件使器件在零电压或零电流下实现通、断状态转换，从而使开关损耗减少至最小，为器件提供最好的开关条件，如图 6-2 中曲线 B 所示。

2. 软开关方式

开关器件在开通过程中端电压很小，在关断过程中其电流也很小，这种开关过程的功率损耗不大，称之为软开关。

理想软开关波形如图 6-3a 所示，器件开通时，器件两端电压 u_T 首先下降为零，然后施加驱动信号 u_g，器件的电流 i_T 才开始上升；器件关断时，通过某种控制方式使器件中电流 i_T 下降为零后，撤除驱动信号 u_g，电压 u_T 才开始上升。

实际软开关波形如图 6-3b 所示，器件开通时，对开关管施加驱动信号，电流上升的开通过程中，电压不大且迅速下降为零。器件关断时，撤除驱动信号，电流下降的关断过程中，电压不大且上升很缓慢。

实现软开关的具体措施是在开关电路中增设小值电感、电容等储能元件，在开关过程前、后引入谐振，确保在电压或电流谐振过零时刻实现开通和关断。如在降压型零电压开关准谐振电路中（见图 6-4），增加了谐振电感 L_r 和谐振电容 C_r，与滤波电感 L_f、电容 C_f 相比，L_r 和 C_r 的值小得多，同时开关管 VF 增加了反并联二极管 VD_1，而硬开关电路中不需要这个二极管。在该电路中，由于开关过程前后引入谐振，使开关开通前电压先降到零，关断前电流先降到零，消除了开关过程中电压、电流的重叠，从而大大减小甚至消除开关损耗，同时，谐振过程限制了开关过程中电压和电流的变化率，这使得开关噪声也显著减小。

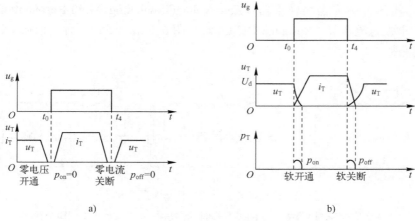

a)　　　　　　　　　　　　　　　　　b)

图 6-3　软开关特性

a) 零电压开通，零电流关断波形　b) 软开通，软关断波形

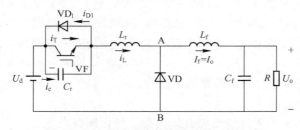

图 6-4　Buck 直流变换电路的软开关电路

软开关方式的主要特点有：

1）由于不存在电压和电流的交叠，软开关转换开关损耗很小，工作频率高。

2）电磁干扰，开关转换过程中动态应力小。

3）电能转换效率高，无吸收电路，散热器小。

4）上、下桥臂直通短路问题不存在了。在谐振直流环节的逆变器中，上、下桥臂直通成了一种合理的工作状态。

6.1.2　软开关电路的分类

器件导通前两端电压就已为零的开通方式称为零电压开通，器件关断前流过的电流就已为零的关断方式为零电流关断，这都是靠电路开关过程前后引入谐振来实现的。一般无须具体区分开通或关断过程，称为零电压开关（ZVS）和零电流开关（ZCS）。首先根据电路中主要开关器件是零电压开通还是零电流关断，可将软开关电路划分为零电压电路和零电流电路两大类；其次按软开关技术发展的历程和谐振机理可将软开关电路分成准谐振电路、零开关 PWM 电路和零转换 PWM 电路。

1. 准谐振转换器

准谐振转换器中电压或电流波形为正弦半波，故称准谐振，这是最早出现的软开关电路。可分为零电压开关准谐振转换器（Zero-Voltage-Switching Quasi-Resonant Converter，ZVSQRC）、零电流开关准谐振转换器（Zero-Current-Switching Quasi-Resonant Converter，

ZCSQRC）、零电压开关多谐振转换器（Zero-Voltage-Switching Multi-Resonant Converter，ZVSMRC）和谐振直流环节（Resonant DC Link）。图6-5给出了前3种准谐振电转换器的基本开关单元电路拓扑。

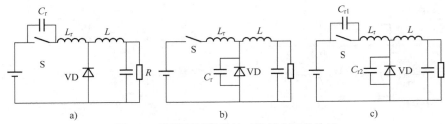

图6-5　准谐振转换器的3种基本开关单元

a) 零电压开关准谐振转换器　b) 零电流开关准谐振转换器　c) 零电压开关多谐振转换器

　　由于在开关过程引入了谐振，准谐振电路开关损耗和开关噪声大为降低，但变换电路中谐振元件只参与能量变换的某一阶段而不是全过程，且只能改善变换电路中一个开关器件（如开关管或二极管）的开关特性；谐振过程会使谐振电压峰值增大，造成开关器件耐压要求提高；谐振电流的有效值很大，电路中存在大量的无功功率的交换，造成电路导通损耗加大；谐振周期还会随输入电压、输出负载变化，电路不能采取定频调宽的 PWM 控制而只得采用调频控制，变化的频率会造成电路设计困难。

2. 零开关 PWM 电路

　　这类电路引入辅助开关来控制谐振开始时刻，使谐振仅发生在开关状态改变的前后。同准谐振电路相比，这类电路中开关器件上的电压和电流基本上是方波，只是上升沿和下降沿较缓，也无过冲，开关承受的电压明显降低，电路可以采用开关频率固定的 PWM 控制方式，故器件承受电压低，电路可采用定频的 PWM 控制方式。

　　图 6-6 为两种基本开关单元电路：零电压开关 PWM（Zero-Voltage-Switching PWM，ZVSPWM）转换器和零电流开关 PWM（Zero-Current-Switching PWM，ZCSPWM）转换器。

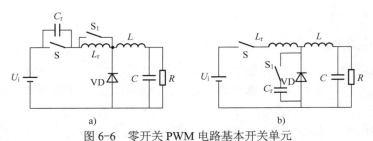

图6-6　零开关 PWM 电路基本开关单元

a) 零电压开关 PWM 转换器　b) 零电流开关 PWM 转换器

3. 零转换 PWM 电路

　　这类电路也是采用辅助开关来控制谐振的开始时刻，所不同的是，谐振电路是与主开关并联的，因此输入电压和负载电流对电路的谐振过程的影响很小，电路在很宽的输入电压范围内和从零负载到满载都能工作在软开关状态，而且电路中无功功率的交换被削减到最小，这使得电路效率有了进一步提高。

图 6-7 为两种基本开关单元电路：零电压转换 PWM（Zero-Voltage-Transition PWM，ZVTPWM）转换器和零电流转换 PWM（Zero-Current-Transition PWM，ZCTPWM）转换器。

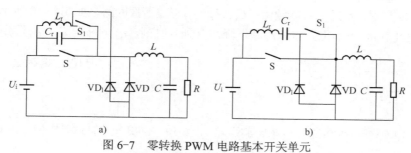

图 6-7　零转换 PWM 电路基本开关单元

a) 零电压转换 PWM 转换器　b) 零电流转换 PWM 转换器

6.1.3　典型的软开关电路

1. 零电压开关准谐振转换（ZVSQRC）电路

以 DC/DC 降压变换电路为例的零电压开关准谐振电路原理图如图 6-8a 所示，开关管 VF 与谐振电容 C_r 并联，谐振电感 L_r 与 VF 串联，假设电感 L_f 和电容 C_f 很大，可以等效为电流源和电压源，并忽略电路中的损耗。开关电路的工作过程是按开关周期重复的，在分析时可以选择开关周期中任意时刻为分析的起点，选择合适的起点，可以使分析得到简化。

假定 $t<0$ 时，$u_g>0$，VF 处于通态，$i_T=i_L=I_o$，$u_T=u_{cr}=0$，续流二极管 VD 截止。在 $t=0$ 时撤除 VF 的驱动信号 u_g，可把一个开关周期 T_s 中的通、断过程可分为 7 个开关状态，其电压、电流波形如图 6-8b 所示。

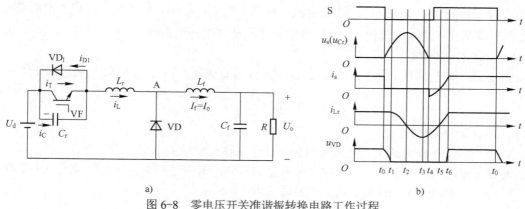

图 6-8　零电压开关准谐振转换电路工作过程

a) 电路　b) 电压、电流波形

（1）$t_0 \leq t \leq t_1$ 阶段

t_0 之前，VF 导通，VD 为断态，$u_C=0$，$i_{Lr}=I_L$，t_0 时刻 VF 关断，C_r 使 VF 关断后电压上升减缓，因此 VF 的关断损耗减小，VF 关断后，VD 尚未导通，电路可以等效为图 6-9；L_r+L 向 C_r 充电，L 等效为电流源，u_{Cr} 线性上升，同时 VD 两端电压 u_D 逐渐下降，直到 t_1 时刻，$u_D=0$，VD 导通，这一时段 u_{Cr} 的上升率为

$$\frac{\mathrm{d}u_{\mathrm{Cr}}}{\mathrm{d}t} = \frac{I_{\mathrm{L}}}{C_{\mathrm{r}}}$$

（2） $t_1 \leqslant t \leqslant t_2$ 阶段

t_1 时刻 VD 导通，L 通过 VD 续流，C_{r}、L_{r}、U_{i} 形成谐振回路，如图 6-10 所示；谐振过程中，L_{r} 对 C_{r} 充电，u_{Cr} 不断上升，i_{Lr} 不断下降，直到 t_2 时刻，i_{Lr} 下降到零，u_{Cr} 达到谐振峰值。

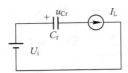 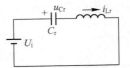

图 6-9　零电压开关准谐振转换电路在 $t_0 \sim t_1$ 时段等效电路　图 6-10　零电压开关准谐振转换电路在 $t_1 \sim t_2$ 时段等效电路

（3） $t_2 \leqslant t \leqslant t_3$ 阶段

t_2 时刻后，C_{r} 向 L_{r} 放电，i_{Lr} 改变方向，u_{Cr} 不断下降，直到 t_3 时刻，$u_{\mathrm{Cr}} = U_{\mathrm{i}}$，这时，$u_{\mathrm{Lr}}=0$，$i_{\mathrm{Lr}}$ 达到反向谐振峰值。

（4） $t_3 \leqslant t \leqslant t_4$ 阶段

t_3 时刻以后，L_{r} 向 C_{r} 反向充电，u_{Cr} 继续下降，直到 t_4 时刻 $u_{\mathrm{Cr}}=0$。

在 t_1 到 t_4 时段电路谐振过程的方程为

$$L_{\mathrm{r}}\frac{\mathrm{d}i_{\mathrm{Lr}}}{\mathrm{d}t} + u_{\mathrm{Cr}} = U_{\mathrm{i}}$$

$$C_{\mathrm{r}}\frac{\mathrm{d}u_{\mathrm{Cr}}}{\mathrm{d}t} = i_{\mathrm{Lr}}$$

$$u_{\mathrm{Cr}}\big|_{t=t_1} = U_{\mathrm{i}}, \quad i_{\mathrm{Lr}}\big|_{t=t_1} = I_{\mathrm{L}}, \quad t \in [t_1, t_4]$$

（5） $t_4 \leqslant t \leqslant t_5$ 阶段

u_{Cr} 被钳位于零，$u_{\mathrm{Lr}}=U_{\mathrm{i}}$，$i_{\mathrm{Lr}}$ 线性衰减，直到 t_5 时刻，$i_{\mathrm{Lr}}=0$。由于这一时段 VT 两端电压为零，所以必须在这一时段使开关 VF 开通，才不会产生开通损耗。

（6） $t_5 \leqslant t \leqslant t_6$ 阶段

VF 为通态，i_{Lr} 线性上升，直到 t_6 时刻，$i_{\mathrm{Lr}}=I_{\mathrm{L}}$，VD 关断。在 $t_4 \sim t_6$ 时段电流 i_{Lr} 的变化率为

$$\frac{\mathrm{d}i_{\mathrm{Lr}}}{\mathrm{d}t} = \frac{U_{\mathrm{i}}}{L_{\mathrm{r}}}$$

（7） $t_6 \leqslant t \leqslant t_0$ 阶段

VF 为通态，VD 为断态。直至 t_0 时刻，一个工作周期结束。

谐振过程是软开关电路工作过程中最重要的部分，谐振过程中的基本数量关系主要有：

1） u_{Cr} （即开关 VF 的电压 u_{T}）的表达式为

$$u_{\mathrm{Cr}}(t) = \sqrt{\frac{L_{\mathrm{r}}}{C_{\mathrm{r}}}}I_{\mathrm{L}}\sin\omega_{\mathrm{r}}(t-t_1) + U_{\mathrm{i}}, \quad \omega_{\mathrm{r}} = \frac{1}{\sqrt{L_{\mathrm{r}}C_{\mathrm{r}}}}, \quad t \in [t_1, t_4]$$

2） $[t_1, t_4]$ 上的最大值即 u_{Cr} 的谐振峰值，就是开关 VF 承受的峰值电压，表达式为

$$U_{\mathrm{p}} = \sqrt{\frac{L_{\mathrm{r}}}{C_{\mathrm{r}}}}I_{\mathrm{L}} + U_{\mathrm{i}}$$

3）零电压开关准谐振电路实现软开关的条件为

$$\sqrt{\frac{L_r}{C_r}} I_L \geq U_i$$

如果正弦项的幅值小于 U_i，u_{C_r} 就不可能谐振到零，VF 也就不可能实现零电压开通。

从上面的分析可知，零电压开关准谐振电路在零电流下开关，理论上减小了开关损耗，但 VF 导通时其上电压为电源电压 E，故仍有开关损耗，只是减小，但为提高开关频率创造了条件。零电压开通准谐振变换电路只适宜于改变变换电路的开关频率 f_s 来调控输出电压和输出功率。此外，VF 上电流 i_L 的峰值显著大于负载电流 I_o，意味开关上通态损耗也显著大于常规开关变换器；由于谐振电压峰值高于输入电压 U_i 的两倍，开关 VF 的耐压必须相应提高，这也会增加电路的成本，降低可靠性。

2. 零电流开关准谐振转换（ZCSQRC）电路

以 DC/DC 降压变换电路为例的零电流开关准谐振电路如图 6-11a 所示，电路中 C_f 足够大，在一个开关周期 T_s 中输出负载电流 I_o 和输出电压 U_o 都恒定不变。如果滤波电感 L_f 足够大，则 T_s 中 $I_f=I_o$ 恒定不变。

假定 $t<0$ 时，$u_g=0$，VF 处于断态，VD 续流。$i_T=i_L=0$，$I_D=I_f=I_o$，$u_T=U_d$，$u_{C_r}=0$，续流二极管 VD 截止，在 $t=0$ 时 VF 施加的驱动信号 u_g，可把一个开关周期 T_s 中的通、断过程可分为 5 个开关状态，其电压、电流波形如图 6-11b～e 所示。

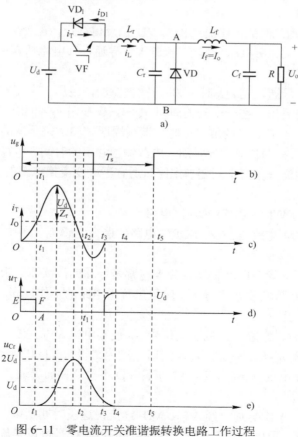

图 6-11　零电流开关准谐振转换电路工作过程

a) 电路　b) 驱动波形　c) i_L 波形　d) u_T 波形　e) u_{C_r} 波形

（1）$0 \leqslant t \leqslant t_1$ 阶段

当 $t=0$ 时，VF 施加驱动信号 u_g 而导通，$i_T=i_L$ 从零上升至 I_o。$i_D=I_o-i_L$ 从 I_o 下降到零，VD 截止。由于在上述过程中电感 L_r 上的感应电动势为左正右负，所以使 VF 上的电压 u_r 减小。如果电感 L_r 足够大，则有可能使 u_T，实现零电压开通。

（2）$t_1 \leqslant t \leqslant t_2$ 阶段

当 $t>t_1$ 时，$i_T=i_L>I_o$，i_L-I_o 对 C_r 充电，使 u_{Cr} 上升，L_r、C_r 产生串联谐振。谐振 1/4 周期后，$i_T=i_L$ 达最大值，$u_{Cr}=U_d$。谐振 1/2 周期后，$i_T=i_L=I_o$，$u_{Cr}=2U_d$；此后，$i_T=i_L$ 从 I_o 下降，当 $t=t_2$ 时到下降到零，$U_d < u_{Cr} < 2U_d$。

（3）$t_2 \leqslant t \leqslant t_3$ 阶段

在此期间，由于 L_r、C_r 谐振，i_L 为负值，二极管 VD_1 导通，$u_T=0$，若此时撤除驱动信号 u_g，VF 可以在零电流下关断，无关断损耗。当 $t=t_3$ 时，$u_{Cr}<u_d$，二极管 VD_1 截止，$i_T=i_L=0$，$u_T=U_d-u_{Cr}$，使 VF 在零电流下关断的谐振电路参数关系式：

$$L_r > \frac{1}{2\pi f_r}\frac{U_d}{I_{o\,max}}$$

$$C_r < \frac{1}{2\pi f_r}\frac{I_{o\,max}}{U_d}$$

（4）$t_3 \leqslant t \leqslant t_4$ 阶段

由于 VF、VD_1 均已断流，续流二极管 VD 仍反偏截止，电容 C_r 的反向滤波电感和负载放电，到 $t=t_4$ 时，$u_{Cr}=0$，$u_T=U_d$，续流二极管 VD 导通，其电流从零突变为 I_o。

（5）$t_4 \leqslant t \leqslant t_5$ 阶段

续流二极管 VD 导通，到 $t=t_5$ 时，VF 再次被驱动，经历一个完整的周期 T_s。

从上面的分析可看出，在一个开关周期 T_s 中，仅在 $0\sim t_2$ 期间电源输出功率，$t_2\sim t_3$ 期间 C_r 向电源回馈能量。当 C_r、L_r 的值一定时，谐振周期 $T_r=1/f_r$ 是不变的，变换电路的开关频率 f_s 越高，T_s 就越小，VF 的相对导通时间（电源输出功率的时间）t_2/T_s 增长，将使输出电压、输出功率增大；零电流开关准谐振变换电路只适宜于改变变换电路的开关频率 f_s 来调控输出电压和输出功率。

3. 零电压转换 PWM（ZVSPWM）电路

零电压转换 PWM 电路是在 ZVSQRC 电路的谐振电感 L_r 上并联一个辅助开关管 VD_2 和 VF_2 组成的，如图 6-12 所示。

若 $t<t_0$ 时，主开关管 VF_1 和辅助开关 VF_2 都是导通的，续流二极管 VD 截止，$i_L=I_f=I_o$，$u_{Cr}=0$。在一个开关周期 T_s 中，可分 5 个阶段来分析电路的工作过程。

（1）$t_0 \leqslant t \leqslant t_1$ 阶段

当 $t=t_0$、$u_{Cr}=0$ 时，撤除 VF_1 的驱动信号 u_{g1} 使零电压 VF_1 关断，电流立即从 VF_1 转移到 C_r，给 C_r 充电，由于 $i_L=I_f=I_o$ 恒定，$u_{Cr}<U_d$ 时，续流二极管 VD 仍处于反偏截止。

当 $t=t_1$ 时，C_r 充电到 $u_{Cr}=U_d$，续流二极管 VD 不再反偏而导通。

（2）$t_1 \leqslant t \leqslant t_2$ 阶段

由于续流二极管 VD 导通，经 VF_2、VD_2 续流，这段时期是可以通过改变辅助开关 VF_2 的关断时刻 t_2 控制的，因此续流二极管 VD 导通的占空比是可以实施 PWM 控制的，用它来调控输出电压。

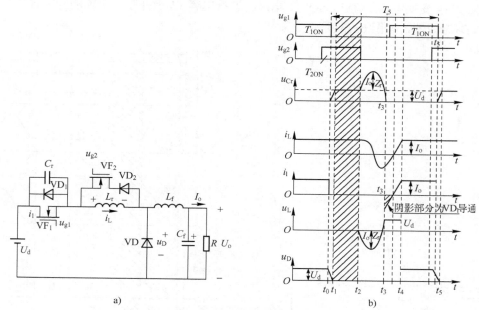

图 6-12　Buck ZVSPWM 变换电路和工作波形

a) 电路图　b) 波形图

（3）$t_2 \leqslant t \leqslant t_3$ 阶段

由于在 $t=t_2$ 时刻撤除辅助开关管 $\mathrm{VF_2}$ 的驱动信号而关断，C_r、L_r 产生谐振。在 $\mathrm{VF_2}$ 关断前瞬间，由于 $\mathrm{VF_1}$ 已关断，$u_{\mathrm{Cr}}=U_\mathrm{d}$，所以 $\mathrm{VF_2}$ 为零电流关断。从 $t=t_2$ 后到 1/4 谐振周期时，u_{Cr} 到达最大值 $U_\mathrm{d}+I_0 Z_\mathrm{r}$，此后电容 C_r 放电，u_{Cr} 下降，到 $t=t_3$ 时，此期间 i_L 为负值。

（4）$t_3 \leqslant t \leqslant t_4$ 阶段

负电流 i_L 经二极管 VD、$\mathrm{VD_1}$ 向电源 U_d 回馈能量。由于导通的 $\mathrm{VD_1}$ 与主开关管 $\mathrm{VF_1}$ 并联，在此期间若对 $\mathrm{VF_1}$ 施加驱动信号则 $\mathrm{VF_1}$ 将在零电压下开通。$\mathrm{VF_1}$ 开通后负 i_L 反向从零线性增大，到 $t=t_4$ 时 $i_\mathrm{L}=I_0$，续流二极管 VD 的电流 $i_\mathrm{D}=I_0=i_\mathrm{L}$ 从 I_0 减小到零而自然关断。

使 $\mathrm{VF_1}$ 在零电压下开通，必须选择谐振电路的参数使之满足下列关系：

$$L_\mathrm{r} > \frac{1}{2\pi f_\mathrm{r}} \frac{U_\mathrm{d}}{I_{\mathrm{o\,min}}}$$

$$C_\mathrm{r} < \frac{1}{2\pi f_\mathrm{r}} \frac{I_{\mathrm{o\,min}}}{U_\mathrm{d}}$$

式中，f_r 是谐振电路的谐振频率；I_{omin} 是负载电流的最小值。

（5）$t_4 \leqslant t \leqslant t_5$ 阶段

在 $t=t_4$ 时，主开关管下 $\mathrm{VF_1}$ 已处于通态，VD 反偏截止，电源 U_d 向负载恒流供电。在 $t=t_5$ 时，撤除 $\mathrm{VF_1}$ 的驱动信号，$\mathrm{VF_1}$ 关断，（因为 $\mathrm{VF_1}$ 关断时 $u_{\mathrm{Cr}}=u_1$ 很小，$\mathrm{VF_1}$ 也是软关断）完成一个开关周期 T_5。

4. 零电流转换 PWM 电路（ZCSPWM）

ZCSPWM 变换电路是在 ZCSQRC 电路的谐振电容 C_r 上并联一个辅助开关管 VF$_2$ 和其并联的 VD$_2$ 组成的，如图 6-13 所示。

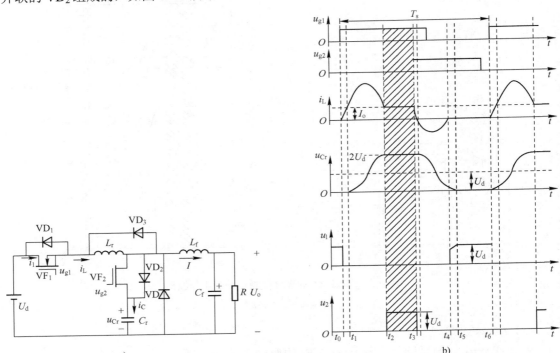

a)　　　　b)

图 6-13　Buck 零电流转换 PWM 电路的原理图和主要电量波形图

a) 电路图　b) 主要波形图

Buck ZCSPWM 变换电路一个开关周期可分为 6 个时间段描述：

设定 $t<t_0$ 时，主开关管 VF$_1$ 和辅助开关管 VF$_2$ 都是断开的，续流二极管 VD 导通使 $i_D=I_o$，谐振电容 C_r 上的电压为零。

（1）$t_0 \leqslant t \leqslant t_1$ 阶段

对 VF$_1$ 施加驱动信号 u_{g1} 使其导通，$i_1=i_L$ 线性上升至 I_o，$i_D=i_L-I_o$ 下降到零，$t=t_1$ 时，VD 截止。在 VF$_1$ 导通瞬间，由于谐振电感 L_r 上的电压 $u_{Lr}=U_d$，则 VF$_1$ 为软开通。

（2）$t_1 \leqslant t \leqslant t_2$ 阶段

在 VD 截止后，L_r、C_r 产生谐振，$i_L>I_o$，经过半个谐振周期 T_r 后到 $t=t_2$ 时刻，$i_L=I_o$，$u_{Cr}=2U_d$（最大值）。

（3）$t_2 \leqslant t \leqslant t_3$ 阶段

在 $t=t_2$ 时，VD$_2$ 的电流 $i_{D2}=i_L-I_o$ 而自然关断，电源对负载供电，$i_L=i_f=I_o$。

（4）$t_3 \leqslant t \leqslant t_4$ 阶段

在 $t=t_3$ 时，对 VF$_2$ 施加驱动信号 u_{g2} 使其导通，C_r 处于放电状态，C_r、L_r 将继续谐振。$t=t_3$ 时刻以后，电感电流 i_L 由正方向谐振衰减到零之后，VD$_1$ 导通，i_L 通过 VD$_1$ 继续向反方向谐振，并将能量反馈回电源 U_d。在 $t=t_4$ 时刻，电感电流 i_L 由反方向谐振衰减到零。

$t=t_3$ 时刻以后，电感电流 i_L 由正方向谐振衰减到零之后，VD_1 导通，i_L 通过 VD_1 继续向反方向谐振，并将能量反馈回电源 U_d。

在 $t=t_4$ 时，电感电流 i_L 由反方向谐振衰减到零。显然，在 i_L 反方向运行期间，撤除驱动信号 u_{g1} 主开关管 VF_1 可以在零电压、零电流下完成关断过程。

使 VF_1 在零电流下关断，谐振电路的参数关系式为

$$L_r < \frac{1}{2\pi f_r} \frac{U_d}{I_{o\,max}}$$

$$C_r > \frac{1}{2\pi f_r} \frac{I_{o\,max}}{U_d}$$

式中，f_r 为谐振电路的谐振频率；$I_{o\,max}$ 为负载电流的最大值。

（5）$t_4 \leqslant t \leqslant t_5$ 阶段

在此期间，VF_1 已关断，VD 仍截止，C_r 经 VF_2 对负载放电到 $t=t_5$ 时，$u_{Cr}=0$。

（6）$t_5 \leqslant t \leqslant t_6$ 阶段

在 $t=t_5$ 时，$u_{Cr}=0$，续流二极管 VD 立即导电，$i_D=I_o$，此后电路也将以标准的 PWM 模式运行，因续流二极管 VD 导通的占空比是可以实施 PWM 控制的，用它来调控输出电压。

$t>t_5$ 时刻以后，撤除驱动信号 u_{g2} 使 VF_2 关断，则 VF_1 在零电流下完成关断。

在 $t=t_6$ 时，驱动信号 u_{g1} 又使主开关管 VF_1 导通，开始下一个开关周期。

5. 谐振直流环

在光伏逆变器中的变换电路中多存在中间直流环节，DC/AC 逆变电路中的功率器件都将在恒定直流电压下以硬开关方式工作，如图 6-14a 所示，导致器件开关损耗大、开关频率提不高，相应输出特性受到限制。如果在直流环节中引入谐振，使直流母线电压高频振荡，出现电压过零时刻，如图 6-14b 所示，就为逆变电路功率器件提供了实现软开关的条件，这就是谐振直流环节电路的基本思想。

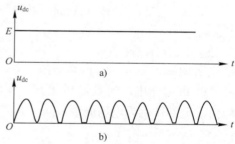

图 6-14　恒压及谐振直流环节母线电压

a) 恒压　b) 谐振

图 6-15 为用于电压型逆变器的谐振直流环原理电路及其等效电路。原理电路中，L_r、C_r 为谐振电感、电容；谐振开关器件 VF 保证逆变器中所有开关工作在零电压开通方式。实际电路中，VF 的开关动作可用逆变器中开关器件的开通与关断来代替，无须专门开关。

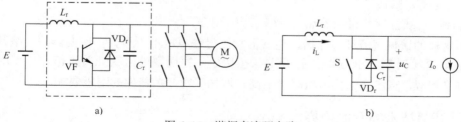

图 6-15　谐振直流环电路

a) 原理电路　b) 等效电路

由于谐振周期相对于逆变器开关周期短得多，故在谐振过程分析中可以认为逆变器的开关状态不变。此外电压源逆变器负载多为感应电动机，感应电动机电流变化缓慢，分析中可认为负载电流恒定为 I_o，故可导出图 6-15b 的等效电路，其中 VF 的作用用开关 S 表示。谐振直流环的工作过程可用图 6-16 所示波形来说明。

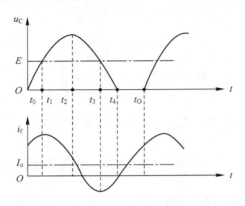

图 6-16　谐振直流环工作波形图

（1）$t_0 \leqslant t \leqslant t_1$ 阶段

设 t_0 前 S 闭合，谐振电感电流 $i_L > I_o$（负载电流）。在 t_0 时刻 S 打开，$L_r C_r$ 串联起谐振，i_L 对 C_r 充电，L_r 中的磁场能量转换成 C_r 中的电场能量，C_r 上的电压 u_C 上升。在 t_1 时刻，$u_C = E$。

（2）$t_1 \leqslant t \leqslant t_2$ 阶段

在 t_1 时刻，$u_C = E$，L_r 两端电压为零，谐振电流 i_L 达到最大，全部转回为磁场能。$t > t_1$ 时刻后，C_r 继续充电，随着 u_C 的上升，充电电流 i_L 减小。在 t_2 时刻再次达到 $i_L = I_o$，u_C 达谐振峰值，全部转化为电场能量。

（3）$t_2 \leqslant t \leqslant t_3$ 阶段

$t > t_2$ 时刻后，由 u_C 提供负载电流 I_o；因 $u_C > E$，同时向 L_r 反向供电，促使 i_L 继续下降并过零反向。在 t_3 时刻，i_L 反向增长至最大，全部转化磁场能量，此时 $u_C = E$。

（4）$t_3 \leqslant t \leqslant t_4$ 阶段

$t > t_3$ 时刻后，$|i_L|$ 开始减小，u_C 进一步下降。在 t_4 时刻 $u_C = 0$，使与 C_r 反并联二极管 VD_r 导通，S 被钳位于零，为 VF 提供了零电压导通（S 闭合）条件。

（5）$t_4 \leqslant t \leqslant t_5$ 阶段

S 闭合，i_L 线性增长直至 $t = t_0$、$i_L = I_o$，S 再次打开。

采用这样的谐振直流环电路后，逆变器直流母线电压不再平直。逆变器的功率开关器件应安排在 u_C 过零时刻（$t_4 \sim t_0$）进行开关状态切换，实现零电压软开关操作。与零电压开关准谐振电路相似，直流环谐振电压峰值很高，增加了对开关器件的耐压要求。

6.1.4　软开关技术的发展趋势

近年来，新的软开关电路拓扑的数量仍在不断增加，软开关技术的应用也越来越普遍。

在开关频率接近甚至超过 1MHz、对效率要求又很高的场合，曾经被遗忘的谐振电路又重新得到应用，并且表现出很好的性能。采用几个简单、高效的开关电路，通过级联、并联和串联构成组合电路，替代原来的单一电路成为一种趋势，在不少应用场合，组合电路的性能比单一电路的性能提高许多。控制型软开关技术的出现，丰富了逆变器软开关技术，控制型软开关主要是在不增加主电路的元器件（可以有少量电感、电容的增加）的前提下，通过合理设计控制电路来实现软开关。控制型软开关的特点是：具有半桥结构的开关组；半桥结构的开关组的两个开关管的驱动信号互补；半桥结构的开关组的每个开关管上要有并联电容；半桥结构的中点对外要连接一个或一个以上电感；对于顺半桥结构电感上的电流在一个开关管连续导通的时期内要反向；对于逆半桥结构电感上的电流在一个开关管连续导通的时期内不能反向。根据这些技术特点，可以设计出多种类型的控制型逆变器软开关。

6.2　逆变器并联运行技术

逆变器并联运行技术是逆变器向大功率方向发展的一个重要途径，也是逆变器从传统的集中式供电向分布式供电模式发展过程中的一项关键技术。逆变器并联运行技术与高频开关电源模块的并联技术不同，由于高频开关电源模块的输出为直流，可采用二极管阻断的方式防止模块之间的环流，而逆变器输出为正弦交流，在一个工频周期内电压波形是变化的，各个逆变器的输出电压不仅要求幅值相等，而且必须频率一致、相位同步，因此其并联运行技术的难度远大于高频开关电源并联系统。

6.2.1　逆变器并联运行控制模式

随着电力电子器件及其控制技术的不断发展，以及 SPWM 技术的应用，逆变器的性能有了很大的提高，各种控制模式的高性能逆变器不断推陈出新，应用领域越来越广泛，逆变器的并联运行控制技术也得到了极大发展。逆变器并联控制方法经历了集中控制、主从控制、分布式控制的发展过程。控制手段也从早期的模拟控制发展到现在的数字控制，使控制系统的精度、动态响应、灵活性和负载适应性得到了很大的提高。近年来又出现了无互连线的并联控制方案，使整个系统向分布式系统发展，真正实现逆变器的模块化、智能化和高可靠性。

1. 集中控制方式

在逆变器并联技术发展的早期，一般采用带有集中控制器的逆变器并联集中控制方法，其原理框图如图 6-17 所示。

集中控制方式中有一个集中控制器，该控制器的锁相环电路用于保证各模块输出电压频率和相位与同步信号相同。并联控制单元还负责检测总负载电流 I，将负载电流 I 除以并联单元的个数 n 作为各台逆变电源的电流指令，同时各台逆变电源检测自身的实际输出电流，求出电流偏差，假设各并联模块单元每一个同步信号控制时输出电压频率和相位偏差不大，可以认为各并联单元的输出电流偏差是由电压幅值的不一致而引起的，这种控制方式把电流偏差作为参考电压的补偿量引入各逆变器模块，用于消除输出电流的不均衡。

集中控制方式比较简单，易于实现，且均流效果较好。但是，集中控制器的存在使得系统的可靠性有所下降，一旦控制器发生故障将导致整个供电系统的崩溃，所以，集中控制式并联系统的可靠性不高。

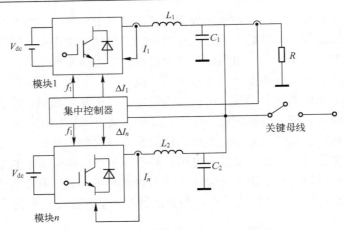

图6-17 逆变器并联集中控制系统框图

2. 主从控制方式

为了解决集中控制方式的缺点，人们研究出了主从控制方式，系统框图如图6-18所示。

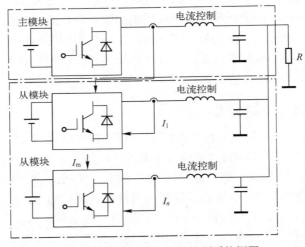

图6-18 逆变器并联主从控制系统框图

主从控制方式是通过一定的逻辑选择来确定一个模块作为主机，当主机退出系统时，一个从机自动地切换为主机，执行主机的控制功能。这种控制方法的原理与集中控制是一样的，只是避免了由于主控制器出现故障时整个系统的崩溃，因此，提高了系统的可靠性。

主从控制方式解决了单个逆变器出现故障引起整个系统崩溃的问题，但是由于存在主从切换的问题，因此，主从控制中确定主机的逻辑选择方法至关重要，直接影响系统的可靠性。一旦主从切换失败，必将导致系统的瘫痪。

3. 分布式并联控制

为了实现逆变器的真正冗余，即并联系统中的每一个逆变器单元的运行都不依赖于其他逆变器单元，各模块单元在并联系统中地位相同，没有主次之分，于是提出了分布式并联控制方式。图6-19是分布式并联控制系统的原理框图。

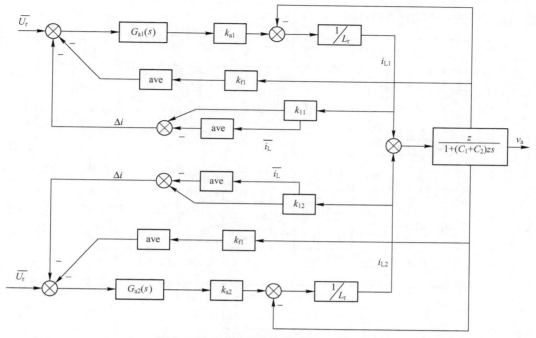

图 6-19　分布式并联控制系统的原理框图

分布式并联控制方案采用 3 个平均信号作为逆变器之间的并联总线信号，从这个框图中可以看出分布式系统的一般特点。图中，ave 是一个求平均值的电路，通过这个电路，逆变器之间的反馈电压值、参考电压 V_r 及反馈电流的平均值都被用于每个逆变器的控制，各个逆变器的控制功能完全一致，投入或者切除一个逆变器模块对系统来说不需要额外的逻辑判断，适合并联系统的冗余和维护。在分布式并联系统中，各台逆变器单元的地位是相等的，当检测到某台逆变器发生故障时，可以控制该逆变器单元自动地退出系统，而其余的逆变器不受影响。分布式控制的并联系统解决了集中控制和主从控制中存在的单台逆变器故障导致整个系统瘫痪的缺点，使并联系统的可靠性大大提高。同时，该分布式并联控制方式具有控制原理简单、易于实现、均流效果好等特点，在并联台数不多的情况下采用这种方式比较实用。

4. 无互连线独立控制方式

为了减少逆变器之间的连线，近年来一些学者提出了无互连线式的逆变器并联系统，该并联均流控制是基于逆变器输出电压和频率的外下垂特性实现的。这种思想来源于电力系统的并网运行，假设并联系统中各台逆变器的相位、幅值相差较小时，并联系统的有功环流跟相位差有关，而无功环流跟幅值差有关，利用逆变器输出的下垂特性，各逆变器以自身的有功和无功功率为依据，调整自身输出电压的频率和幅值以达到各台逆变器的并联稳定运行。该控制方式的最大优点就是各模块之间不需要信号的传输，完全依赖自身的算法实现自动均流，特别适用于多模块和不同功率等级逆变器的并联。但是采用这种控制方法时，要求逆变器的输出特性必须设计为软特性，即输出电压和频率随着负载大小而变化，使并联系统在非线性负载下和动态过程中的均流效果变差，实现算法也十分复杂。图 6-20 是基于外下垂特性的无互连线并联的控制原理框图。

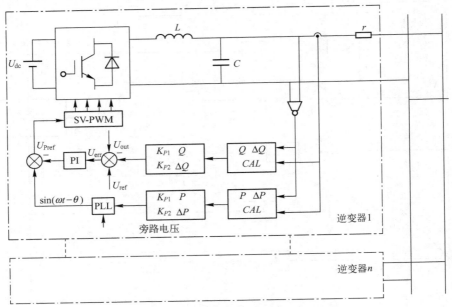

图 6-20　无互连线并联的控制原理框图

6.2.2　逆变器并联运行条件

　　由于 PWM 逆变器并联系统不具有自同步能力，所以为确保 PWM 逆变器并联运行的稳定与可靠，系统中的各个逆变器必须满足一定的条件。下面以两台逆变器并联为例，分析逆变器并联所需的条件，其等效电路如图 6-21 所示。其中 $\dot{U}_1$、$\dot{U}_2$ 表示两个逆变器的桥臂中点输出电压向量；L_1、L_2 和 C_1、C_2 分别是两个逆变器的滤波电感和滤波电容；R_L 是两个逆变器的公共负载。

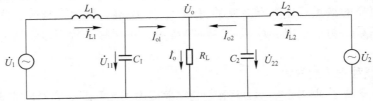

图 6-21　两逆变器并联运行等效电路

当并联模块参数相同时，即 $C_1=C_2=C$，$L_1=L_2=L$ 时，由图 6-21 可以得到：

$$\dot{I}_{L1}=\frac{\dot{U}_1-\dot{U}_2}{2\mathrm{j}\omega L}+\frac{1}{2}\dot{U}_\mathrm{o}\left(\frac{1}{R_L}+2\mathrm{j}\omega C\right) \qquad (6\text{-}2)$$

$$\dot{I}_{L2}=-\frac{\dot{U}_1-\dot{U}_2}{2\mathrm{j}\omega L}+\frac{1}{2}\dot{U}_\mathrm{o}\left(\frac{1}{R_L}+2\mathrm{j}\omega C\right) \qquad (6\text{-}3)$$

　　由式（6-2）、式（6-3）可以看出每个逆变器的电感电流包括两部分：一是负载电流分量（后一项），两个逆变器是一样的；二是环流分量（前一项），环流的大小受各并联逆变器输出电压差异的影响，其中包括电压的幅值和相位，当并联系统中每个模块输出电压相同时，并联系统间的环流为零。由于各模块输出电压是时变、交变量，保证各模块电压相同变得非常苛刻，这使逆变器的并联运行更加困难。

同时可见，$\dot{U}_1$、$\dot{U}_2$ 相位相同而幅值不同时，电压高的"环流"分量是容性的，电压低的"环流"分量是感性的；当 $\dot{U}_1$、$\dot{U}_2$ 幅值相等时，相位超前者环流分量为正有功分量（输出有功）；相位滞后的环流分量为负有功分量（吸收有功）；而在大多数情况下，$\dot{U}_1$、$\dot{U}_2$ 既不同相又不相等，那么这时，环流分量中既有无功分量，又有有功分量。所以逆变电源并联运行的关键是减少"环流"，而环流的大小不仅与逆变器输出电压的幅值有关，而且与输出电压的相位有关。因此，逆变器的并联比一般直流电源的并联要复杂得多，它必须满足 3 个条件：

1）输出电压的幅值、相位和频率应一致。频率微弱差异的积累将造成并联系统输出幅值的周期性变化和波形畸变；幅值不等将引起各并联单元之间的环流；相位不同将使输出不稳定，而在并联切换过程中则可能造成强烈冲击。

2）在输入电压和负载变化范围内，各逆变器均分负载电流，且动态响应特性要好。若负载不均分，负载较重的逆变器会因为长期过载运行造成热应力大而降低系统的可靠性。

3）可靠的保护措施。除逆变器内部故障外，当出现环流或同步异常，应快速采取相应的措施，确保系统工作的可靠性。

6.2.3　逆变器并联均流控制方法

逆变器并联运行中的关键技术是负载均分（均流）控制和环流控制，其基本控制要求是：

1）各并联逆变器自动均分负载电流，尽可能减少或有效抑制模块间的环流。

2）尽可能不增加外部均流控制措施或控制单元、尽可能少的模块互连线，以提高系统的可靠性，并使均流技术与冗余技术"兼容"。

3）当供电电压和负载电流变化时，或在模块实时冗余切换时，或热插拔时，保持输出电压的稳定，并且均流的瞬间响应好。

目前，虽然许多公司已经推出了具有并联功能的逆变器产品，但控制策略却是不尽相同。下面对逆变器并联均流控制常用的方法进行介绍。

1. 有功、无功控制

有功、无功并联控制，即功率偏差并联控制。通过逆变单元检测各自输出的有功功率和无功功率，并把各自的有功、无功值送给其他单元，每个单元根据自己和其他模块的有功、无功情况，算出本单元功率的偏差，再通过调节每个逆变单元的输出电压的幅值和相位来调节各自输出的有功功率和无功功率，保证每个逆变单元输出的有功功率和无功功率相等，即功率偏差趋近于零，以达到均流的目的。以 3 个逆变单元并联为例进行讲解。

图 6-22 中，X 为线路阻抗，由于线路阻抗很

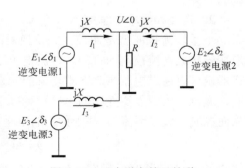

图 6-22　三个逆变单元并联

小，而认为 X 为感性，U 为并联系统的输出电压，E_1、E_2、E_3 为并联模块的输出电压。逆变电源 1 输出的功率为

$$S_1 = P_1 + \mathrm{j}Q_1 = UI_1$$

式中，$I_1 = \dfrac{E_1(\cos\delta_1 + \mathrm{j}\sin\delta_1) - U}{\mathrm{j}X}$

所以有 $S_1 = U\dfrac{E_1(\cos\delta_1 + \mathrm{j}\sin\delta_1) - U}{\mathrm{j}X}$，从而得到输出的有功功率和无功功率为

$$\begin{cases} P_1 = \dfrac{E_1 U}{X}\sin\delta_1 \\ Q_1 = \dfrac{E_1 U\cos\delta_1 - U^2}{X} \end{cases}$$

同理可得逆变电源 2、3 的输出有功功率和无功功率为

$$\begin{cases} P_2 = \dfrac{E_2 U}{X}\sin\delta_2 \\ Q_2 = \dfrac{E_2 U\cos\delta_2 - U^2}{X} \end{cases}$$

$$\begin{cases} P_3 = \dfrac{E_3 U}{X}\sin\delta_3 \\ Q_3 = \dfrac{E_3 U\cos\delta_3 - U^2}{X} \end{cases}$$

由以上各式可见，有功功率的大小主要取决于功率角 δ_1、δ_2 和 δ_3，无功功率的大小主要取决于逆变器输出的电压幅值 E_1、E_2 和 E_3，因此，可以通过调节功率角 δ_1、δ_2 和 δ_3 来调节输出有功功率的大小，通过调节逆变器输出电压的幅值 E_1、E_2 和 E_3 来调节输出无功功率的大小，从而可以实现各输出模块的均流。

事实上，应用功率理论进行逆变控制，从均流的角度而言，其动态均流性能是有限的。因为逆变器的内阻很小，逆变器的控制环路响应速度比较快，对于瞬投、卸载、非线性负载、系统的干扰等，慢速的均流调节将会引入严重的输出畸变，严重时甚至于导致系统的破坏。

2. 电压和频率下垂控制

下垂均流控制就是调节开关变换器的外特性倾斜度（即调节输出阻抗），以达到并联的逆变器接近均流控制的目的。直流电源通过下垂均流控制，可以自动实现并联输出均流；逆变器也可以通过电压频率下垂均流控制来达到并联输出的有功功率和无功功率的自动均分控制。通过人为引入逆变器的电压和频率下垂特性，就可以达到并联逆变器输出的均流控制，从而控制并联"环流"。基于预先的下垂特性，可以得到

$$\omega = \omega_0 - mP, \quad U = U_0 - nQ$$

式中，ω_0 为空载时的频率；U_0 为空载时的电压幅值；m 为频率 ω 的下垂系数；n 为电压幅值 U 的下垂系数。

为了确保每个逆变器能够根据其额定容量分担负载，下垂系数选择如下：

$$m_1 S_1 = m_2 S_2 = \cdots = m_n S_n$$

$$n_1 S_1 = n_2 S_2 = \cdots = n_n S_n$$

式中，$S_1, S_2, \cdots, S_n$ 为并联的逆变器的额定容量。

由上述下垂特性可知，各个并联逆变单元的输出电压和频率将下降到某一个值，以便抑制"环流"，从而达到均流的目的。这种均流控制的一个突出优点就是各并联的逆变模块之间不需要通信线交换均流控制信息。但缺点也是明显的：① 均流实际上是通过牺牲系统电压、频率的精度实现的，过软的输出特性对某些负载的运行不利；② 调整精度有限，而且受到各模块性能不一致的影响，均流效果不理想。

3．瞬时调制控制技术

并联控制技术时，就要求在每一个开关脉冲必须获取并联操作的"环流"信息，部分的信息可以是测量逆变器输出的有功功率、无功功率的结果。在某些情况下，这种控制有可能简化控制系统，使控制器仅仅控制无功功率就可以达到均流的目的；例如，可以通过同步锁相电路使逆变系统的各个逆变电源单元输出电压的频率同步、相位一致，然后检测各自输出的电流差值来调节输出电压，从而使得各逆变的输出均流。

采用瞬时调制的均流控制技术，逆变模块的控制系统在每个开关周期都瞬时地获取系统的均流信息，进行调节以减少模块间的环流。正是由于该控制策略的均流控制调节很快，而逆变器输出的是时变、交变的正弦波，如果不很好地控制逆变模块单元间的输出电压和相位，在加入均流控制策略后，也可能很容易导致系统的并联失败。

6.2.4 逆变器并联的环流分析与抑制

通过上述分析并联的逆变器工作在相位和频率相同情况下，各逆变模块的输出幅值不同，就会产生"环流"分量，输出幅值高的逆变模块工作在逆变状态，输出幅值低的逆变模块工作在整流状态。下面就逆变模块工作于整流和逆变状态的条件进行分析。

1．逆变模块工作于逆变状态分析

对于逆变模块并联时工作于逆变状态，其主电路的工作状态可分别由图 6-23、图 6-24、图 6-25 的各个状态图进行说明。

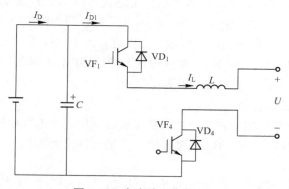

图 6-23　主电路工作状态 1

图 6-23、图 6-24、图 6-25 中的工作状态图是对正半周母线电压（这里指逆变模块并联

后输出的交流电压，以下同）进行描述的，对于负半周交流电压，也可作相同分析。

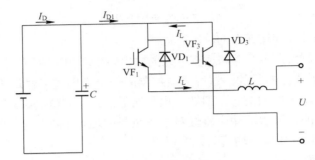

图 6-24　主电路工作状态 2

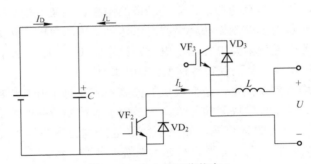

图 6-25　主电路工作状态 3

图 6-23 表示 VF₁、VF₄ 导通，直流侧能量馈入母线电压，电流 I_L 以图中箭头所示的方向增加。

图 6-24 表示 VF₁、VF₃ 导通，直流侧能量对电容 C 进行充电，电感 L 储存能量通过 VF₁ 及 VD₃ 组成回路与母线电压进行能量交换。如电流 I_L 的绝对值减小，表示主电路工作于逆变状态，电感 I_L 储能减小；反之，则表示主电路工作于可控整流状态，电感 I_L 储能增加。

图 6-25 表示 VF₂、VF₃ 导通，电感 L 的储能通过 VD₂、VD₃ 或 VF₂、VF₃ 与直流侧电源串联组成的回路与母线电压进行能量交换，此时电流 I_L 以图中箭头所示的方向减小。

图 6-25 的状态发生在母线交流电压过零点附近。图 6-23、图 6-24、图 6-25 的状态表示逆变桥输出电压分别为正、零和负，这三种状态经过 SPWM 调制后，通过电感 L 滤除载波高频分量后，使馈入母线上的电流波形为正弦波。

2．主功率管驱动波形分析

由前面分析可知，逆变主电路是一个能量可进行双向流动的变换器。当能量由直流侧馈入交流侧时，变换器是降压型的 Buck 变换器，当能量由交流侧馈入直流侧时，变换器为升压型的 Boost 变换器。

在不考虑线路中各种器件损耗的情况下，功率器件的占空比 D 与直流电压 U_s、交流母线电压瞬时值 u 间存在如下关系：

$$U_s D = \sqrt{U^2 + (\omega L I_L)^2}\, \sin(\omega t + \varphi) \tag{6-4}$$

$$\varphi = \arctan \frac{\omega L I_{\text{L}}}{U}$$

式中，ω 为母线电压的角频率，由式（6-4）可求得

$$D = \frac{\sqrt{U^2 + (\omega L I_{\text{L}})^2}\, \sin(\omega t + \varphi)}{U_{\text{s}}} \tag{6-5}$$

当电流 I_{L} 的平均值等于 0 时，可求得

$$U = U_{\text{s}} D$$

$$D = \frac{U \sin \omega t}{U_{\text{s}}} \tag{6-6}$$

式（6-6）可以写为

$$D = M \sin \omega t$$

式中，M 为脉宽调制比。

　　式（6-5）与式（6-6）表明：当直流电压不变时，占空比应跟随母线电压呈正弦变化，且随着逆变电流的增大而增加。当占空比低于由式（6-6）所决定的占空比时，电路工作于可控整流状态。母线电压通过变换器的升压功能提高直流侧的电压，过小的占空比将产生很高的直流电压，导致主电路功率器件的损坏。因此，一定要对过小的占空比加以限制。

3. 环流分量的抑制

　　由上述分析可知，当直流电压不变时，要使逆变模块输出一固定的交流电压，输出脉宽调制比应该大于或者等于一个固定脉宽调制比 M。在逆变模块并联时，如果某一个逆变模块输出脉宽调制比低于一个固定脉宽调制比 M，其输出就处于整流状态，吸收其他逆变模块的功率分量，从而产生环流分量。

6.2.5　逆变器并联的同步控制

　　逆变系统中，为抑制模块间环流的影响，模块实现功率均分，必须保证电压、相位和频率的一致性。保证各逆变模块的输出电压的相位及频率的一致性，实现同步控制，这是控制系统实现并联控制关键的前提条件。并联逆变系统输出电压的同步原理如图 6-26 所示。在并联控制器中设置一个公共同步基准信号 u^*，各并联逆变器均能接受该同步信号，并使输出电压跟踪该信号，从而达到各逆变器输出电压同步的目的。输出电压 u_{o} 跟踪同步信号 u^* 锁相环电路完成。由于晶振的振荡频率精度很高，并具有良好的稳定性，因此可认为不同逆变器的输出电压频率近似相等，同步的主要任务是使 u_{o} 与 u^* 的相位一致。

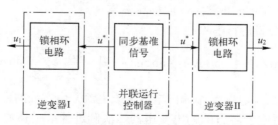

图 6-26　并联逆变系统输出电压的同步原理

在集中控制方式中，并联模块同时接受中央控制器的同步信号，控制方式简单，但是可靠性较差。主从控制方式较集中控制方式的并联系统的可靠性有所提高，但也存在着一些固有的缺陷，那就是由于同步基准信号为一种集中的、公共的同步信号，一旦发送公共同步信号的主模块发生故障，并联模块之间就会失去同步，甚至使整个系统瘫痪，同时由于各模块的控制逻辑判断电路的复杂性和可靠性也会影响整个系统的性能。

传统的同步锁相环用硬件电路来实现，随着微处理器速度的不断提高，用软件实现锁相环是一种发展趋势。与传统的模拟锁相环相比，软件锁相环具有更高的精度和稳定性，而且控制方法简单、直观。

逆变器并联前，模块间首先需要初步的锁相。并联系统的频率和相位调节用同步锁相控制实现。对于并联的逆变来讲，锁相的要求更高，因为锁相的精度直接影响了并联效果和环流的大小，而且这种影响相对于输出电压差别的影响要大得多。

在这些锁相调节的过程中，当周期差太大时，相位差的变化会比较大，可能从上一周期的超前变化到下一周期的滞后，此时进行调节相位是没有意义的。所以在实际运用中，首先将频率调节到一定的频率差以内，然后再进行相位调整，即"先靠频再靠相"。

在逆变器中，相位的调节是通过频率的调节来完成的。由于相位是频率的积分，所以当本机相位超前同步信号时，相位需要后移，此时需要降低频率；当本机相位滞后同步信号时，相位需要前移，此时需要增加频率。但是如果只降低或增加频率，又会出现频率差，所以往往是先增加频率，然后降低频率或先降低频率再增加频率。

6.3　逆变器的多重叠加技术

前面章节中讨论了为使逆变器得到正弦波输出而采用了 SPWM 技术，在特大容量的逆变器中，由于特大功率开关器件的开关频率受到限制，采用 SPWM 调制由于开关频率很低（一般在 3kHz 以下），输出滤波器体积庞大，另外由于低频段正好在音频频段上，噪声非常大，从而限制了 SPWM 调制技术在大功率逆变器中的应用，所以大功率逆变器多采用移相多重叠加法来实现。

6.3.1　移相多重叠加法

由信号分析理论可知，一个方波信号如图 6-27 所示，其数学表达式可表示为式（6-7），从式中可看出包含基波分量和奇次谐波分量。而谐波分量特别是低次谐波对于电网的危害非常大，而移相多重叠加法可以对某些谐波分量进行消除。

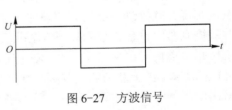

图 6-27　方波信号

$$u = \frac{4E}{\pi}\left(\sin\omega t + \frac{1}{3}\sin 3\omega t + \frac{1}{5}\sin 5\omega t + \cdots\right) = \frac{4E}{\pi n}\sum_{n=1,3,5,\cdots}^{\infty}\sin n\omega t \qquad (6-7)$$

所谓移相多重叠加法就是将 N 个输出电压（或电流）为方波的逆变器依次移开一个相同的相位角 π/N，然后通过它们各自的输出变压器二次侧进行串联叠加，并得到阶梯波输出来改善波形。移相的目的是使方波中的某些谐波的相位相反。串联叠加的目的是使这些相位相反的谐波相互抵消，以得到谐波余量较少的阶梯波，经过小型低通滤波后得到正弦波输出。

移相多重叠加的原理也可以这样理解，即 N 个依次移开相位角 π/N 的方波逆变器，用它们的输出变压器二次侧串联叠加成多梯级阶梯波，用阶梯波逼近正弦波（使阶梯波的阶高按正弦规律变化）的方法来消除某些谐波，从而使波形得到改善。通常要消除的是最低次谐波，即 3、5、7 次谐波。因为低次谐波的含量最多，危害也最大。多重叠加法所用的方波必须是频率相同、波形也相同的方波，也就是说，只有频率和波形都相同（幅值可以不同）的叠加才能称为"多重叠加"，否则就不能称为"多重叠加"。

多重叠加的功能主要有 3 个：一是消除输出电压中的基波谐波，改善输出电压波形；二是提高逆变器的输出电压和输出功率；三是变换逆变器的相数或变换输出电压的波形。

6.3.2 多重叠加法的基本原理

若将 N 个单相方波逆变器的输出变压器二次侧，按照图 6-28 所示的方式串联起来，就组成了单相串联多重叠加式逆变器，如果 N 个单相方波逆变器用的都是桥式逆变电路，则此单相串联多重叠加式逆变器既能改善输出电压波形，又能调节输出电压。

图 6-29 给出了进行脉宽调制时的桥式逆变器的电路及其输出电压波形。桥左侧的 VF_1、VF_2 是一个简单的方波逆变器；桥右侧的 VF_3、VF_4 是另一个简单

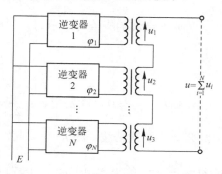

图 6-28 单相串联多重叠加式逆变器

的方波逆变器，这两个简单的方波逆变器的输出电压为 $u_{ao'}$ 和 $u_{bo'}$，是脉宽不可调的方波，而两桥臂中点 a 和 b 之间的电压 u_{ab}，则是 $u_{ao'}$ 和 $u_{bo'}$ 方波电压的叠加，即 $u_{ab}=u_{ao'}-u_{bo'}$，它们之间的波形关系如图 6-28b 所示。假定 $u_{ao'}$ 和 $u_{bo'}$ 之间的相位之差为 $180° + \varphi$，则调节 φ 角即可调节输出电压的波形，也达到了调节输出电压的目的。

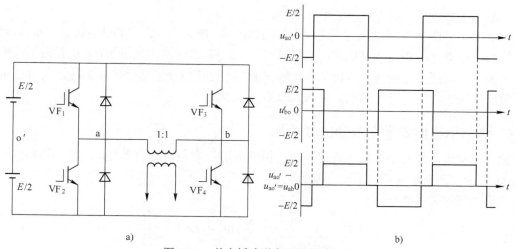

图 6-29 单台桥式逆变器及其波形图

a) 电路图 b) 输出电压波形

$u_{ao'}$ 和 $u_{bo'}$ 用傅里叶级数表示为

$$u_{ao'} = \sum_{n=1,3,5,\cdots}^{\infty} U_{m(n)} \sin n\omega t$$

$$u_{bo'} = \sum_{n=1,3,5,\cdots}^{\infty} U_{m(n)} \sin n(\omega t + 180° + \varphi)$$

式中，$U_{m(n)} = \dfrac{4}{\pi} \int_0^{\pi/2} \dfrac{E}{2} \sin n\omega t \mathrm{d}(\omega t) = \dfrac{2E}{n\pi}$

则 $u_{ab} = u_{ao'} - u_{bo'}$ 的傅里叶表达式为

$$u_{ab} = u_{ao'} - u_{bo'} = \sum_{n=1,3,5,\cdots}^{\infty} \dfrac{4E}{n\pi} \cos \dfrac{n\varphi}{2} \sin n\left(\omega t + \dfrac{\varphi}{2}\right)$$

其 n 次谐波的幅值可表示为

$$U_{abm(n)} = \dfrac{4E}{n\pi} \cos \dfrac{n\varphi}{2}$$

要使 $U_{abm(n)} = 0$，就要使 $\cos \dfrac{n\varphi}{2} = 0$，也就是使 $\dfrac{n\varphi}{2} = 90°$，或 $\varphi = \dfrac{180°}{n}$，$n$ 为谐波次数。因此要消除 3 次谐波，即 $n=3$，则必须使 $\varphi = \dfrac{180°}{3} = 60°$；要消除 5 次谐波，即 $n=5$，则必须使 $\varphi = \dfrac{180°}{5} = 36°$；要消除 7 次谐波，即 $n=7$，则必须使 $\varphi = \dfrac{180°}{7} = 25.7°$。此外由于 $\cos \dfrac{n\varphi}{2} = 0$，所以 $\dfrac{n\varphi}{2} = 2k\pi \pm 90°$，$k = 0,1,2,\cdots$，因此可得 $n = \dfrac{4k\pi \pm 180°}{\varphi}$。当要消除 3 次谐波（$\varphi = 60°$）时，有

$$n = \dfrac{4k\pi \pm 180°}{60} = 12k \pm 3 \qquad \begin{cases} k=0, n=3 \\ k=1, n=9,15 \end{cases}$$

即当消除 3 次谐波时，也就消除了 3 的奇次谐波。

当 φ 在 0~180° 之间变化时，基波电压的幅值从 $4E/\pi$ 按余弦规律减小到 0。如图 6-30 表示的当 φ 在 0~180° 之间变化时，基波以及 3、5、7 次谐波的幅值与 $\varphi =0°$ 时的基波幅值百分比的变化曲线，由此曲线可知单脉冲脉宽调制不仅可以消除某些低次谐波，同时还可以实现输出电压的调节，当 $\varphi =0$ 时，基波幅值 U_{abm} 最大。

6.3.3 两个单相桥式逆变器的串联叠加

把有脉宽调制的两个单相桥式逆变器的相位角错开 φ 角后的两重叠加，其电路和波形如图 6-31 所示，两个逆变桥输出变压器的电压比为 1:1。

它们之间的关系如下：

$$u_1 = \dfrac{4E}{\pi} \sum_{n=1,3,5,\cdots}^{\infty} \left\{ \dfrac{1}{n} \sin \dfrac{n\varphi}{2} \sin\left[n\left(\omega t + \dfrac{\varphi}{2}\right)\right]\right\}$$

$$u_2 = \dfrac{4E}{\pi} \sum_{n=1,3,5,\cdots}^{\infty} \left\{ \dfrac{1}{n} \sin \dfrac{n\varphi}{2} \sin\left[n\left(\omega t - \dfrac{\varphi}{2}\right)\right]\right\}$$

$$u = u_1 + u_2$$

$$= \frac{4E}{\pi} \sum_{n=1,3,5,\cdots}^{\infty} \left[\frac{2}{n} \sin \frac{n\varphi}{2} \cos \frac{n\varphi}{2} \sin(n\omega t) \right]$$

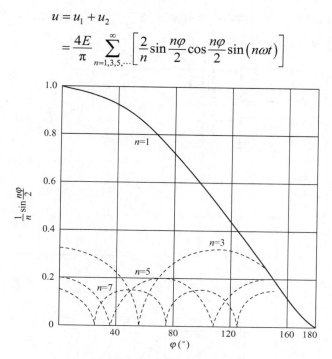

图 6-30　逆变器输出电压的谐波特性

其中，基波与各次谐波幅值的方程式为

$$U_{m(n)} = \frac{8E}{n\pi} \sin \frac{n\varphi}{2} \cos \frac{n\varphi}{2}$$

如果想要消除 n 次谐波，则只要使上式中的 $\cos \frac{n\varphi}{2} = 0$ 就可以了，此时，$\frac{n\varphi}{2} = \frac{\pi}{2}$，即 $\varphi = \frac{\pi}{n}$。要消除 3 次谐波时，则 $\varphi = \frac{\pi}{3}$；要消除 5 次谐波时，则 $\varphi = \frac{\pi}{5}$。此外，由于使 $\cos \frac{n\varphi}{2} = 0$，即得 $\frac{n\varphi}{2} = 2k\pi \pm \frac{\pi}{2}$，$k = 0,1,2,3,\cdots$，所以得 $n = \frac{4k\pi \pm \pi}{\varphi}$。

在消除 3 次谐波时，$\varphi = \frac{\pi}{3}$，$n = \frac{4k\pi \pm \pi}{\pi/3} = 12k \pm 3$。

当 k=0 时，n=3；

当 k=1 时，n=9,15；

当 k=2 时，n=21,27；

　……

在消除 5 次谐波时，$\varphi = \frac{\pi}{5}$，$n = \frac{4k\pi \pm \pi}{\pi/5} = 20k \pm 5$。

当 k=0 时，n=5；

当 k=1 时，n=15,25；

当 k=2 时，n=35,45；

　……

这就说明：当消除掉 3 次谐波时，也就消除掉了 3 的奇次倍谐波；当消除掉 5 次谐波时，也就消除掉了 5 的奇次倍谐波。

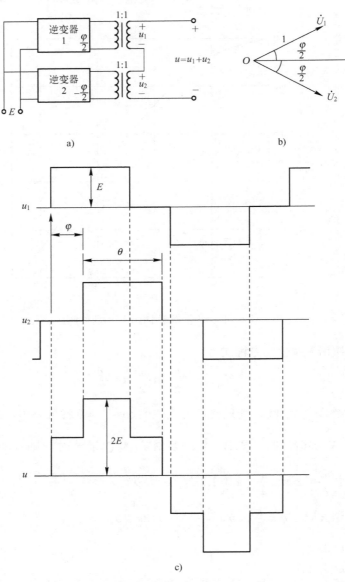

图 6-31 两个单相桥式逆变器的串联叠加

a) 电路图 b) 叠加波形图

6.3.4 三个单相桥式逆变器的串联叠加

图 6-32 是采用三个由脉宽调制的单相桥式逆变器叠加合成的单相多重叠加逆变器电路及波形图。

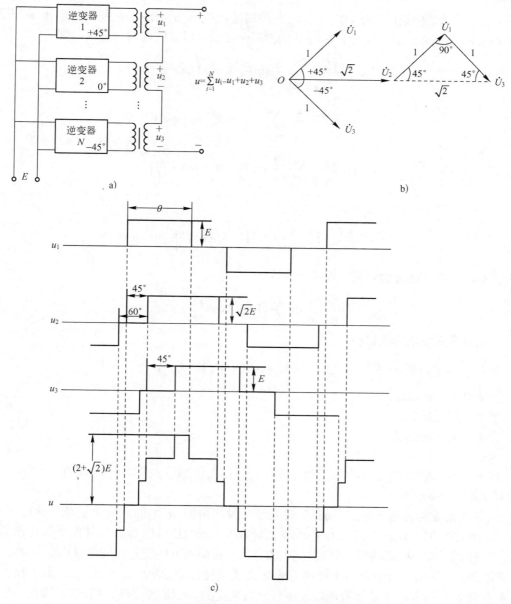

图 6-32　三个单相桥式逆变器的串联叠加电路及波形图

a) 电路　b) 向量图　c) 叠加波形图

三个单相桥式逆变器的初始相位角依次移开 45°，逆变桥 1 和 3 的输出电压幅值相等（或者说逆变桥 1 和 3 的输出变压器电压比都等于 1:1），而逆变桥 2 的输出电压幅值是逆变桥 1 和 3 的 $\sqrt{2}$ 倍（或说逆变桥 2 输出变压器电压比等于 1:$\sqrt{2}$ ），即

$$U_{m1} = U_{m3} = \frac{U_{m2}}{\sqrt{2}}$$

在输出变压器的二次侧进行串联叠加，合成电压为 u，图 6-32a 中各逆变桥的脉冲宽

度 $\theta = 120°$，脉冲截止角为 $60°$。各逆变桥的输出电压 u_1、u_2、u_3 及合成电压 u 的波形如图 6-32b、c 所示。在波形中，u_2 与 u 的波形同相位，以 u 的向量为基准，则

$$u_1 = \frac{4E}{\pi} \sum_{n=1,3,5,\cdots}^{\infty} \frac{1}{n} \sin\frac{n\theta}{2} \sin\left[n\left(\omega t + \frac{\pi}{4}\right) \right]$$

$$u_2 = \frac{4\sqrt{2}E}{\pi} \sum_{n=1,3,5,\cdots}^{\infty} \frac{1}{n} \sin\frac{n\theta}{2} \sin\left(n\omega t \right)$$

$$u_3 = \frac{4E}{\pi} \sum_{n=1,3,5,\cdots}^{\infty} \frac{1}{n} \sin\frac{n\theta}{2} \sin\left[n\left(\omega t - \frac{\pi}{4}\right) \right]$$

$$u = u_1 + u_2 + u_3$$
$$= \frac{4\sqrt{2}E}{\pi} \sum_{n=1,3,5,\cdots}^{\infty} \frac{1}{n} \sin\frac{n\theta}{2} \left(1 + \sqrt{2}\cos\frac{n\pi}{4} \right) \sin\left(n\omega t \right)$$

式中，基波与各次谐波的幅值方程式为

$$U_{m(n)} = \frac{4\sqrt{2}E}{\pi} \frac{1}{n} \sin\frac{n\theta}{2} \left(1 + \sqrt{2}\cos\frac{n\pi}{4} \right) \tag{6-8}$$

下面计算所要消除的谐波：

令 $U_{m(n)} = 0$，则 $\cos\frac{n\pi}{4} = -\frac{\sqrt{2}}{2}$，解得 $n = 8k + 4 \pm 1$

当 $k=0$ 时，$n=3,5$；
当 $k=1$ 时，$n=11,13$；
当 $k=2$ 时，$n=19,21$；
……

可见，在输出电压 u 中，消除掉 3,5,11,13,19,21,… 次谐波，即在 u 中不包含 $n = 8k + 4 \pm 1$ 次谐波。

由各次谐波的幅值方程式（6-8）可知道，输出电压 u 中的谐波含量是与脉宽 θ 有关的；当 $\theta=150°$ 时，输出电压 u 中的谐波含量最少。同时还可以看出，调节 θ 即可调节输出电压基波的幅值，从而达到调节输出电压的目的，但随着 θ 的变化谐波含量也要变化。

这里必须指出，对于单相串联多重叠加式逆变器，当 $N=2$ 或 3 时，N 个单相逆变器（桥）依此移开的相位角是由被消除的谐波次数决定的，不是预先给定的 π/N。因此，这种多重叠加法具有特殊性，它只适合于 $N=2$ 或 3 的单相串联多重叠加，没有普遍意义，也不能在三相逆变器中应用，但它却说明了改善波形的作用，而且，对于 $N=2$ 或 3 个单相逆变桥，实现单相串联多重叠加时，还是比较优越的方案。

6.4　逆变器的多电平变换技术

前面讨论的逆变器，一个开关周期内逆变桥臂的相电压输出电平为两电平，即 $U_d/2$ 和 $-U_d/2$，称之为两电平逆变器。但在直流母线电压较高的场合，受到单只功率器件耐压的限制。若直接采用功率器件串联方式，由于器件开关过程中很难实现动态均压，因此采用多电

平变换技术和多电平功率变换技术，旨在解决功率开关耐压不足与高压大功率驱动之间的矛盾，并且可以有效减小 du/dt，降低输出电压的谐波含量，已成为高压大功率驱动场合的发展趋势。

多电平逆变器作为一种新型的高压大功率逆变器从电路拓扑入手，在得到高质量的输出波形的同时，克服两电平电路的诸多缺点：无须输出变压器和动态均压电路，开关频率低，因而开关器件应力小、系统效率高、对电网污染少等。目前应用成熟的有主要有二极管钳位型、电容钳位型和独立直流源级联型 3 种拓扑，电平也从三电平、五电平发展到了更多电平，这 3 种结构具有共同的优点：① 电平数越高，输出电压谐波含量越低；② 器件开关频率低，开关损耗小；③ 器件应力小，无须动态均压。下面以二极管钳位型来讨论。

6.4.1 二极管钳位型三电平变换

在图 6-33 中，通过两个串联的大电容 C_1 和 C_2 将直流母线电压分成 3 个电平，即 $E/2$，0 和 $-E/2$（以两个电容的中点定义为中性点）。稍加分析就可以发现，不论在表 6-1 的哪一种工作情况，二极管 VD_1、VD_2 都将每个开关器件的电压钳位到直流母线电压的一半。例如，当 VF_1、VF_2 同为导通时，二极管 VD_2 平衡了开关器件 VF_1、VF_2 上的电压分配。

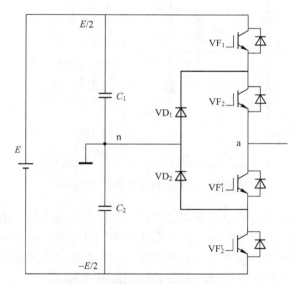

图 6-33　二极管钳位型三电平逆变器

表 6-1　钳位型三电平变换电路拓扑的常用工作情况

工况序号	开 关 状 态				输出电平
	VF_1	VF_2	VF_1'	VF_2'	U_{an}
1	1	1	0	0	$E/2$
2	0	1	1	0	0
3	0	0	1	1	$-E/2$

若要得到更多电平数，如 N 电平，只需将直流分压电容改为$(N-1)$个串联，每桥臂主开关器件改为 $2(N-1)$个串联，每桥臂的钳位二极管数量改为$(N-1)(N-2)$个，每$(N-1)$个串联后分别跨接在正、负半桥臂对应开关器件之间进行钳位，再根据与三电平类似的控制方法进行控制即可。图 6-34 所示为五电平逆变器。

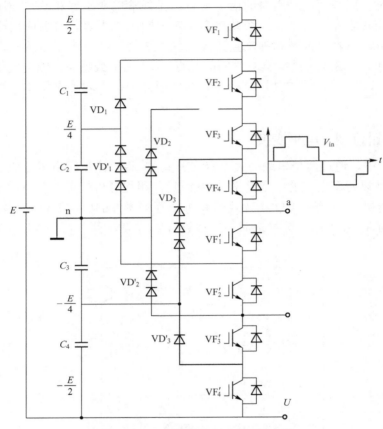

图 6-34 二极管钳位型五电平逆变器

二极管钳位结构的显著优点就是利用二极管钳位解决了功率器件串联的均压问题，适于高电压场合。由于没有两电平逆变器中两个串联器件同时导通和同时关断的问题，所以该拓扑对器件的动态性能要求低，器件受到的电压应力小，系统可靠性有所提高。在输出性能上也拥有多电平逆变器固有的优点，如电压畸变小、$\mathrm{d}u/\mathrm{d}t$ 小等。

二极管钳位型多电平逆变器拓扑也有其固有不足：虽然开关器件被钳位在 $E/(N-1)$电压上，但二极管却要承受不同倍数的反向耐压；如果使二极管的反向耐压与开关器件相同，则需要多管串联，当串联数目很大时，增加了实现的难度。当逆变器传输有功功率时，由于各个电容的充电时间不同，将形成不平衡的电容电压。

6.4.2 飞跨电容型多电平逆变器

1992 年，T.A.Maynard 和 H.Foch 提出了飞跨电容钳位型逆变电路，其特点是用钳位电容代替钳位二极管。直流侧电容不变，其工作原理与二极管钳位型逆变器相似。若要输出更多的电平，需按照层叠接法进行扩展，因此也称为多单元层叠型逆变（Imbricated Cell Multi-level Inverter）。同样对于三相 N 电平逆变器可输出 N 电平相电压，$(2N-1)$ 电平的线电压。

飞跨电容型三电平逆变器，如图 6-35 所示。当 VF_1、VF_2 同时导通时，$U_{an}=E/2$，而 VF'_1、VF'_2 同时导通时，输出 $U_{an}=-E/2$。但 U_{an} 为 0 电平时，导通的开关既可以是 VF_1、VF'_1，也可以是 VF'_2、VF_2。这个电路的要点是维持钳位电容 C_1 的端电压等于 $E/2$，该电容器在 VF_1、VF'_1 闭合时充电，在 VF_2、VF'_2 闭合时放电。适当地选取 0 电平的开关组合，C_1 上的充电和放电的电荷可以达到平衡。表 6-2 给出了三电平电容钳位型电路拓扑的常用工作情况。

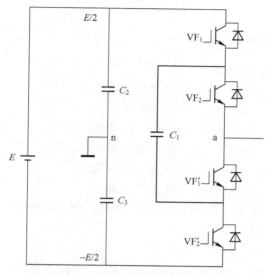

图 6-35　飞跨电容型三电平逆变器

表 6-2　三电平电容钳位型电路拓扑的常用工作情况

工况序号	开关状态				输出电平
	VF_1	VF_2	VF'_1	VF'_2	U_{an}
1	1	1	0	0	$E/2$
2	0	1	0	1	0
3	1	0	1	0	0
4	0	0	1	1	$-E/2$

由于该结构需要大量的钳位电容，对于 N 电平的逆变器，其所需的悬浮电容需要$(N-1)$ $(N-2)/2$ 个。而且在运行过程中必须严格控制悬浮电容电压的平衡以保证逆变器的运行安全，而电容元件本身存在可靠性较差、寿命较短的问题，所以导致逆变器可靠性差。对于电容电压平衡的问题，可以在输出相同电平时采用不同的开关组合对电容进行充、放电来解决，但因电容太多，如何选择开关组合将非常复杂，并要求较高的切换频率。

飞跨电容型逆变器相对于二极管钳位型逆变器，具有以下优点：

1）在电压合成方面，开关状态的选择具有更大的灵活性。

127

2）由于电容的引进，可通过在同一电平上不同开关的组合，使直流侧电容电压保持均衡。

3）可以控制有功功率和无功功率的流量，因此可用于高压直流输电。

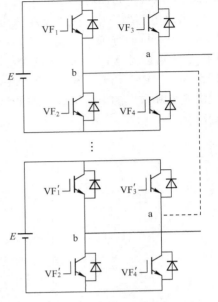

该结构的缺点如下：逆变器每个桥臂需要的电容数量随着输出电平数的增加而增加，再加上直流侧的大量电容，使得系统成本高且封装困难；其次，控制方法非常复杂，实现起来很困难，并且还存在电容的电压不平衡问题。

6.4.3　级联型多电平逆变器

1. 级联型多电平逆变器拓扑

1975 年 P.Hammond 提出了多个 H 桥采用隔离的直流电源作输入，输出端串联的结构。田纳西大学的 F.Z.Peng 等人于 1996 年系统地提出了级联型 H 桥型变流器的拓扑，并用于无功补偿。级联型 H 桥逆变器由若干功率单元级联而成，每个单元有其独立的直流电源。其主电路拓扑如图 6-36 所示，该电路为单相 N

图 6-36　级联型逆变器拓扑

单元级联型逆变器，其输出波形所含电平数为 $2N+1$，所含电平数越多，则谐波含量越低，开关所承受的电压应力越低。

H 桥级联型逆变器有如下特点：

1）每相由多个 H 桥单元级联而成，逆变器输出相电压电平数 L 与单元级联数目 N 之间存在 $L=2N+1$ 的关系。由于各功率单元结构相同，易于模块化设计和封装；当某单元出现故障，可将其旁路，其余单元可继续运行，系统可靠性大大得到了提高。

2）直流侧采用独立电源供电，不需钳位器件，也不存在电压均衡问题。若直流侧由三相不控整流电路供电时，整流侧需要采用多抽头变压器，虽然增大了装置体积，但多重化整流减小了输入侧电流谐波。

3）按特定规律分别对每一单元进行 PWM 控制，各单元输出波形叠加即可得多电平输出，控制方法比钳位型电路对各桥臂的简单，也易于扩展。

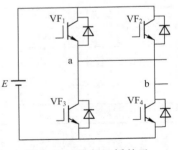

图 6-37 所示为级联型 H 桥逆变器的单元结构，其输入为直流电压源 E，通过 4 个带反并联二极管并联 MOS(VF$_1$～

图 6-37　单个 H 桥单元

VF$_4$)输出 u_{ab} 的交流电压。通过控制 H 桥臂上的 VF$_1$～VF$_4$ 的导通与关断，可使 H 桥单元输出所需要的电压和频率。可以看出，单个 H 桥单元的输出电压 U_{ab} 与 4 个开关 VF$_1$～VF$_4$ 的开关状态有关。

图 6-38a 所示为该单个 H 桥单元输出三电平方式的输出波形示意图，从该图中可以看出，其输出电平包括 E，0，$-E$。

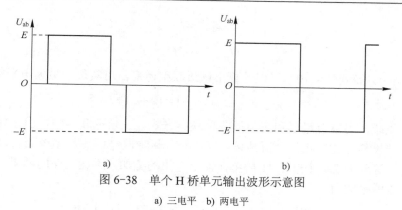

图 6-38　单个 H 桥单元输出波形示意图

a) 三电平　b) 两电平

其中每个功率器件所施加的驱动信号见表 6-3。由于逆变器有 4 个 MOS 晶体管，而每个 MOS 晶体管有两个工作状态，在同桥臂的两个 MOS 晶体管不同时导通的情况下，共有 2×2=4 种输出状态，对应 3 个电平。

表 6-3　单个 H 桥单元输出三电平驱动信号表

U_{ab}	VF_1	VF_2	VF_3	VF_4
E	1	0	0	1
0	1	1	0	0
0	0	0	1	1
$-E$	0	1	1	0

图 6-38b 所示为该单个 H 桥单元输出两电平方式的输出波形图。输出电平包括 E，$-E$。其中每个功率器件上所施加的驱动信号见表 6-4。可见，在逆变电路同一桥臂上的两个 MOS 晶体管不同时导通的情况下，VF_1 和 VF_4、VF_2 和 VF_3 同时通断可输出两电平。

表 6-4　单个 H 桥单元输出三电平驱动信号表

U_{ab}	VF_1	VF_2	VF_3	VF_4
E	1	0	0	1
$-E$	0	1	1	0

2. H 桥级联型逆变器工作机理

对于两个 H 桥级联的逆变器，逆变器输出电压等于各单个 H 桥输出电压的叠加，当单个 H 桥单元工作在三电平方式下，该级联型逆变器（含两个 H 桥单元），输出电压为

$$U_{ab} = U_{ab1} + U_{ab2} \tag{6-9}$$

式中，U_{ab} 为该级联型逆变器两个 H 桥单元输出的总电压；U_{abi}（$i=1,2$）为各单个 H 桥单元的输出电压。

从前述单个 H 桥的工作原理中，可知当单个 H 桥工作在三电平方式的情况下，可以输出 3 个电平：E，0，$-E$。式（6-9）中 U_{abi}（$i=1,2$）可取三种电平中的任意一种，从而得知，输出电压的最大值 U_{abmax} 和最小值 U_{abmin} 分别为

$$U_{\text{abmax}} = 2E \qquad\qquad (6\text{-}10)$$

$$U_{\text{abmin}} = -2E \qquad\qquad (6\text{-}11)$$

结合式（6-9）及式（6-10）可以计算出该级联型逆变器可实现的最大电平数：

$$L = (U_{\text{abmax}} - U_{\text{abmin}})/E + 1 = (2+2) + 1 = 5$$

对于三相系统，可以有星形和三角形两种联结方式。三角形联结中，由于相电压等于线电压，其分析结果与上述单相的分析结果相同；对于星形联结的三相系统而言，线电压为两相电压的差值，等效为 $2N$ 个单个 H 桥单元输出电压的叠加，类比上面的结果可以得到五电平逆变器线电压电平数为

$$L = 2(U_{\text{abmax}} - U_{\text{abmin}})/E + 1 = 2 \times (2+2) + 1 = 9$$

同理，对于 N 单元级联型逆变器而言，输出相电压电平数为 $L=2N+1$。输出线电压数为 $L=4N+1$。当单个 H 桥单元输出两电平，输出电平中没有"0"电平，两个基本 H 桥单元输出电平数为

$$L = (U_{\text{abmax}} - U_{\text{abmin}})/2E + 1 = (2+2)/2 + 1 = 3$$

对于 N 电平逆变器输出相电压电平数为 $L=N+1$。相电压输出电平数为 $L=2N+1$。

为了利用低压开关器件获得多电平高压输出，二极管钳位型和飞跨电容型多电平逆变器共同采用的办法是，将开关器件串联组成半桥式结构，用一个高压直流电源供电，并采用多个直流电容串联分压，采用二极管或电容，将主开关管上的电压钳位在一个直流电容电压上，来达到用低压开关器件实现高压输出的目的。由此出现了直流电容分压的均压问题，这给多电平逆变器带来了麻烦，只能采用控制算法来解决这个问题。

而级联型多电平逆变器，是采用具有独立直流电源的 H 桥作为基本功率单元级联而成的一种串联结构形式，它不存在直流电容分压的问题，因此也不存在直流电容分压的均压问题，相对于钳位型多电平逆变器，控制算法简单。

同二极管钳位型逆变器及飞跨电容型逆变器相比，级联型逆变器不需要大量的钳位二极管或电容，也不存在中间直流电压中性点偏移问题；采用模块化安装，结构紧凑；而采用载波相移的控制策略，其计算量不会随着输出电平数的增多而变得更加复杂。

当然，级联 H 桥型变流器也有不足之处，主要就是在需要提供有功功率的场合必须采用独立直流电源。显然，在不需要提供有功功率的场合，比如静止无功补偿器、电力有源滤波器（APF）等，级联型多电平变流器具有更大的优势。

H 桥级联型多电平逆变器可应用于高压大功率场合，如柔性输变电、静态无功补偿、风力发电的功率变换、集成光伏发电的功率变换、舰船推进、高速列车牵引和抽水蓄能等大功率驱动场合。在大功率驱动场合，发电厂大量使用的风机、泵类为高压电动机，现多采用 H 桥级联型多电平逆变器来变频调速，以达到20%左右的节能效果。

6.4.4　多电平调制策略的研究现状

多电平逆变器的 PWM 控制技术是多电平逆变器研究中一个相当关键的技术，它与多电平逆变器拓扑共存。它对多电平逆变器的电压输出波形质量、系统损耗的减少与效率的提高

有直接的影响。多电平逆变器功能的实现，不仅要有适当的电路拓扑作为基础，还要有相应的 PWM 控制方式作为保障，才能保证系统高性能和高效率的运行。

在过去的 30 年里，大量的多电平逆变器 PWM 控制方法被提出，它们基本上都来自两电平 PWM 技术，归纳起来可以分为以下几大类：① 多电平阶梯波调制；② 多电平开关点预制 PWM 法；③ 多电平载波 PWM 技术；④ 多电平空间矢量 PWM 技术。

1. 阶梯波调制策略

阶梯波调制策略的目的是用阶梯波来逼近正弦波。典型的五电平阶梯波输出波形如图 6-39 所示。显然，输出电压电平台阶的产生，实际上是对作为模拟信号的参考电压的一个量化逼近过程，这种调制方法对功率器件的开关频率没有很高的要求，所以可以用低开关频率的大功率器件，如 GTO 实现。

该方法的缺点是，由于开关频率较低，输出电压谐波含量较大。输出电压的调节依赖于直流母线电压或者移相角。

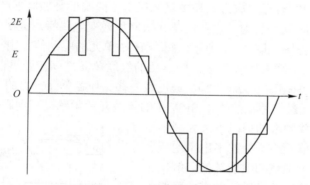

图 6-39　五电平阶梯波输出波形

2. 开关点预制 PWM 调制策略

该方法类似于两电平开关点预制 PWM 方法，但在多电平逆变器的控制中，预制的"凹槽"位于阶梯波上，而不是位于方波上，如图 6-40 所示。用于消除特定次谐波的"凹槽"位置信息，先离线计算后存于存储器中，运行时，实时读出后进行输出控制。因此，这种方法受到计算时间和存储容量的限制。

3. 空间矢量 PWM 调制策略

多电平 SVPWM 方法是根据两电平 SVPWM 的原理推广而得到的。其基本原理与两电平 SVPWM 方法相似，只是开关组合的方式随着电平数的增加而有所增加，其规律是对于一电平逆变器，其电压空间矢量的数目为 1~3 个，当然这些电平中有些在空间上是重合的。

以三电平逆变器为例，其电压空间矢量的数目为 27 个，其中独立的电压空间矢量为 19 个，1 个零矢量，18 个非零矢量。同样地，在空间旋转坐标下，对于任意时刻的矢量由相邻的 3 个非零矢量合成，在一个开关调制周期内对 3 个非零矢量与零矢量的作用时间进行优化安排，得到 PWM 输出波形。由于电平数与电压空间矢量的数目之间是立方关系，所以多电平 SVPWM 方法在电平数较高时受到很大限制，因此目前多电平 SVPWM 方法的研究一般只限于五电平以下。

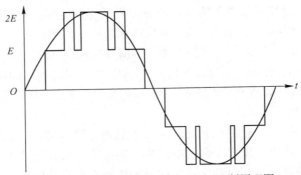

图 6-40　五电平开关点预置 PWM 调制原理图

4．载波相移 SPWM 调制策略

载波相移 SPWM 技术的关键是要求各级联单元三角载波的相位角依次差一个角度，然后利用 SPWM 技术中的波形生成方式和多重化技术中的波形叠加原理产生载波相移 SPWM 波形。载波相移 SPWM 法是针对等电压的单元级联型逆变电路特点提出的。

SPWM 波生成原理图如图 6-41 所示。每个 H 桥单元的驱动信号由一个正弦调制波和相位互差 180°。两个三角载波比较生成，同一相的级联单元之间正弦调制波相同，而三角载波互差 180°/N（N 为每相单元级联数）。通过载波移相使各单元输出的 SPWM 脉冲在相位上错开，从而使各单元最终叠加的输出 SPWM 的等效开关频率提高到原来的 2N 倍，在不提高各功率开关器件开关频率的情况下大大减小了输出谐波，同时采用单元级联型的多电平逆变器以低压方式实现了高压领域的电能转换，解决了功率器件容量与电能等级的矛盾，并有效降低电压变化率，显著改善了输出波形质量，在高压大功率交流电动机变频调速领域获得了广泛应用。由于各单元的调制方法相同，只是载波或参考波相位不同，因而控制算法容易实现，也便于向更多电平数扩展。

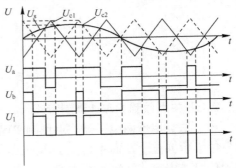

图 6-41　单相 H 桥逆变器 SPWM 波产生原理图

6.5　习题

1．软开关与硬开关有什么区别？

2．描述软开关的分类。

3．分析零电压准谐振开关电路的工作过程。

4．分析零电流准谐振开关电路的工作过程。

5．描述零电压转换 PWM 电路的工作过程。

6．什么是逆变器的并联运行，有几种控制方式？

7．什么是逆变器的多重叠加技术，有几种多重叠加技术？

8．描述多重叠加法的基本原理。

9．什么是逆变器的多电平变换技术？

第7章 光伏逆变器的最大功率点跟踪技术

光伏发电系统的主要缺点之一是光伏电池的光电转换效率太低，一般多晶硅电池的转换效率为 12%～14%，单晶硅光伏电池的转换效率为 14%～18%，如果再考虑逆变器的效率，则光伏发电系统的综合效率只有 10%多一点。为了最大限度地利用太阳能，一是提高光伏阵列的转换效率；二是在逆变器的结构或控制上采取有效的方法，实时地调整光伏阵列的工作点，使之始终工作在最大功率点附近，而这一调节的过程即为最大功率点跟踪（Maximum Power Point Tracking，MPPT）。

光伏电池有着复杂的非线性输出特性，光伏阵列的输出电压和电流在很大程度上受日照强度和温度的影响，当光照强度、温度等自然条件改变时，光伏阵列的输出特性和输出功率也会发生改变，系统工作点因此而变化，若不及时调整系统工作点，必然会导致系统效率降低，即使在同一光照强度和温度下，由于负载不同，阵列输出功率也是不同的，如果将其直接与负载相连，就不能保证阵列工作在最大功率点，从而造成功率损失。因此，对于光伏发电系统来说，应当寻找光伏电池的最优工作状态，以最大限度地将光能转化为电能。本章将对目前常用的最大功率点跟踪方法进行介绍。

7.1 光伏模块的最大功率跟踪原理

通常将大量光伏电池单元通过串联或/和并联的方式，采用一定的工艺封装为一个整体，构成能提供一定容量直流电能的发电单元，称为光伏模组、光伏组件或光伏电池板。由多片光伏模组互相连接，组成光伏阵列，光伏阵列用于大规模的光伏发电系统。最大功率点跟踪通常是针对光伏组件或光伏阵列进行。

由第 2 章给出的光伏电池的模型可知，光伏电池与普通二极管一样，具有非线性的输出特性。它的输出电压和电流受日照强度和电池温度的影响，当光照强度、温度等环境条件改变时，光伏电池阵列的输出特性和输出功率也会发生改变，最大功率点的位置也随之改变。即使在同一光照强度和温度下，由于负载的不同而阵列输出的功率也不同，当光伏电池的输出阻抗和负载阻抗相等时，光伏电池的输出功率最大。

7.1.1 影响光伏模块 MPP 的因素

由第 2 章的分析可知，光伏电池的输出特性与温度 T、光照强度 G 等外部环境因素以及光生电流 I_{ph}、反向饱和电流 I_o、串联内阻 R_s、并联电阻 R_{sh} 等阵列内部参数有关，呈现典型的非线性特征。在实际应用中，对于给定的光伏电池其内部特性一定时，光伏阵列的输出功率随着使用环境如光照强度、负载和温度等的变化而变化。通常，生产厂商给出光伏电池的特性参数是在标准条件下进行的，即电池温度为 25℃，太阳光照度为 1000W/m²，大气质量为 AM1.5。

1. 太阳光照强度 *G*

在标准温度 25℃时，某一型号的光伏模块在不同光照强度下的 *P-U* 曲线如图 7-1 所示。

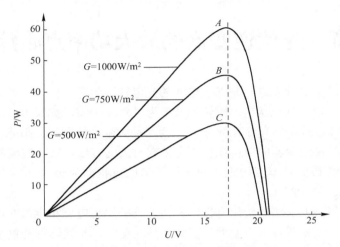

图 7-1　不同光照强度 *G* 下光伏模块的 *P-U* 特性曲线

从图 7-1 可以看出，光伏模块的输出功率随着光照强度的增加有明显的增大，最大功率点也明显发生变化，并且位于不同的功率曲线上，但开路电压只随光照强度有微小的变化。随着光照强度的逐渐下降，模块的最大功率点由 *A* 点转移到 *C* 点，其最大输出功率由 *A* 点的 60W 左右变为 *C* 点的 30W 左右，最大功率点对应的工作电压由 *A* 点的 17V 左右变为 *C* 点的 16V 左右。

2. 温度 *T*

光伏模块在标准光照强度 1000W/m²，某一型号的光伏模块在不同温度下的 *P-U* 曲线如图 7-2 所示。

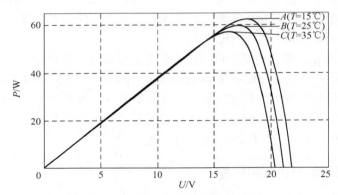

图 7-2　不同温度 *T* 下光伏模块的 *P-U* 特性曲线

从图 7-2 可以看出，随着光伏模块本身温度的上升，输出功率有所减少，最大功率点也发生变化。开路电压随电池温度的上升而下降，且变化范围较大。

综上所述，在光伏模块内部参数以及外部环境一定的条件下，光伏模块输出功率与输出电压的关系可以静态地表示为一条非线性曲线。光伏模块可以工作在不同的输出电压，并对应输出不同的功率，但对应于整个输出电压区间，模块只有工作在某一输出电压时，其输出功率才能达到最大值，如图 7-2 中的 A、B、C 点。由于光伏模块的 *P-U* 输出特性曲线随着外部环境的变化而变化，在不同的光照强度或温度下，光伏模块最大功率点的位置将发生偏移，使最大输出功率以及工作点电压都发生改变。

7.1.2　MPPT 的基本原理

根据电路理论，当光伏电池的输出阻抗和负载阻抗相等时，光伏电池能输出最大的功率。由此可见，光伏电池的 MPPT 过程实际上就是使光伏电池输出阻抗和负载阻抗相匹配的过程。在实际应用中，光伏电池的输出阻抗受环境因素的影响，需要通过控制方法实现对负载阻抗的实时调节，并使其跟踪光伏电池的输出阻抗，以实现光伏电池的 MPPT 控制。在均匀光照下，光伏电池输出的功率是单峰值曲线，由曲线极值点的性质可知

$$\frac{\mathrm{d}P_{\max}}{\mathrm{d}U_{\max}} = 0 \tag{7-1}$$

式中，$P_{\max}$、$U_{\max}$ 分别为最大功率点处的输出功率和输出电压。

图 7-3 所示为一个简单的光伏应用系统，负载由一个电阻 R 和一个占空比为 D 的 PWM 信号控制的开关 S 组成。当占空比 D=1 时，负载阻值 $R_{\mathrm{L}} = R$；当占空比 D = 0 时，负载阻值 $R_{\mathrm{L}} = \infty$。开关管输入-输出关系为

$$U_{\mathrm{out}} = U_{\mathrm{in}} D$$

$$\frac{\mathrm{d}U_{\mathrm{in}}}{\mathrm{d}D} = -\frac{U_{\mathrm{out}}}{D^2} \tag{7-2}$$

$$\frac{\mathrm{d}P}{\mathrm{d}D} = \frac{\mathrm{d}P}{\mathrm{d}U_{\mathrm{in}}} \frac{\mathrm{d}U_{\mathrm{in}}}{\mathrm{d}D} \tag{7-3}$$

将式（7-2）代入式（7-3）可得

$$\frac{\mathrm{d}P}{\mathrm{d}D} = -\frac{\mathrm{d}P}{\mathrm{d}U_{\mathrm{in}}} \frac{\mathrm{d}U_{\mathrm{out}}}{D^2}$$

在最大功率点时，由光伏电池的特性可知

$$\frac{\mathrm{d}P_{\max}}{\mathrm{d}U_{\mathrm{in}}} = 0$$

由此可得

$$\frac{\mathrm{d}P_{\max}}{\mathrm{d}D} = 0$$

由此可以通过占空比变化来实现输出功率的变化，即如果找出了最大功率点处的占空比就找到了最大功率点。

具体工作过程如下：假定电池的温度不变，光伏电池的特性曲线如图 7-4 所示。

图中曲线Ⅰ、Ⅱ分别对应不同日照情况下光伏器件的 *I-U* 特性曲线，A、B 分别为曲线Ⅰ、Ⅱ的光伏电池最大输出功率点，负载 1、负载 2 为两条负载曲线。当光伏电池工作在 A

点时，日照突然加强，由于负载没有改变，光伏电池的工作点将转移到 A' 点。从图 7-4 可以看出，为了使光伏电池在特性曲线 I 仍能输出最大功率，就要使光伏电池工作在特性曲线 I 上的 B 点，也就是说必须对光伏电池的外部电路进行控制使其负载特性变为负载曲线 II，实现与光伏电池的功率匹配，从而使光伏电池输出最大功率。

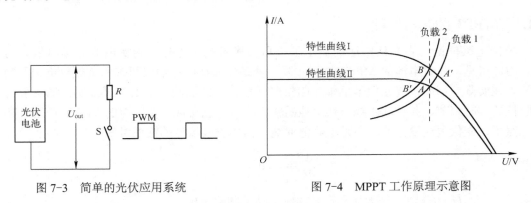

图 7-3　简单的光伏应用系统　　　　　　　图 7-4　MPPT 工作原理示意图

7.1.3　MPPT 的研究现状

1．MPPT 的研究进展

人们最早对 MPPT 技术的研究是将多个光伏电池按不同的并联和串联的排列方式组合起来，在特定的外部环境和负载情况下，通过改变光伏电池的排列方式，可以达到较大功率的输出。这种方法在外部环境改变后，就不能保证最大功率的输出。随后出现了扰动观察法和电导增量法两种基本的 MPPT 研究方法。其中扰动观察法的结构简单、被测参数少，而电导增量法在外界环境发生迅速变化时，其动态性能和跟踪特性比扰动观察法好。但是这两种方法都存在一个共同的缺点，即步长固定：步长较小时，导致光伏阵列长时间地滞留在低功率输出区；步长较大时，会导致系统振荡。

针对这一缺点提出了变步长的寻优法：当距离最大功率点较远时，取较大步长，使寻优速度加快；当距离最大功率点较近时，取较小步长，这样就会慢慢接近最大功率点；当非常接近最大功率点时，系统稳定在该点工作。由于这种方法需要大量的计算，在没有微处理器的出现之前，这种方法也只能是理论上的研究。

微处理器的出现使 MPPT 控制变得更为方便、快捷，但是在用数字式实现电导增量法 MPPT 时，确定最大功率工作点时总存在着误差。为了克服这一缺陷，人们又提出了一种改进型的电导增量法，消除了误差的存在，并且不管外界环境如何变化，都能比较准确地找出最大功率点。

随着半导体功率器件、单片机及 DSP 的迅速发展，MPPT 研究技术达到鼎盛时期，各国的研究者提出了各种有效的跟踪控制方法，其中包括：① 采用单片机控制 DC/DC 转换器的占空比来调节光伏电池阵列的输出，从而达到最大功率点的跟踪；② 给逆变器输入小正弦信号改变其开关频率来调节光伏电池阵列端电压，从而达到最大功率的输出；③ 在某一固定的外界环境下，最大功率点与电路变量（如开路电压、短路电流）间的关系是线性的，通过 DSP 控制输出电流、电压使输出功率达到最大。

2．现代控制理论在 MPPT 中的应用进展

控制理论在 MPPT 中的应用研究主要集中在：

1）优化控制：即通过建立优化效率数学模型，构造求解方法，从而得到光伏阵列最大功率的输出。

2）模糊逻辑控制：该控制不需要调节输出电压从而避免了部分功率损失，它通过定义输入量与输出量并借助 MATLAB 工具箱中的模糊逻辑模块来完成 MPPT 的控制，是目前使用较为普遍的一种控制方法。

3）人工神经网络控制：在天气发生间歇性变化的情况下，人工神经网络控制使得系统的精度和稳定性得到了提高，可以有效地输出最大功率。

4）自适应控制：针对固定步长寻优的缺点进行改进，虽然光伏阵列的输出特性呈非线性，但是在某一时刻的输出功率相对于占空比是连续可导的，且仅有一个极值点，因此采用二次插值法进行最大功率点跟踪具有较好的跟踪性能。

从最大功率点跟踪研究的进展来看，无论是在电力电子技术应用方面还是在控制理论方面，它们的研究基础都是基于扰动观察法和电导增量法。其他算法都是根据不同的环境在这两种算法的基础上进行改进，以提高跟踪效率。因此，以电力电子技术应用为基础的算法称为传统的 MPPT 控制方法，而以控制理论为基础的算法称为新型的 MPPT 控制方法。

7.2　传统的最大功率点跟踪技术

7.2.1　恒定电压法

恒定电压法（Constant Voltage Tracking，CVT）是在 20 世纪 80 年代中期由日本学者 Sakutaro Nonaka 提出的一种 MPPT 控制算法，也是最简单的一种光伏阵列最大功率点跟踪方法，理论依据是光伏阵列的输出特性。由光伏阵列的 *P-U* 输出特性曲线（见图 7-1）可知，在温度一定的条件下，不同光照强度下光伏阵列的最大功率点几乎分布于一条垂直线的两侧，这说明电池的最大功率输出点的对应电压大致在某个值附近。忽略温度带给最大功率点的影响，当光伏阵列的开路电压 U_{OC} 在不同的光强和温度下发生改变时，光伏阵列的最大功率点电压 U_{MPP} 也近似地随之成比例变化。进一步研究可以得出光伏阵列的最大功率点电压 U_{MPP} 和光伏阵列的开路电压 U_{OC} 之间存在着近似的线性关系，即

$$U_{MPP} \approx K_1 U_{OC} \tag{7-4}$$

式中，K_1 为比例常数，取决于光伏电池的特性，取值范围为 0.71～0.80。

以上分析可以大大简化了系统 MPPT 的控制设计，即仅需从生产厂商处获得数据 U_{OC} 并使阵列的输出电压钳位于 U_{MPP} 值即可，实际上是把 MPPT 控制简化为稳压控制。恒定电位法原理图如图 7-5 所示。

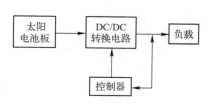

图 7-5　恒定法电压原理图

在光伏阵列和负载之间通过一定的阻抗变换，使得系统实现稳压器的功能，使阵列的工作点始终稳定在常数 U_M，且等于某一日照强度下相

应于最大功率点的电压，就可以大致保证在该温度下光伏阵列输出最大功率，把最大功率点跟踪简化为恒电压跟踪。

实际系统中，由于外部环境的变化，所以光伏阵列并没有工作在实际的最大功率点上，而是工作在最大功率点附近，因此是一种近似的最大功率点跟踪方法。尤其是当温度变化较大时，光伏阵列的输出特性会有较大变化，最大功率点的输出电压也会有较大的变化，使得光伏阵列的工作点较大地偏离最大功率点，进而造成较大的功率损失。随着最大功率点控制技术的研究进展，该方法将逐渐被新方法所替代。

7.2.2　电导增量法

电导增量法（Incremental Conductance，INC）是通过比较光伏阵列的瞬时导抗与导抗变化量的方法来完成最大功率点的跟踪。由光伏阵列的输出特性可知，其 *P-U* 特性曲线是一条一阶连续可导的单峰曲线，在最大功率点处，功率对电压的导数为零。也就是说，最大功率点的跟踪实质上就是寻找满足 $\mathrm{d}P/\mathrm{d}U = 0$ 的点。光伏阵列的功率表达式为

$$P = UI \tag{7-5}$$

将式（7-5）两端对 *U* 求导，将 *I* 作为 *U* 的函数，可得

$$\frac{\mathrm{d}P}{\mathrm{d}U} = \frac{\mathrm{d}(UI)}{\mathrm{d}U} = 1 + U\frac{\mathrm{d}I}{\mathrm{d}U} = 0$$

即

$$\frac{\mathrm{d}I}{\mathrm{d}U} = -\frac{I}{U} \tag{7-6}$$

式（7-6）即为达到光伏阵列最大功率点所需满足的条件，电导增量法通过比较光伏阵列的瞬时导抗与导抗变化量的方法来决定参考电压变化的方向，图 7-6 给出了电导增量法的工作原理。

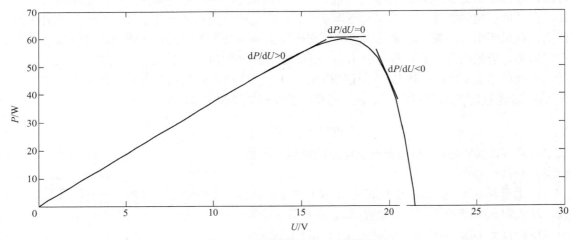

图 7-6　电导增量法的工作原理

在温度、光照强度一定的前提下，观察光伏阵列电导增量法原理图可分为如下三种情况：

1）当光伏阵列的工作点位于最大功率点的左侧，$\mathrm{d}P/\mathrm{d}U > 0$，即 $\mathrm{d}I/\mathrm{d}U > -I/U$，说明

参考电压应向着增大的方向变化。

2）当光伏阵列的工作点位于最大功率点的右侧，$\mathrm{d}P/\mathrm{d}U<0$，即 $\mathrm{d}I/\mathrm{d}U<-I/U$，说明参考电压应向着减小的方向变化。

3）当光伏阵列的工作点位于最大功率点处，即 $\mathrm{d}P/\mathrm{d}U=0$，此时参考电压将保持不变，光伏阵列稳定地工作在最大功率点上。

根据以上分析，可得算法流程图如图 7-7 所示。

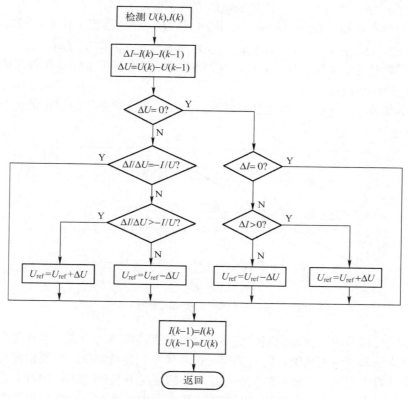

图 7-7　电导增量算法流程图

电导增量法的优点是在下一时刻参考电压的变化方向完全取决于在该时刻的瞬时导抗与导抗变化量的大小关系，而与前一时刻的工作点电压以及功率的大小无关，不会出现扰动观测法中的误判，因而能够适应光照强度快速变化的情况，而且该方法的电压波动较小，并具有较高的控制精度；缺点是容易受到杂波信号的干扰而造成较大的误动作。在实际操作过程中，通常取很小的 $\mathrm{d}I$ 和 $\mathrm{d}U$ 值，那么就需要对光伏器件输出电压、输出电流等参数的采样精度要求较高，要求传感器的精度很高，计算过程也比较复杂，必须逐次调整以趋近于最大功率点，而无法很快调整至最大功率点。

7.2.3　扰动观测法

1. 工作原理

扰动观测法（Perturbation and Observation，P&O）是最常用的一种光伏阵列最大功率点跟踪方法之一。基本原理是：扰动光伏电池输出电压，然后观察其输出功率的变化，根据输出功率的变化趋势决定下一次扰动方向，如此反复，直到光伏电池达到最大功率点。

首先假定温度、光照强度保持不变，P-U 曲线如图 7-8 所示，它是一个单峰曲线。P 为输出功率，对应光伏电池的输出电压和电流分别为 U、I，U_1、I_1 为当前光伏电池电压电流的检测值，P_1 为其对应的输出功率，ΔU 为电压调整步长。具体过程如下：

1）当增大参考电压（$U_1 = U + \Delta U$），同时 $P_1 > P$，那么当前工作点在最大功率点左侧（如图 7-8 中的 A、B、C 点），下一次扰动电压方向不变。

2）当增大参考电压（$U_1 = U + \Delta U$），同时 $P_1 < P$，那么当前工作点在最大功率点右侧（如图 7-8 中的 D、E、F 点），下一次扰动电压方向应改变，朝向反方向。

3）当减小参考电压（$U_1 = U - \Delta U$），同时 $P_1 < P$，那么当前工作点在最大功率点左侧。下一次扰动电压方向改变。

4）当减小参考电压（$U_1 = U - \Delta U$），同时 $P_1 > P$，那么当前工作点在最大功率点右侧。下一次扰动电压方向不变。

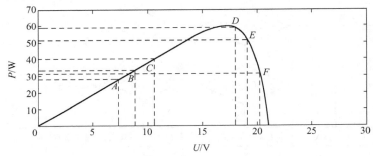

图 7-8　扰动观察法原理图

从以上过程可以看出，扰动观察法实际上就是让工作电压向最大功率点方向移动。扰动步长又分为定步长和变步长两类。它的优点是控制简单、容易实现，需要检测的参数少，对参数检测的精度要求不高，在日照变化不是很剧烈的情况下具有较好的 MPPT 控制效果；缺点是电压初始值和步长对跟踪精度和速度有较大影响。由于该方法始终对 MPPT 电路中的功率器件施加扰动，故光伏器件的输出功率只能工作在最大功率点附近。在控制过程中，扰动步长ΔU 的值对最大功率点控制的影响较大。具体表现：

1）ΔU 较大时，该控制方法对日照变化跟踪速度快，但是由于光伏电池不对称特性，输出功率会在最大功率点附近产生振荡现象。

2）ΔU 较小时，可减弱或消除光伏电池输出功率的振荡，但对日照变化的跟踪速度变慢，并且容易造成误判。实际应用中要先进行实验后才选定扰动步长ΔU 。

扰动观察法的流程图如图 7-9 所示，控制原理如图 7-10 所示。该方法需要改进的方面有：① 减小功率损失：由于存在着误差，在最大功率点跟踪的过程中有部分功率损失；② 提高跟踪精度和速度：这与初始值及跟踪步长的设定有很大关系；③ 防止"误判"，所谓"误判"是指光照强度增加时，导致扰动后的功率值大于扰动前的功率值，从而也使扰动方向继续朝同一方向扰动，反之亦然。下面将对振荡和误判现象进一步进行分析。

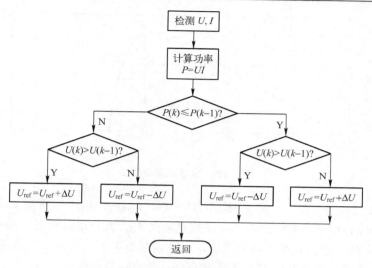

图 7-9　扰动观察法流程图

2．扰动观察法的振荡与误判

（1）振荡分析

当电压变化采用恒定步长时，在最大功率点附近会存在振荡现象，分析如下：

1）电压发生变化后，工作点刚好位于最大功率点，那么工作点会在 3 点（P_1、P_2、P_3）之间进行振荡，如图 7-11 所示。

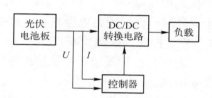

图 7-10　扰动观察法原理图

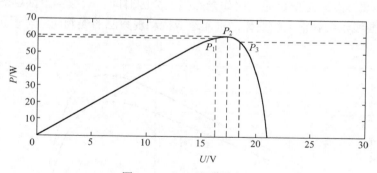

图 7-11　P&O 振荡分析 1

当电压扰动后，工作点从 P_1 移到 P_2，刚好到达最大功率点。由于电压增加，功率变大，电压会继续向右扰动，工作点从 P_2 移到 P_3，这时电压增加，功率减小，则下一次电压朝相反方向，即向左扰动，工作点从 P_3 移到 P_2，重新回到最大功率点。这时电压减小，功率增加，工作点又回到 P_1。因此工作点会反复在 P_1、P_2、P_3 这 3 点之间振动，造成能量损耗。

2）电压扰动后，工作点在最大功率点右侧，会出现以下 3 种振荡情况，如图 7-12 所示。

① 电压扰动后，最大功率点左边的 P_1 工作点变到右侧的一个点，且前后两个点功率相等，工作状态会在这两点之间振荡。

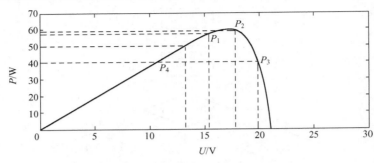

图 7-12　P&O 振荡分析 2

② 电压扰动后，左侧工作点 P_1 跳到右侧 P_2，$P_2>P_1$。由于电压扰动增加，且功率变大，扰动方向不变，继续向右增加电压，工作点移到 P_3。此时电压增加，功率减小，则扰动电压减小，回到 P_2。电压减小，功率增加，则继续减小电压，回到左侧的 P_1。由于电压减小，功率减小，工作点重新回到 P_2。工作状态在这 3 点往复振荡。

③ 电压扰动后，左侧工作点 P_1 跳到右侧 P_3，$P_3<P_1$。由于电压增加，功率减小，下一次扰动电压减小，P_3 回到左侧 P_1。电压减小，功率增加，则继续减小电压，这时功率进一步向左减小。又因为电压减小，功率减小，那么下一次功率增加，重新回到 P_1。工作点在这 3 点重复振荡，损耗功率。

定步长扰动观察法的振荡现象增加了能量损耗。为了解决振荡问题，可以用变步长的扰动观察法。

（2）误判分析

讨论扰动观察法的振荡问题，是在假设外界环境条件恒定不变的前提下。但实际中外界条件如温度、光照强度等是变化的，比如光照强度会因时间、云层等原因剧烈变化，这时光伏阵列的 P-U 曲线也会有很大的变化，进而造成扰动观察法的误判问题。误判的原因可以用图 7-13 来解释。

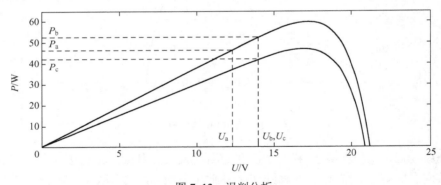

图 7-13　误判分析

从图 7-13 可以看出，当光照强度不变，电压扰动向右增加，即从 U_a 到 U_b，功率增大，$P_b>P_a$，那么扰动方向不变，电压继续向右增加；当光照强度在 U_b 时刻突然减小时，电压向右扰动，即从 U_a 到 U_c，功率减小，$P_c<P_a$，接下来电压扰动方向会因此改变为向左，电压减小。如果光照强度不断减小，电压会随之不断向左移动，导致离最大功率点越来越远，从

而失去对最大功率点的跟踪控制能力，这就是扰动观察法的误判现象。对于扰动观察法出现的误判故障可通过增加扰动频率或减小扰动步长ΔU来解决。

表 7-1 是对前面介绍的三种常用的最大功率点跟踪控制方法的比较，由表可以看出：

1）固定电压法检测参数少，对硬件电路的要求相对较低，但控制效果差，常用于小功率的场合。

2）扰动观察法控制简单，控制效果也较好，但是在最大功率点附近存在功率振荡现象，且在日照突变的情况下有可能失去对最大功率点的跟踪能力。

3）电导增量法控制效果最好，但对系统硬件的要求较高。

表 7-1　MPPT 常用控制方法比较（效率=输出功率/最大输出功率）

种类　　　名称	扰动观察法	电导增量法	固定电压法
效率（仿真数据）	97.2%	98.5%	92.7%
效率（实验数据）	96.5%	98.2%	88.1%
优点	控制效果较好	控制效果好	检测参数少，实现简单
缺点	存在功率振荡	对参数采样精度要求高，计算量大	控制效果差

7.2.4　改进的扰动观测法

定步长的扰动观察法由于存在振荡和误判问题，使系统不能准确地跟踪到最大功率点，造成能量损失，因此需要对定步长的扰动观察法进行改进。本节将介绍两种改进方法，其中基于变步长的扰动观察法在减小振荡的同时可以使系统更快的跟踪到最大功率点；基于功率预测的扰动观察法能有效地解决外部环境剧烈变化时产生的 MPPT 误判问题。

1. 基于变步长的扰动观察法

为了解决定步长扰动观察法中 MPPT 的快速性和稳定性的问题，可以采用变步长的扰动观察法，其基本思想为：在远离 MPP 的区域内，采用较大的电压扰动步长以提高跟踪速度，减少光伏电池在低功率输出区的时间；在 MPP 附近区域内，采用较小的扰动步长，以保证跟踪精度。下面以最优梯度法及其改进的方法为例进行介绍。

（1）最优梯度法

最优梯度法（Optimal Gradient Method）是以最速下降法为基础的无约束最优化问题的计算方法，基本思路是将目标函数的负梯度方向作为每步迭代的搜索方向，逐步逼近函数最小值，定义如下：

假设目标函数$f(x)$连续且在x_k点附近可一阶微分，则令$g_k = \nabla f(x_k) \neq 0$。将$f(x)$用泰勒级数展开，可以得到

$$f(x) = f(x_k) + g_k^{\mathrm{T}}(x - x_k) + o(\|x - x_k\|) \tag{7-7}$$

令$x - x_k = \alpha_k d_k$，则式（7-7）可转换为

$$f(x_k + \alpha_k d_k) = f(x_k) + \alpha_k g_k^{\mathrm{T}} d_k + o(\|\alpha_k d_k\|) \tag{7-8}$$

式中，α_k为增量系数，为一个非负值的常数。

由式（7-8）可知，如果d_k满足$g_k^{\mathrm{T}} d_k < 0$，则$f(x_k + \alpha_k d_k) < f(x_k)$，此时迭代方向为下

降方向，在 α_k 一定的情况下，$g_k^{\mathrm{T}} d_k$ 越大，$f(x)$ 在 x_k 位置的下降速度越快。根据 Cauchy-Schwartz 不等式：

$$\left| g_k^{\mathrm{T}} d_k \right| \leqslant \|d_k\| \|g_k\|$$

当且仅当 $d_k = -g_k^{\mathrm{T}}$ 时，$-g_k^{\mathrm{T}} d_k$ 达到最小，$-g_k$ 是最优梯度方向，称以 $-g_k$ 为最优梯度方向的方法为最优梯度法，迭代演算法为

$$x_{k+1} = x_k - \alpha_k g_k \tag{7-9}$$

光伏阵列的 $P\text{-}U$ 输出特性曲线为非线性函数，而最大功率点跟踪的问题可以看作求解 $P\text{-}U$ 曲线的最大值。因此，可将最优梯度法应用于光伏阵列的 MPPT 中，将负梯度方向变为正梯度方向，便可通过 n 次迭代逐渐逼近 $P\text{-}U$ 曲线的最大值，对应于正梯度方向，迭代演算法相应修改为

$$x_{k+1} = x_k + \alpha_k g_k$$

将自变量 x 替换为光伏阵列的输出电压 U，则有

$$U_{k+1} = U_k + \alpha_k g_k \tag{7-10}$$

式中，α_k 为增量系数，该值为恒正，以确保迭代方向与梯度方向相同。梯度 g_k 的表达式为

$$g_k = \nabla P(U_k) = \frac{\mathrm{d}P(U)}{\mathrm{d}U}\bigg|_{U=U_k} \tag{7-11}$$

式中，U 是光伏阵列的输出电压，$P(U)$ 是以 U 作为唯一变量的光伏阵列输出功率函数，为非线性函数，且为连续一阶可微分函数。

最优梯度法通过计算梯度 g_k 来确定搜索方向，若 $g_k > 0$，则表示此时搜索方向沿 U 轴的正方向趋近于最大功率点；若 $g_k < 0$，则表示搜索方向沿 U 轴的负方向趋近于最大功率点。采用最优梯度法的最大功率点跟踪可以有效地预防由于光照强度和温度的突变带来的误判，保证系统的稳定性和可靠性。

利用最优梯度法进行光伏阵列的最大功率点跟踪，需要实时计算梯度 g_k 来确定下一步的搜索方向，而从梯度计算公式可以看出，该算法的计算量很大，运算过程烦琐，影响到控制系统的响应速度，并且需要检测外部环境的变化，如光照强度和温度值，在硬件电路上需要额外的光照强度传感器和温度传感器，增加了控制系统的成本。为了减小梯度计算量，降低硬件电路复杂度，可采用改进的最优梯度法即近似梯度法来计算。

（2）近似梯度法

首先根据光伏阵列当前周期的工作点电压和输出电流，分别记为 U_k 和 I_k。按照特定的步长 α_k 采样下一个周期的工作点电压和输出电流值，分别记为 U_{k+1} 和 I_{k+1}，近似梯度值的计算公式为

$$g_k = \frac{U_{k+1} I_{k+1} - U_k I_k}{U_{k+1} - U_k}$$

若 $g_k > 0$，说明当前工作点位于最大功率点左侧，应增加工作点电压，增加步长为 $\alpha_k g_k$（设 α_k 为常数，恒正）；若 $g_k < 0$，说明当前工作点位于最大功率点右侧，应减小工作

点电压，减小的步长为 $\alpha_k g_k$，迭代公式如下：

$$U_{k+2} = U_{k+1} + \alpha_k g_k$$

由上述分析得到该算法的流程图如图 7-14 所示。

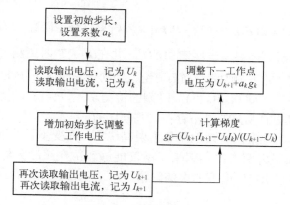

图 7-14　近似梯度法流程图

近似梯度法将复杂的连续域求导近似到离散域一阶差分法求解，大大减小了计算量，设备上仅需要电流和电压传感器设备，避免了复杂的光照和温度传感装置，对于近似带来的误差可以通过调整初始化步长来改善，初始步长越小，近似梯度越精确。近似最优梯度法的步长大小与 $\mathrm{d}P/\mathrm{d}U$ 的值成正比，即在开始最大功率跟踪时，由于 $\mathrm{d}P/\mathrm{d}U$ 变化很大，而采用较大的步长满足 MPPT 的快速性要求；而当接近最大功率点时，由于 $\mathrm{d}P/\mathrm{d}U$ 变化很小，而采用较小的步长满足 MPPT 的稳定性要求。但该方法在辐照度变化较快时，仍然存在误判问题。

2. 基于功率预测的扰动观察法

变步长扰动观察法虽然有效地解决了 MPPT 跟踪速度和精度之间的矛盾，但仍然无法克服扰动观察法中的误判问题。由 7.2.3 节误判问题的分析可知当辐照度变化较快时，光伏电池会有多条特性曲线，工作点序列不是落在单一的特性曲线上，而是位于不同的特性曲线上，造成扰动后的 ΔP 值增大，使 $\mathrm{d}P/\mathrm{d}U$ 的值瞬时增大。若仍依据单一的特性曲线进行判别，误判现象明显，因此可采用对多条特性曲线的情况进行预估计，即同一辐照度下 $P\text{-}U$ 特性曲线上电压扰动前的工作点功率通过预测算法获得，利用该功率以及同一辐照度下 $P\text{-}U$ 特性曲线上电压扰动后检测的工作点功率，就可以实现基于功率预测扰动观察法的 MPPT，从而有效地克服误判。功率预测的工作过程如图 7-15 所示。

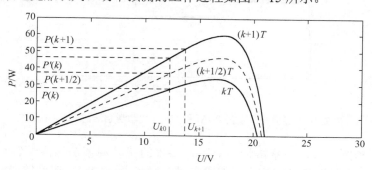

图 7-15　功率预测法工作过程

假设采样频率足够高，且光照强度的变化速度恒定。令 kT 时刻的电压 U_k 工作点上测得的功率为 $P(k)$，此时并不对参考电压添加扰动，而在 kT 时刻后的半个采样周期的 $(k+1/2)T$ 时刻增加一次功率采样，若测得的功率为 $P(k+1/2)$，可以得到基于一个采样周期的预测功率 $P'(k)$ 为

$$P'(k) = 2\left[P(k+1/2) - P(k)\right] + P(k) = 2P(k+1/2) - P(k)$$

然后，在 $(k+1/2)T$ 时刻使参考电压增加 ΔU，并在 $(k+1)T$ 时刻测得电压 U_{k+1} 处的功率为 $P(k+1)$，$P(k+1)$ 及 kT 时刻的预测功率 $P'(k)$ 理论上是同一辐照度下 $P\text{-}U$ 特性曲线上电压扰动前后的两个工作点功率，因此利用 $(k+1)T$ 时刻的检测功率 $P(k+1)$ 以及 kT 时刻的预测功率 $P'(k)$ 进行基于扰动观察法的 MPPT 是不存在误判问题的。

基于功率预测的扰动观察法有效地避免了误判现象，而变步长的近似梯度法解决了跟踪速度和精度的问题，如果将两者结合起来，不仅能够解决在照度突然发生变化时的误判问题，还可最大限度地抑制稳定照度下的振荡问题。

3．仿真试验分析

采用 PSIM 软件进行上述算法试验仿真分析。根据实际光伏模块在温度为 25℃、光照强度为 1000W/m² 时，某一型号的光伏阵列的性能参数如下：开路电压 U_{oc}=22.0V，短路电流 I_{sc}=7.6A，最大功率点电压 U_m=17.5V，电流 I_m=7.9A，仿真时间为 0～10s，设置初始搜索点为 0V，近似梯度法初始步长取 0.5V，并在 3.2s 和 6.9s 时，光照强度发生变化，变化值分别为 800W/m² 和 1200W/m²。

定步长扰动观察法的仿真结果如图 7-16 和图 7-17 所示。

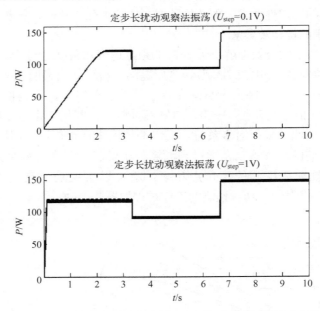

图 7-16　定步长分别为 0.1V 和 1V 时扰动观察法的功率曲线

由图 7-16 和图 7-17 观察得知，对于定步长的扰动观察法当步长较小时（如 U_{step}= 0.1V）在最大功率点附近的振幅较小，但跟踪时间较长（t=2.3s），速度较慢；而增大步长时

（如 U_{step}=1V），MPPT 的速度显著提高（t=0.2s），但在最大功率点附近的振幅增大，能量损失增大，甚至造成直接跳过 MPP 情况，采用其他的步长值仍然会存在距离 MPP 较远的区域搜索时间相对较长，跟踪 MPP 精度不够的问题。

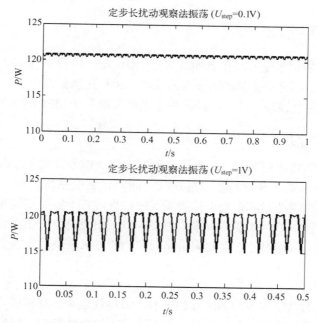

图 7-17　定步长分别为 0.1V 和 1V 时扰动观察法的振荡幅度

采用变步长近似梯度法的仿真结果如图 7-18 所示，该方法可以快速跟踪到最大功率点（t=1.2s），且在最大功率点 P_m=121.1W 附近振荡极小，与光伏阵列的理论最大功率 P=120.75W 的相对误差仅为 0.2%，与普通的扰动观察法（MPP 的精度 1%～3%）相比，精度更高。但是在光照强度发生突变时，误判现象明显。

将变步长近似梯度法与功率预测法相结合的仿真结果如图 7-19 所示。基于功率预测的变步长 MPPT 在外界环境突变时（t=3.1s 和 t=6.9s 时），不仅有效地克服了变步长 MPPT 算法中存在的误判问题（消除了图 7-18 所示曲线中的毛刺现象），同时能够快速地进入新的稳定点。

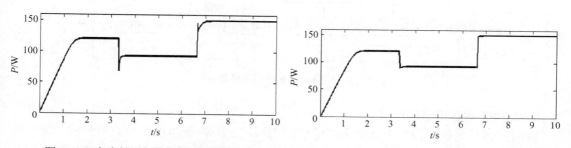

图 7-18　变步长近似梯度法仿真结果　　图 7-19　变步长近似梯度法与功率预测法相结合的仿真结果

综上所述，基于近似梯度法与功率预测相结合的 MPPT 方法，不仅克服了传统的扰动观察 MPPT 方法中在光照突然发生变化时的误判问题和定步长方法中的振荡问题，并且与现代的智能控制技术（如神经网络、模糊控制等）相比，计算方法简单，硬件电路实现容易，具有很强的实用性。

7.3　智能 MPPT 技术

智能控制技术是控制理论发展的新阶段，主要用来解决那些用传统方法难以解决的复杂系统的控制问题。随着智能控制技术的发展，模糊逻辑控制、人工神经网络等技术已经渗透到电气工程的各个领域，并且已经应用于光伏发电系统 MPPT 的技术中。

7.3.1　模糊逻辑控制法

目前许多学者开始将模糊控制应用到了光伏发电系统的最大功率跟踪控制中。由于模糊控制适合于数学模型未知、复杂的非线性系统。而光伏发电系统正是一个很强的非线性系统，MPPT 是通过不断地测量和调整以达到最优的过程，它不需要知道光伏阵列精确的数学模型，而是在运行过程中不断改变可控参数的整定值，使得当前工作点逐渐向峰值功率点靠近，最后工作在峰值功率点附近。因此采用模糊控制的方法来进行光伏电池的最大功率点跟踪是非常合适的。

1. 模糊逻辑理论

模糊控制是以人的经验作为控制的知识模型，以模糊集合、模糊语言变量以及模糊逻辑推理作为控制算法的数学工具，并用计算机来实现的一种智能控制。模糊控制系统的基本原理框图如 7-20 所示，由定义变量、模糊化、知识库（数据库和规则库）、模糊推理决策和精确化（解模糊）5 部分组成。定义变量是决定程序被观察的状况及考虑控制的动作，例如在一般控制问题上，输入变量有输出误差 E 与输出误差之变化率 CE，而控制变量则为下一个状态的输入 U。其中 E、CE、U 统称为模糊变量。模糊规则的建立是模糊控制器的核心。模糊控制器有 3 个重要功能：① 把系统的偏差从精确量变成模糊量，由模糊化过程和数据库完成；② 对模糊量由给定的规则进行模糊推理，由规则库、推理决策完成；③ 把推理结果的模糊输出量转化为实际系统能够接收的精确数字量或模拟量，由模糊化接口完成。

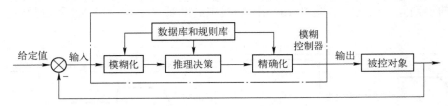

图 7-20　模糊控制系统基本原理框图

2. MPPT 的模糊逻辑控制

模糊控制在光伏阵列最大功率点跟踪的应用原理是：将采样得到的数据经过一定的运算，判断出光伏电池的当前工作点和最大功率点之间的位置关系，然后自动改变扰动电压，使工作逐渐接近最大功率点。因此，可以定义模糊逻辑控制器的输出变量为占空比，输入变量分别为光伏电池 P-U 曲线上连续两点的斜率值 E 和单位时间斜率的变化值 CE，即

$$\begin{cases} E(k) = \dfrac{P(k) - P(k-1)}{U(k) - U(k-1)} \\ CE(k) = E(k) - E(k-1) \end{cases} \tag{7-12}$$

式中，$P(k)$、$U(k)$ 分别为光伏阵列的输出功率和输出电压，工作过程如图 7-21 所示。

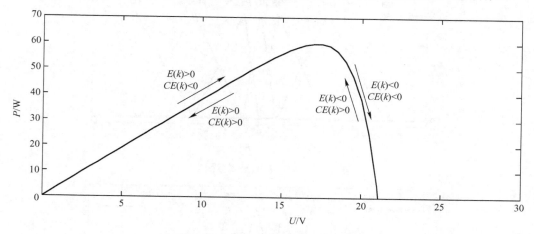

图 7-21　MPPT 逻辑控制工作过程

1）$E(k) > 0, CE(k) < 0$，表示工作点在最大功率点左侧，并靠近最大功率点，扰动电压方向不变。

2）$E(k) > 0, CE(k) > 0$，表示工作点在最大功率点左侧，并远离最大功率点，扰动电压应改变方向，扰动电压为正，占空比为负。

3）$E(k) < 0, CE(k) > 0$，表示工作点在最大功率点右侧，并向最大功率点靠近，保持扰动方向不变。

4）$E(k) < 0, CE(k) < 0$，表示工作点在最大功率点右侧，并远离最大功率点，应该改变扰动电压方向为负，占空比变化为正。

根据上述控制规则，可制订出控制规则表（见表 7-2），E 代表 $P\text{-}U$ 曲线上两点斜率，CE 代表斜率变化值，模糊推理输出量 dU 为控制器的脉冲占空比，它会随着两个输入量的变换而变化，也就是变步长，其改变方向与扰动方向相反。表中，NB、NM、NS、ZO、PS、PM、PB 分别表示负大、负中、负小、零、正小、正中、正大。

表 7-2　控制规则表

E ＼ CE	NB	NM	NS	ZO	PS	PM	PB
NB	PB	PB	PB	PB	PM	PS	ZO
NM	PB	PB	PM	PM	PS	ZO	NS
NS	PB	PM	PS	PS	ZO	NS	NM
ZO	PB	PM	PS	ZO	NS	NM	NB
PS	PM	PS	ZO	NS	NS	NM	NB
PM	PS	ZO	NS	NM	NM	NB	NB
PB	ZO	NS	NM	NB	NB	NB	NB

可以采用均匀分布的三角形隶属度函数来确定输入变量和 E 或 CE 和输出变量 dU 的不同取值与相应语言变量之间的隶属度 μ。隶属度函数把输入变量从连续尺度映射到一个或多个模糊量。输入输出隶属度函数如图 7-22～图 7-24 所示。

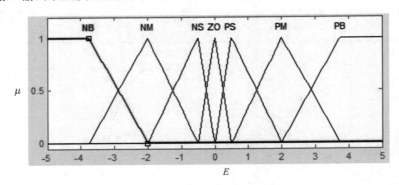

图 7-22　输入 E 的隶属度函数

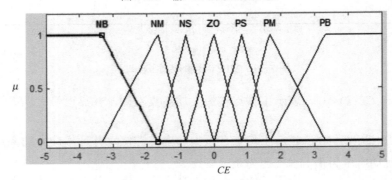

图 7-23　输入 CE 的隶属度函数

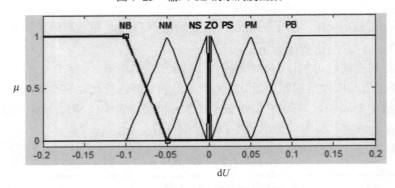

图 7-24　输出隶属度函数示意图

由图 7-22、图 7-23 可以看出，输入 E 和 CE 量化等级均为 11 级：

$$\{-5,\ -4,\ -3,\ -2,\ -1, 0, 1, 2, 3, 4, 5\}$$

由图 7-24 可以看出输出 dU 的量化等级均为 9 级：

$$\{-0.2,\ -0.15,\ -0.1,\ -0.05, 0, 0.05, 0.1, 0.15, 0.2\}$$

因为输入 E 变化范围定义为 ±20，则 E 的量化因子为

$$k_1 = 5/20 = 0.25$$

输入 CE 变换范围定义为±5，则 CE 的量化因子为

$$k_2 = 5/5 = 1$$

图 7-25 所示为控制规则表。

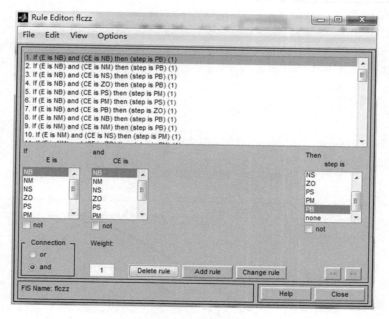

图 7-25　控制规则表

采用该设计方法的优点是只着眼于输出功率实际大小的信息，不管日照量有多大变动，都能快速有效地跟踪到最大功率点。

基于模糊控制的光伏阵列最大功率点跟踪控制算法主要包括以下几个方面的内容：

1）确定模糊控制器的输入变量和输出变量。

2）归纳和总结模糊控制器的控制规则。

3）确定模糊化和反模糊化的方法。

4）选择论域并确定有关参数。

3. 仿真分析

假设仿真时间为 0.5s，光伏电池起始温度、光照分别为 25℃，1000W/m²。在 t=0.2s 时温度不变，光照增加为1300W/m²；在 t=0.4s 时光照不变，温度减小为 10℃。仿真结果如图 7-26 所示，跟踪的功率分别为 60W、79W 和 84W。

由光伏电池模型通过 Psim 仿真得到相应条件下的 P-U 曲线，如图 7-27 所示。

由图 7-26 和图 7-27 可以看出，温度一定时，光照强度发生变化时，在 t 不到 0.1s 时就达到了最大功率点，与传统方法相比，大大缩短了跟踪时间，而且在达到最大功率点后，功率达到稳定值，消除了功率振荡问题。光照强度一定时，温度发生变化时，同样能有很好的追踪效果。由实际的光伏阵列的输出曲线可以看出，在 3 个不同条件下功率分别为 59W、80W、85W，基本与模糊控制跟踪的最大功率相一致。因此，在环境因素迅速变化时，模糊控制法实现了对最大功率点的完全跟踪。

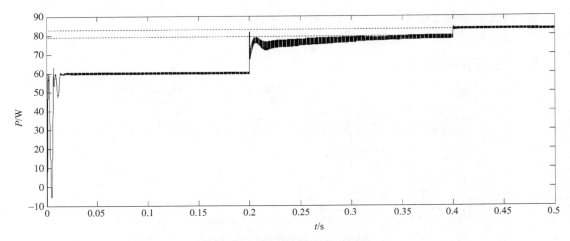

图 7-26 模糊控制跟踪仿真结果

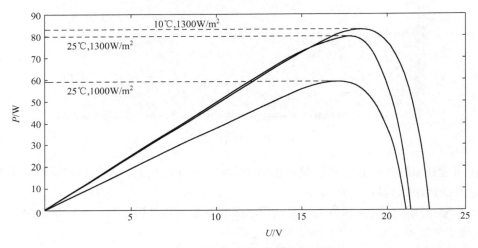

图 7-27 光伏阵列实际输出 P-U 曲线

模糊控制最大的特点是将专家经验和知识表示成语言控制规则,然后用这些规则去控制系统,模糊逻辑控制跟踪迅速,达到最大功率点后基本没有波动,即具有较好的动态和稳态性能。但是定义模糊集、确定隶属函数的形状以及制定规则表这些关键的设计环节难度较大,需要设计人员具有更多的直觉和经验。

7.3.2 人工神经网络控制法

人工神经网络是一种新型的信息处理技术,它不依赖于模型来实现控制,能以任意精度逼近任意连续非线性函数,对复杂不确定性问题具有自适应和自学习能力,使信息并行处理的实时运算成为可能,非常适合非线性系统的 MPPT 控制。下面介绍多层反向传播(Back—Propagation Networks,BP)神经网络进行最大功率点跟踪的方法。

1. BP 神经网络算法结构

最常用的 BP 神经网络结构如图 7-28 所示。网络中有 3 层神经元:输入层、隐含层和输出层，其神经元的数目分别是 3、3、3。网络的层数和每层神经元的数量由求解问题和数据表示方式来确定。

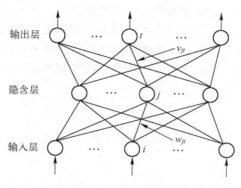

图 7-28　三层神经网络结构

（1）输入层

输入层对应输入变量，即为待分析系统的内生变量（影响因子或自变量）数，一般根据专业知识确定。若输入变量较多，一般可通过主成分分析的方法减少输入变量，也可根据剔除某一变量引起的系统误差与原系统误差的比值的大小来减少输入变量。

对于最大功率点跟踪，输入信号可以是检测到的光伏阵列的参数，如开路电压 U_{oc}、短路电流 I_{sc}，或者外界环境的参数，如光照强度和温度，也可以是上述参数的合成量。

（2）输出层

输出层对应输出变量，即为系统待分析的外生变量（系统性能指标或因变量），可以是一个，也可以是多个。一般将一个具有多个输出的网络模型转化为多个具有一个输出的网络模型效果会更好，训练也更方便。

输出信号可以是经过优化后的输出电压、控制信号的占空比等。在神经网络中各个节点之间都有一个权重增益 w_{ij}，选择恰当的权重可以将输入的任意连续函数转换为任意的期望函数来输出，从而使光伏阵列能够工作于最大功率点。

为了获得光伏阵列精确的最大功率点，权重的确定必须经过神经网络的训练来得到。这种训练必须使用大量的输入/输出样本数据，而大多数光伏阵列的参数不同，因此对于使用不同的光伏阵列的系统需要进行有针对性的训练，而这个训练过程可能要花费数月甚至数年的时间，这也是它应用于光伏发电系统中的一个劣势。在训练结束后，基于该网络不仅可以使输入/输出的训练样本完全匹配，而且内插和一定数量外插的输入/输出模式也能达到匹配，这是简单的查表功能所不能实现的，也是神经网络法的优势所在。

（3）隐含层

增加隐含层数可进一步降低误差，提高精度，但同时也使网络复杂化，增加了网络权值的训练时间，甚至不收敛。误差精度的提高也可以通过增加隐含层中的神经元数目来获得，训练效果比增加隐含层数更容易观察和调整。在一般情况下，应先考虑增加隐含层中的神经元数量，在单隐含层不能满足要求时，可以考虑多隐含层，具体可通过试验确定。

BP 网络隐含层单元的输入与输出之间是单调上升的非线性函数，要求隐含层单元数必须是一个合理的数目。隐含层单元数太少，则训练出的网络有可能不收敛，也可能无法提取样本的准确特征，没有训练的样本识别率低，容错性差；隐含层单元数过多，则会导致网络规模过于庞大，结构复杂，从而增加网络的训练时间，甚至不收敛。另外，单元数太多，会使特征空间划分过细，网络的判决曲面将只包含训练样本，导致网络没有泛化能力，降低对训练样本以外的样本识别率。隐含层节点数应根据具体问题，通过试验确定。所以设置多少个隐节点取决于训练样本数的多少、样本噪声的大小以及样本中蕴涵规律的复杂程度。在单隐含层不能满足要求时，可以考虑增加隐含层数目。确定最佳隐节点数的一个常用方法是试凑法，可用一些确定隐节点数的经验公式：

$$m = \sqrt{n+l} + a \tag{7-13}$$

$$m = \log n \tag{7-14}$$

$$m = \sqrt{n} \tag{7-15}$$

式（7-13）～式（7-15）中，m 为隐含层节点数；n 为输入层节点数；l 为输出节点数；a 为 1～10 之间的常数。

对于隐含层和输出层每个神经元的输出函数为

$$O_i(k) = \frac{1}{1 + \mathrm{e}^{-I_i(k)}} \tag{7-16}$$

式中，函数 $O_i(k)$ 用来定义神经元的输入-输出特性；$I_i(k)$ 是用第 k 个采样样本训练时，神经元 i 的输入信号。$I_i(k)$ 是前一层输出的加权和，即

$$I_i(k) = \sum_j w_{ij}(k) O_j(k) \tag{7-17}$$

式中，w_{ij} 为神经元 j 和 i 间的连接权值；$O_i(k)$ 为神经元 j 的输出信号。

2. BP 神经网络算法的学习过程

神经网络能够通过对样本的反向学习训练，不断改变网络的连接权值以及拓扑，使网络的输出值不断地接近期望的输出。反向传播用于逐层传递误差，修改神经元间的连接权值，以使网络对于输入信息经过计算后得到的输出能达到期望的误差要求。

学习的方法是使用一组训练样本对网络的连接权值进行，每一个样本中都包括输入与期望输出两部分。在正向传播算法中，首先将训练样本的输入信息输入到网络中，输入信息从输入层经过隐层节点逐层计算处理后传至输出层。在计算处理过程中，每一层神经元的状态只影响下一层神经元的状态，如果在输出层得到的结果不是所期望的输出，那么就转向反向传播。反向传播把误差信号沿路经反向传回，并按一定的原则对各层神经元的权值进行修正，直到第一个隐层。这时再开始正向传播，利用刚才的输入信息进行正向网络计算，如果网络的输出达到了误差要求，学习过程结束，如果达不到要求，就再进行反向传播的连接权值调整。

在训练网络的学习阶段，设有 N 个训练样本，首先假定用其中某一个样本 p 的输入 $\{x^p\}$ 和输出 $\{t^p\}$ 对网络进行训练，隐含层的第 i 个神经元在样本 p 作用下的输入为

$$\mathrm{net}_i^p = \sum_{j=1}^{M} w_{ij} O_j^p - \theta_i = \sum_{j=1}^{M} w_{ij} x_j^p - \theta_i \tag{7-18}$$

$$i = 1, 2, \cdots, q$$

式中，x_j^p 和 O_i^p 分别为输入节点 j 在样本 p 作用时的输入和输出，对输入节点而言两者相当；ω_{ij} 为输入层神经元 j 与隐含层神经元 i 之间的连接权值；θ_i 为隐含层神经元 i 的阈值；M 为输入层的节点数，即输入个数。

隐含层第 i 个神经元的输出为

$$O_i^p = g(\mathrm{net}_i^p) \qquad i = 1, 2, 3, \cdots, q \tag{7-19}$$

式中，$g(\cdot)$ 为激活函数；net 为整个输入量的加权求和的值。

3．算法仿真分析

算法仿真的步骤如下：

（1）确定学习样本和目标样本

由光伏模型可知，如果环境温度 T 和光强 G 已知，就可确定最大功率点。在设计 BP 神经网络的 MPPT 算法时，使用环境温度 T、光强 G 和测试得到的对应最大功率点数据作为初始样本数据。

（2）建立 BP 神经网

选择隐层和输出层的神经元传递函数分别为 tansig 和 purelin，网络算法采用 Levenberg—Marquardt 算法 trainlm。

（3）训练网络直到其达到预定误差精度

在网络进行训练之前，需要设置训练参数，设学习率为 10%，训练时间为 50s，训练误差为 0.01，其余参数使用默认值。为了避免误差落入的是误差曲面的局部最小值，并显示出算法的优劣性，确定最大训练次数要足够大（1000 次以上），并选择合适的训练函数，以便能更好地跟踪最大功率点电压。

（4）网络测试

对训练好的网络进行仿真，绘制网络输出曲线并与原始数据曲线比较输出结果。

（5）仿真结果对比

仿真实验的输入节点数为 3 个，输出节点数为 1 个。BP 网络结构如图 7-29 所示。参考式（7-13）～式（7-15）并结合实际试验效果，最终选取隐含层的神经元数 m。

为了精确地确定最大功率点，连接权值必须由典型的样本数据确定。确定连接权值的过程就是训练过程。在最大功率点跟踪过程中，需要采样一天 24 小时中的光强、温度几组数据，通过 BP 神经网络结构进行学习训练。最后达到误差收敛，从而使输出得到期望的最大功率。

图 7-30 对比了训练前后的输出结果。从图中可看出，得到的曲线和原始曲线的非线性曲线很接近，说明经过训练后，BP 网络对 MPPT 有很好的跟踪效应。网络非线性程度越高，对于 BP 网络的要求越高，则相同的网络逼近效果稍差。隐层神经元的数目对于网络逼近效果也有影响，一般来说，隐层神经元数目越多，则 BP 网络逼近非线性的能力越强，而同时网络训练所用的时间相对较长。隐层神经元数目太少，则 BP 网络逼近

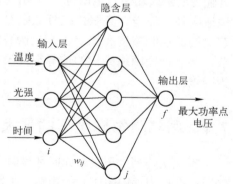

图 7-29　三层 BP 神经网络结构

非线性的能力下降，网络不能很好地学习，需要训练的次数较多，训练精度也不够。根据经验公式确定一个参考值，然后依据多次实验结果进行调整，选择合适的隐层神经元数目。

采用 BP 神经网络进行 MPPT 控制还可以跟其他算法如扰动观察法进行跟踪比较，实验输出误差的仿真结果如图 7-31 所示，仿真过程中，两者采用的控制参数完全相同，而控制方法完全不同。扰动观测法具有简单可靠、易实现的优点。但该方法由于不断干扰光伏阵列的工作电压，故理论上虽然在某日照强度和环境温度下光伏阵列存在唯一的最大功率点，在最大功率点附近的小范围内反复振荡，无法最终稳定运行在这个最大点，振荡的幅值则由算法的步长决定。由图 7-31 可以看到，输出功率误差曲线一直处于波动状态。而神经网络算法下，通过观察功率输出误差，训练参数的选择对于训练效果的影响较大。如果学习速率太大，将导致其误差值来回振荡；学习速率太小，则导致动量能量太小。一般情况下只能采用不同的学习速率进行对比尝试。对于训练必须给予足够的训练次数，能够克服缺点，以使其训练结果是最后稳定到最小值的结果。

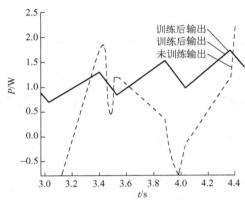

图 7-30　训练前后神经网络的输出结果

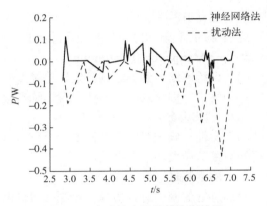

图 7-31　实验输出误差的仿真结果

综上所述，采用神经网络的 MPPT 算法可以针对不同的温度和光照的变化进行运算，最终输出的最大功率点电压也不相同，并且能在短时间的训练下使模型逼近最大功率点，有效地适应外界环境，克服传统算法中对外界环境快速变化时追踪误差大和误判等问题，并具有更高的控制精度和稳定性，光伏系统的性能和效率显著提高。但是在设计过程中较为复杂，并且神经网络结构的选择至今没有统一和完整的指导，一般只能由经验确定，实现较为困难。

7.4　局部阴影环境下的最大功率点跟踪

当光伏阵列处于复杂光照环境时，部分组件可能受到周围建筑物、树木以及乌云等产生的阴影（称为局部阴影）的影响，阴影分布随着外界环境而改变，光伏阵列的功率输出呈现多峰特性，导致光伏阵列的输出功率大幅度下降，增大了最大功率跟踪控制的难度，甚至形成热斑而损坏光伏阵列，影响了光伏发电系统的运行效率，降低了光伏阵列的转换效率。

目前，针对上述问题主要存在以下两类解决方案。第一类方案是通过对光伏阵列的拓扑进行优化设计，避免功率输出的多峰特性，进而采用传统的 MPPT 算法跟踪光伏阵列的最大功率，以此提高光伏发电系统的运行效率。但是，伴随着光伏阵列拓扑的改变，使得与之相匹配的硬件设备数量大幅增加，导致系统的结构复杂、可靠性降低，由于成本的关系，该方案亦无法应用于大型光伏发电系统中。第二类解决方案的研究对象为传统的集中式光伏阵列，研究适用于复杂光照环境下光伏阵列多峰输出特性的 MPPT 控制算法，来保证系统输出最大功率。目前主要采用第二类方案。

7.4.1　局部功率点的产生原理

对于一个 m 条 n 个光伏电池单元串联/并联形成的光伏模组，如图 7-32 所示。不考虑温度变化，在局部阴影条件下，光伏电池的光生电流可表示为

$$I_{\mathrm{ph}} = \frac{(1-S)E_{\mathrm{before}}}{1000} I_{\mathrm{ph0}} \qquad (7\text{-}20)$$

式中，I_{ph0} 为标准测试条件下的光生电流；E_{before} 为光伏电池被遮挡之前的照度，单位为 W/m²；S 为阴影，常用百分数表示，定义为

$$S = 1 - \frac{E_{\mathrm{behind}}}{E_{\mathrm{before}}} \qquad (7\text{-}21)$$

式中，E_{behind} 为光伏电池被遮挡后在阴影下的照度。

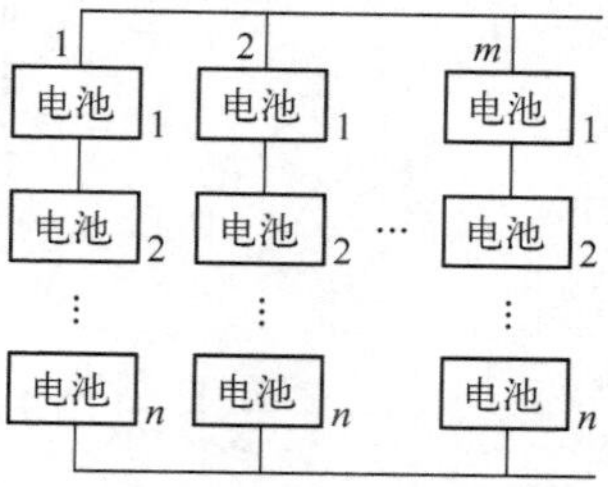

当光伏模组在不同照度下，等效为整个模组全部处于不同阴影中时，光生电流和可输出的最大功率随着照度降低而降低，$I\text{-}U$ 和 $P\text{-}U$ 特性无质的变化。当光伏模组部分电池单元处于阴影中时，即在局部阴影条件下，光伏模组的特性将发生质的变化。图 7-33 为光伏模组中 1 个电池单元处于不同阴影条件时的 $I\text{-}U$ 特性曲线。从上至下分别对应于无阴影（照度 1000W/m²），20% 的阴影（照度 800W/m²），40% 的阴影（照度 600W/m²），60% 的阴影（照度 400W/m²），80% 的阴影（照度 200W/m²）和完全阴影（照度 0W/m²）条件下的曲线。由图可见，在局部阴影条件下，$I\text{-}U$ 特性曲线右侧下凹，且下凹部分平坦区域的光生电流接近处于阴影中的电池单元的光生电流。

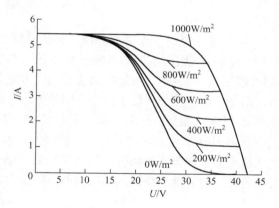

图 7-32　$m \times n$ 个光伏电池单元串并联的光伏模组

图 7-33　局部阴影条件下光伏模组的 $I\text{-}U$ 特性曲线

由此测算当单个电池单元的阴影在 60% 以下（照度大于 400W/m²），模组在最大功率点运行时，输出电流小于阴影中电池单元的光生电流，即阴影中的电池单元正常输出能量，只是模组输出能量降低。由图 7-34 可知，当单个电池单元的阴影在 60% 以上时，模组的最大功率点转移到 $P\text{-}U$ 曲线的左侧。当模组在最大功率点运行时，输出电流大于阴影中的电池单元的光生电流成为负载吸收功率，可能导致电池单元发热形成热斑，甚至损坏。

为了避免光伏模组在局部阴影条件下，部分电池单元成为负载、形成热斑、损坏模组，

提高模组在局部阴影条件下的输出能力，通常在光伏模组中将电池单元分组并联旁路二极管，如图 7-35 所示。当电池单元工作正常时，旁路二极管截止，当电池单元成为负载吸收功率时，反压使旁路二极管导通，电流从旁路二极管流过，保护了电池单元，同时提高了模组的输出能力。

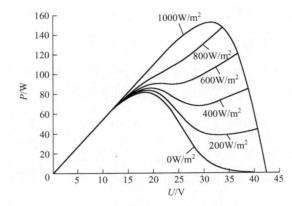

图 7-34　局部阴影条件下光伏模组的 *P-U* 特性曲线

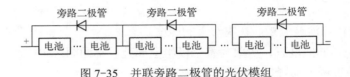

图 7-35　并联旁路二极管的光伏模组

　　图 7-36 为具有 3 个并联旁路二极管（每 24 个电池单元 1 组，并联 1 个旁路二极管，共 3 组）的光伏模组在不同局部阴影条件下的 *P-U* 曲线。曲线 1 为含有 1 个处于 40%阴影的电池单元的 *P-U* 曲线；曲线 2 为含有两个分别处于 40%和 60%阴影中的电池单元的 *P-U* 曲线，两个电池单元分别位于两个不同的旁路二极管组。由图 7-34 可见，曲线 1 有两个极大值点 *A* 和 *B*，曲线 2 有 3 个极大值点 *C*、*D* 和 *E*，然而每条曲线只有一个最大功率点，即极大值点 *B* 和 *E*。可见，常规针对单值最大功率点的算法（如扰动观察法、电导增量法等）在光伏模组处于局部阴影条件下时可能失效，陷入局部极大值点。为了提高模组的输出能力，必须设计能较好地避免陷入局部极值点的最大功率点跟踪算法。

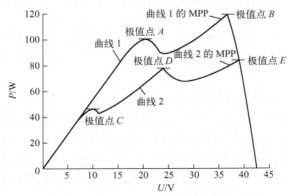

图 7-36　局部阴影条件下并联 3 个旁路二极管的光伏模组的 *P-U* 特性

7.4.2　局部阴影条件下的 MPPT 方法

目前，针对复杂光照环境下集中式光伏阵列的最大功率点跟踪算法，可分为两类：基于常规最大功率点跟踪算法的复合算法和光伏阵列特性扫描法。复合算法是将两种或两种以上的 MPPT 算法相结合，例如电压跟踪法与电导增量法相结合、导纳增量法与扰动观察法相结合的两级式全局最大功率点跟踪算法等；特性扫描法包括电流扫描法、短路电流脉冲、Fibonacci 搜索法等。

1. 结合常规算法的复合 MPPT 算法

复合 MPPT 算法的思想是先把光伏阵列的工作点设在最大功率点的附近范围，再利用 P&O、INC 等常规算法进行 MPP 定位。以定电压跟踪法与电导增量法相结合的两级式全局最大功率点跟踪算法为例，复合 MPPT 算法分为两级控制。

1）将光伏阵列的工作点控制在临近最大功率点附近。

一级控制参考下面的等效负载为

$$R_{pm} = U_{pm} / I_{pm} \qquad (7\text{-}22)$$

式（7-22）表示在一定光照条件下，最佳工作点电压和电流的比值。光伏阵列的最佳工作电压和电流与其开路电压和短路电流有一定的比例关系，而开路电压 U_{oc}、短路电流 I_{sc} 通过在线测量获取。通过 $U_{pm} \approx 0.8U_{oc}$、$I_{pm} \approx 0.9I_{sc}$，计算阵列的最佳工作电压 U_{pm} 和最佳工作电流 I_{pm}，从而得到光伏阵列运行的最佳负载值，然后控制光伏阵列的运行点逐渐接近最佳负载值与阵列 *I-U* 特性曲线的交点，并最终运行在此交点，在此过程中保存所能达到的最大功率点的数据。

以 R_{pm} 为斜率，通过坐标（0，0）点做一条直线，该直线与光伏阵列的 *I-U* 特性曲线相交于 *C* 点，如图 7-37 所示。交于 *C* 点的直线实际上相当于光伏阵列的接入电阻 R_{pm} 时的负载值。

2）启动电导增量法跟踪光伏阵列的最大功率点，实现 MPP 的最终定位。

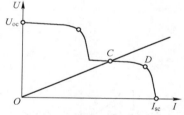

图 7-37　复合 MPPT 算法示意图

为了减少计算量，在满足 $R_{pm} \leqslant U / I$ 的区域内即交点落到局部极值点的邻域范围，使用单峰值的电导增量法，收敛于局部极值点，此时通过对比前级控制过程中保存的数据来确定收敛点是否为真正的 MPP，如果该值不是最大功率点则继续搜索，直到获得最大的功率点为止。如果上述方案的后级采用 P&O 算法，也可得到类似的效果。

该方法的优点是易于实现，并且寻优速度迅速，但是存在一些缺点：在搜索局部最优时，还是采用 P&O 等传统方法，在极值点处会有振荡，造成功率损失；光伏阵列运行过程中的全局最大功率点必须在扰动范围之内，当这个条件不满足时，算法将无法搜索到阵列的全局最大功率点。

2. 改进型 Fibonacci 搜索法

（1）Fibonacci 搜索法的基本原理

若整数数列 $\{F_k\}$（$k=0,1,\cdots$）满足下列条件，则称 $\{F_k\}$ 为 Fibonacci 数列。

$$\begin{cases} F_{k+2} = F_k + F_{k+1}, k \geqslant 0 \\ F_0 = F_1 = 1 \end{cases}$$

设单峰函数 $f(x)$，极小值点在闭区间$[a_0, b_0]$内，利用 Fibonacci 数列搜索一维（单变量）单峰函数最优值的步骤如下：首先在原始区间$[a_0, b_0]$内选择两个试探点 x_1 和 x_2，计算 $f(x_1)$值和 $f(x_2)$值并进行比较，消去一段搜索范围，在新的搜索区间内进行第二次比较，如此迭代下去，直到搜索区间小于预先给定的区间，搜索结束。

第一次迭代时，在区间$[a_0, b_0]$内按照式（7-22）和式（7-23）选取试探点 x_1^1 和 x_2^1（上标表示迭代次数）：

$$x_1^1 = a_0 + \frac{F_{n-2}}{F_n}(b_0 - a_0) = b_0 + \frac{F_{n-1}}{F_n}(a_0 - b_0) \tag{7-23}$$

$$x_2^1 = a_0 + \frac{F_{n-1}}{F_n}(b_0 - a_0) = b_0 + \frac{F_{n-2}}{F_n}(a_0 - b_0) \tag{7-24}$$

其中，区间$[a_0, x_1^1]$的长度等于区间$[x_2^1, b_0]$的长度，$x_1^1 + x_2^1 = a+b$。计算函数 $f(x_1)$和$f(x_2)$并加以比较，存在如下两种情况：

若 $f(x_1^1) \leqslant f(x_2^1)$，则消去区间$[x_2^1, b_0]$，在余下的区间$[a_0, x_2^1]$内选取第二次试探点 x_1^2 和 x_2^2，如图 7-38a 所示。此时，$a_1 = a_0$，$b_1 = x_2^1$，$x_2^2 = x_1^1$，第二次试探点的选取公式为

$$x_1^2 = b_1 + \frac{F_{n-2}}{F_{n-1}}(a_1 - b_1) \tag{7-25}$$

$$x_2^2 = a_1 + \frac{F_{n-2}}{F_{n-1}}(b_1 - a_1) \tag{7-26}$$

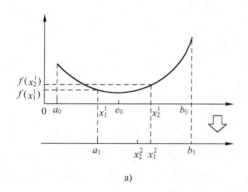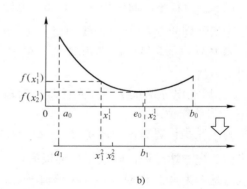

a)　　　　　　　　　　　　　　　　b)

图 7-38　Fibonacci 搜索规则示意

由式（7-25）和式（7-26）可得 $x_1^2 = a_1 + b_1 - x_2^2$。若 $f(x_1^1) > f(x_2^1)$，则消去区间$[a_0, x_1^1]$，即在余下的区间$[x_1^1, b_0]$内取试探点 x_1^2 和 x_2^2，如图 7-38b 所示，$a_1 = x_1^1$，$b_1 = b_0$，$x_1^2 = x_2^1$，同理可得，$x_2^2 = a_1 + b_1 - x_1^2$。

按照上述迭代规则，经过若干次迭代后，搜索区间会无限趋近于函数的最优值，此时需要通过区间缩减的相对精度 δ 来确定最优值。定义相对精度 δ 的选取规则如下：假设最后搜索区间为$[a_{n-1}, b_{n-1}]$，则有$(b_{n-1} - a_{n-1}) \leqslant \delta(b_0 - a_0)$，在满足相对精度 δ 的要求时，结束搜索。

相对精度 δ 越小，最优值的精度越高，但会影响响应速度。由 $F_n \geqslant 1/\delta$，可求得计算函数值次数 n，经过 $n-1$ 次迭代，搜索区间可锁定在满足相对精度 δ 要求的范围内，从而求得函数 $f(x)$ 的最优值。

将 Fibonacci 搜索法应用到光伏阵列的最大功率点跟踪时，自变量 x 可表示为光伏阵列的输出电压，$f(x)$ 表示为阵列的输出功率，结合光伏阵列的 P-U 特性曲线对最大输出功率进行跟踪，并通过控制输出电压的方法实现。然而，传统 Fibonacci 搜索法的相对精度 δ 仅通过限定自变量 x 的取值范围来对最优值进行选取，却并未从最优值自身的角度进行量化，而最大功率点跟踪的最终目的却是要搜索到光伏阵列的最大输出功率。因此，将传统的 Fibonacci 搜索法应用到光伏阵列的最大功率点跟踪时，尤其是在最大功率点附近，光伏阵列的输出功率对于输出电压的取值更加敏感，搜索到的最大功率将存在一定的误差。

针对上述问题，可以采用绝对精度 ε 的概念，对迭代条件做如下修改：当 $(b_{n-1}-a_{n-1}) \leqslant \delta(b_0-a_0)$ 且 $f(x_2^{n-1}) - f(x_1^{n-1}) \leqslant \varepsilon$ 同时满足条件时，迭代停止，求得阵列的最大功率点电压及最大输出功率。由于补充条件 $f(x_2^{n-1}) - f(x_1^{n-1}) \leqslant \varepsilon$ 对函数值 $f(x)$ 的取值给出限定，使得改进后的搜索法较传统搜索法更加精确，减小了误差，提高了光伏阵列的输出功率。

（2）MPPT 控制流程

设光伏阵列的结构为 $m \times n$，每组串联式光伏阵列均由 n 个光伏阵列构成，正常光照环境下阵列的开路电压 U_{OC_N}，最大功率点电压 U_{MPP_N} 以及最大输出功率 P_{MPP_N}、比例系数 c_N。基于前述光伏阵列的输出特性分析可知，在电压区间 $[a_i, b_i]$ 内，其中，$a_i=[(i+1)c_N-1]U_{OC\_N}$，$b_i=[(i-1)c_N +1]U_{OC\_N}$，$i=1$，$2$，$\cdots$，$n$，光伏阵列可能存在峰值功率点，且在上述（$n-1$）个电压区间内，光伏阵列的 P-U 输出呈现单峰特性；在电压区间 $[c,d]$ 内，其中，$c =[(n-2)c_N +1]U_{OC\_N}$，$d=[(n+2)c_N-1]U_{OC\_N}$，光伏阵列可能存在峰值功率点，其 P-U 输出不再遵循单峰特性。

在电压区间 $[a_i, b_i]$ 内，采用改进型 Fibonacci 搜索法跟踪光伏阵列的局部峰值功率，在电压区间 $[c, d]$ 内，采用改进型变步长扰动观测法跟踪光伏阵列的局部峰值功率，通过比较各峰值功率点，得到光伏阵列的全局最大功率点。图 7-39 所示为全局最大功率点跟踪算法的控制流程。

光伏阵列处于均匀光照环境时，需要在最大功率跟踪之前判断光伏阵列所处的光照环境，选取相应的控制算法。光照环境的判断方法如下：分别计算工作电压为 kU_{MPP_N} 时光伏阵列的输出功率 P_{MPP_k}，$k=1,2,\cdots,n$，若 $P_{MPP\_1}<P_{MPP\_2}<\cdots<P_{MPP\_n}$ 且 $P_{MPP\_n}>0.9mnP_{MPP\_N}$ 时，则光伏阵列处于均匀光照环境，设置 $a_0=(n-1)U_{MPP\_N}$，$b_0=(n+1)U_{MPP\_N}$，采用 Fibonacci 搜索法跟踪光伏阵列的最大功率。只要上述两个条件其中之一不满足，则判定光伏阵列处于复杂光照环境下，设置 $a_0=[(i+1)c_N -1]U_{OC\_N}$，$b_0=[(i-1)c_N +1]U_{OC\_N}$，在此区间内采用 Fibonacci 搜索法跟踪光伏阵列的局部最大功率 P_i，若 P_i 大于 P_{MAX}，令 $P_{MAX} =P_i$，$i=i+1$，对下一个电压区间进行功率跟踪，直到 $i= n-1$。若 $i=n$ 时，采用变步长扰动观察法跟踪光伏阵列在此电压区间内的最大功率 P_n，设置搜索区间 $[U_{begin}, U_{end}]$，令 $U_{begin}= [(n-2)c_N+1]U_{OC\_N}$，$U_{end} =[(n+2)c_N-1]U_{OC\_N}$，若 P_n 大于 P_{MAX}，则光伏阵列在整个电压区间内的最大功率 $P_{MAX} =P_n$，最大功率点电压 $U_{MAX}=U_n$。此时，调整光伏阵列的工作点电压 $U_{ref} =U_{MAX}$，最大功率点跟踪结束，使光伏阵列始终输出最大功率。

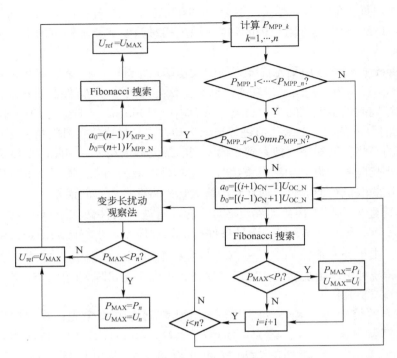

图7-39　全局最大功率点跟踪算法控制流程

3. 仿真分析

以串联式光伏阵列为仿真对象，串联阵列数目为30，每组串联式光伏阵列由10个组件串联构成，其中4个组件处于正常光照环境下，6个组件处于阴影状态下，光伏阵列的光照强度为300W/m²。仿真中设置Fibonacci搜索子程序中相对精度为0.05，绝对精度为1，光伏阵列所处的初始环境为均匀光照，在$t=1.5$s时光伏阵列处于复杂光照环境下，图7-40所示为光伏阵列最大功率点跟踪的仿真结果，分别为输出功率、输出电压以及输出电流的实时变化曲线，图7-41所示为图7-40中跟踪曲线在0.15~0.45s的放大图，即均匀光照环境下光伏阵列最大功率跟踪曲线。

在$t=0$s时搜索开始，光伏阵列的工作电压迅速升至170V，系统判定光伏阵列当前处于均匀光照环境下，在$t=0.2$s时，调用Fibonacci搜索子程序跟踪光伏阵列的最大功率，$t=0.32$s时跟踪结束，光伏阵列的工作电压约为169.85V，输出功率约为37.25kW。在$t=1.5$s时，跟踪程序再次执行，当输出电压增加至85V时，光伏阵列的输出功率下降为12.5kW，系统判定光伏阵列当前处于复杂光照环境，并开始调用Fibonacci搜索子程序在各电压区间内跟踪光伏阵列的峰值功率。在$t=2.4$s时，光伏阵列的输出电压为153V，系统开始调用变步长扰动观察法跟踪光伏阵列的峰值功率，在$t=3.8$s时跟踪结束，光伏阵列的工作电压为120V，最大输出功率为17kW。

基于改进型Fibonacci搜索法通过对光照环境进行预判，分别针对均匀光照环境和阴影情况下，能够采用不同的跟踪策略准确、快速地跟踪光伏阵列的最大功率，并适用于任意拓扑的光伏阵列。

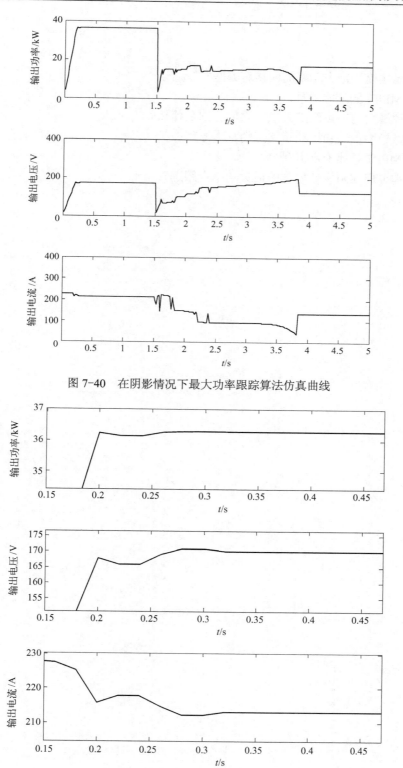

图 7-40　在阴影情况下最大功率跟踪算法仿真曲线

图 7-41　均匀光照环境下光伏阵列最大功率跟踪曲线

7.5 习题

1. 影响光伏模块最大功率的因素有哪些？
2. 描述 MPPT 的基本原理。
3. 有几种最大功率点跟踪方法？它们分别是什么？
4. 描述电导增量法和扰动干扰点的基本原理。
5. 智能 MPPT 技术有哪几种？
6. 如何实现局部阴影环境下的最大功率点跟踪？

第8章 光伏电池和光伏逆变电源的仿真技术

计算机仿真技术（Computer Simulation Technology）是利用计算机科学和技术的成果建立被仿真系统的模型，并在某些实验条件下对模型进行动态实验的一门综合性技术。它具有高效、安全、受环境条件约束少、可改变时间的比例大、速度快等优点，已成为分析、设计、运行、评价系统的重要工具。电力电子器件所固有的非线性特性，使得由电力电子器件构成的系统分析起来十分困难。计算机仿真通过使用数学模型代替实际的电力电子器件，通过数值方法求解数学方程，获得各种条件下电路及系统中各状态变量的变化规律，达到实际实验所无法达到的效果。

在光伏逆变器的研究与设计中，仿真技术占有重要部分。常用于电力电子方面的仿真软件有很多，比如 PSIM、Saber、MATLAB 和 PSpice 等。Saber 软件最早是针对电源设计领域开发的，具有大量的电源专用器件和功率电子模型。与传统仿真软件不同，Saber 在结构上采用 MAST 硬件描述语言和单内核混合仿真方案，并对仿真算法进行了改进，保证在最短的时间内获得最高的仿真精度。MATLAB 中提供的"SimPowerSystems"是进行电力电子系统仿真的理想工具，与其他器件级的仿真系统不同，SimPowerSystems 更关注器件的外特性，易于与控制系统相连接。PSIM 是专门为电力电子设计的仿真软件，具有大量的电力电子器件库，为此本章将以 PSIM 为例对光伏逆变电源的仿真做一些介绍。

8.1 PSIM 简介

PSIM 是由美国 Powersim 公司研发，全称为 Power Simulation 的一款专门为电力电子和电动机控制设计的仿真软件。PSIM 软件中的器件基本采用理想模型，计算速度非常快，学习和使用非常方便。PSIM 具有强大的仿真引擎，高效的算法克服了其他多数仿真软件的收敛失败、仿真时间长的问题。PSIM 的用户界面友好，容易掌握，且其输出数据的格式兼容性也非常好。PSIM 被广泛应用于电力电子电路的解析、控制系统设计、电机驱动研究等领域，还可以与其他公司的仿真器相连接，具备与 MATLAB/Simulink 联合仿真的能力。PSIM 可以仿真复杂的控制电路，模拟电路、s 域传递函数、z 域传递函数以及用户自己编写的 C/C++ 程序等。其中，用户编写的 C/C++ 程序，利用 Microsoft Visual C++ 编译成 DLL 文件，编译后的 DLL 文件便可以和 PSIM 链接进行仿真，如图 8-1 所示。频率特性解析是设计控制环的重要工具，相比于其他仿真软件要在执行 AC Sweep 之前把开关回路模型表示为平均模型（Average models），PSIM 可以对工作在开关状态的电路进行 AC Sweep。对于太阳能光伏应用，PSIM 还特别包含了光伏电池的模型以及 Solar Module 工作参数计算器，模型精度高，仿真和计算功能强大。

在 PSIM 中，要表示一个电路，需要由电力电路、控制电路、传感器和开关控制器 4 部分构成，如图 8-2 所示，一个电路系统在 PSIM 中是以图中所示结构进行描述的。因此，电力电路中的一个状态量必须通过一种传感器传送给控制电路，而控制信号也必须通过一种开关控制器或者接口才能传递并控制相应的电力电路。

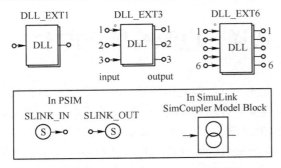

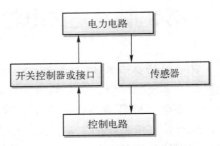

图 8-1　PSIM 的 DLL 接口和 MATLAB 接口　　　　　图 8-2　PSIM 的电路结构描述

PSIM 仿真软件包括 3 个部分：电路输入集成环境 PSIM、PSIM 仿真器以及波形分析软件 SIMVIEW。PSIM 保存的电路示意图扩展名是 sch，仿真生成的输出结果则以纯文本格式（*.txt）保存。SIMVIEW 软件完成仿真数据结果的显示、计算和分析功能。

8.1.1　软件界面

图 8-3 为 PSIM 软件的主界面，分为菜单栏、工具栏、绘图工作区、常用器件栏和状态栏。菜单栏中集中了所有可以操作的软件命令，其中很多常用的功能命令都能够在工具栏中找到，使用起来更为方便。在菜单栏中，"Elements（元件）"项为 PSIM 软件的器件库。在输入电路图的过程中用户会经常需要用到相应类别的器件以完成功能，例如，控制型器件的输出不可以直接驱动电力电路，需要添加相应的驱动电路。在元件菜单或工具栏上选定相应的元器件后，鼠标光标便会在绘图工作区改变为相应的元器件图标，这时单击鼠标左键就可以将元器件置于绘图工作区中。在绘图工作区的空白处按住鼠标右键，还可以方便地拖动"图样"，快速定位操作区域。

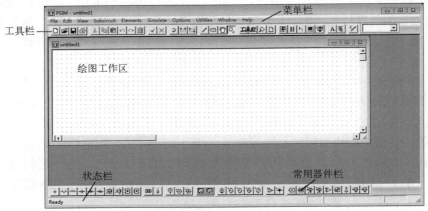

图 8-3　软件界面

8.1.2　菜单栏和工具栏 PSIM 主窗口

1. PSIM 主窗口

（1）"文件"菜单

◆ 新建 New

◆ 打开 Open

◆ 关闭 Close

◆ 关闭全部 Close All

◆ 保存 Save

◆ 另存为 Save As

◆ 保存全部 Save All

◆ 保存（密码保护）Save with Password

PSIM 具有设定密码的功能，设置密码之后的 PSIM 文档只有在输入密码后才能看到电路图，没有输入密码的情况下只能够进行仿真和查看仿真结果（波形）。

◆ 打包保存 Save in Package File

当一个 PSIM 电路图文件包含多个子电路图，或者是参数文件时，使用打包保存的方式可以将它们存成一个文件。这种保存方式也方便存档。

◆ 以旧版本保存 Save as Older Versions

◆ 打印 Print

◆ 打印预览 Print Preview

◆ 打印选择 Print Selected

◆ 打印选择预览 Print Selected Preview

◆ 页面设置 Print Page Setup

◆ 打印机设置 Printer Setup

◆ 退出 Exit

（2）"编辑"菜单

◆ 撤销 Undo

◆ 重复 Redo

◆ 剪切 Cut

◆ 复制 Copy

◆ 粘贴 Paste

◆ 全选 Select All

◆ 复制到剪贴板 Copy to Clipboard

复制到剪贴板是指复制到 Windows 操作系统的剪贴板中。例如，当需要在 Microsoft Word 中插入由 PSIM 绘制的电路图时，就可以使用这个命令。在复制时可以选择以矢量图保存的 metafile，或者 bitmap 位图及黑白单色图像。Metafile 矢量图在缩放时效果更好。若保存为 bitmap 位图，应当先将电路在 PSIM 软件中缩放至较大的显示区域，再单击"复制"到剪贴板-彩色位图，这样可以复制较高分辨率的图像。

◆ 放置文字 Text

◆ 连线 Wire

◆ 标签 Label

为节点放置标签可以将多个节点连接到同一个网络中，省去使用连线连接的烦琐。作用与 Protel 中的网络标号相同。

◆ 属性 Attributes

◆ 添加/删除电流仪表 Add/Remove Current Scope

运行该命令后，鼠标光标将有一仪表图案跟随，此时单击想要观察电流的元器件，选择相应电流，即可添加一个电流仪表。在仿真时直接单击该仪表的图标，即可方便地查看该电流。

如果想要删除相应仪表，则在单击该命令后单击想要删除的仪表即可。

◆ 显示/隐藏仿真变量 Show/Hide Runtime Variable

运行该命令后，鼠标光标将有一图案跟随，此时单击想要查看运行变量的元器件，并选择要显示的变量项目，就可以在电路图中实时显示该项目。

如果想取消显示该内容，则在单击该命令后单击想要删除的变量所属的元器件，然后将该项目前的对勾去掉即可。

显示/隐藏仿真变量的操作还可以通过在电路图中单击元器件，然后选择"仿真运行变量 Runtime Variable"进行更改。

◆ 激活 Enable

使被屏蔽的元件重新启用。

◆ 屏蔽 Disable

暂时屏蔽部分元件（软件认为该电路中无该部分）。

◆ 旋转 Rotate

◆ 左右翻转 Flip L/R

◆ 上下翻转 Flip T/B

◆ 查找 Find

◆ 查找下一个 Find Next

◆ 编辑库 Edit Library

◆ 退出 Escape

（3）"查看"菜单

◆ 状态栏 Status Bar

◆ 工具栏 Toolbar

◆ 元件工具栏 Element Toolbar

◆ 最近使用的元件 Recently Used Element List

◆ 浏览库 Library Browser

◆ 放大 Zoom In

◆ 缩小 Zoom Out

◆ 适合屏幕 Fit to Page

◆ 缩放选择 Zoom in Selected

◆ 元件列表 Element List

◆ 元件计数 Element Count

◆ 刷新 Refresh

（4）"子电路"菜单

◆ 新建子电路 New Subcircuit

◆ 导入子电路 Load Subcircuit

◆ 编辑子电路 Edit Subcircuit
◆ 设置子电路大小 Set Size
◆ 放置双向端口 Place Bi-directional Port
◆ 放置输入信号端口 Place Input Signal Port
◆ 放置输出信号端口 Place Output Signal Port
◆ 显示端口 Display Port
◆ 编辑默认变量列表 Edit Default Variable List
◆ 编辑图像 Edit Image
◆ 向上一层 One Page Up
◆ 显示顶层电路 Top Page
◆ 显示子电路名称 Display Subcircuit Name
◆ 显示子电路端口 Show Subcircuit Port
◆ 隐藏子电路端口 Hide Subcircuit Port
◆ 子电路列表 Subcircuit List

（5）"元件"菜单
◆ 电力元件 Power
◆ 控制元件 Control
◆ 其他
◆ 源 Sources
◆ 符号 Symbols
◆ 用户自定义 User Defined
◆ 事件控制元件 Event Control
◆ Simcoder for Code Generation 组件

（6）"仿真"菜单
◆ 仿真控制 Simulation Control
◆ 运行仿真 Run Simulation
◆ 取消仿真 Cancel Simulation
◆ 暂停仿真 Pause Simulation
◆ 重启仿真 Restart Simulation
◆ 仿真下一时间步长 Simulate Next Time Step
◆ 运行 SIMVIEW　Run SIMVIEW
◆ 生成网络表 Generate Netlist File
◆ 显示网络表 View Netlist File
◆ 显示警告 Show Warning
◆ 整理 SLINK 节点 Arrange SLINK Nodes
◆ 生成 C 语言源码 Generate Code
◆ 设置仿真波形显示 Runtime Graphs

（7）"选项"菜单

◆ 设置 Settings

◆ 自动运行 SIMVIEW Auto-run SIMVIEW

◆ 输入密码 Enter Password

◆ 设置 DLL 搜索路径 Set Path

◆ 自定义工具栏 Custom Toolbars

◆ 自定义热键 Custom Keyboard

◆ 保存自定义设置 Save Custom Settings

◆ 加载自定义设置 Load Custom Settings

（8）"工具"菜单

◆ s 域-z 域转换器 s2z Converter

◆ 器件数据库编辑器 Device Database Editor

◆ B-H 磁化曲线 B-H Curve

◆ 光伏模块（物理模型）计算器 Solar Module (Physical model)

◆ SimCoupler 设置 SimCoupler Setup

◆ 运行/导出到 SmartCtrl Launch/Export to SmartCtrl

◆ 单位转换器 Unit Converter

◆ 计算器 Calculator

（9）"窗口"菜单

◆ 新建窗口 New Window

◆ 层叠窗口 Cascade

◆ 堆叠窗口 Tile

◆ 整理图标 Arrange Icons

2. SIMVIEW 窗口

（1）"文件"菜单

◆ 打开 Open

◆ 合并 Merge

◆ 重新加载 Re-Load

◆ 保存设置 Save Settings

◆ 保存 Save

◆ 打印 Print

◆ 打印机设置 Printer Setup

◆ 页面设置 Print Page Setup

◆ 打印预览 Print Preview

◆ 退出 Exit

（2）"编辑"菜单

◆ 撤销 Undo

◆ 复制到剪贴板 Copy to Clipboard

◆ 查看数据点 View Data Points

（3）"轴"菜单

◆ X 轴　X Axis

◆ Y 轴　Y Axis

◆ 选择 X 轴变量　Choose X-Axis Variable

（4）"屏幕"菜单

◆ 添加/删除曲线　Add/Delete Curves

◆ 添加屏幕　Add Screen

◆ 删除屏幕　Delete Screen

（5）"测量"菜单

◆ 测量　Measure

◆ 最大值　Max

◆ 最小值　Min

◆ 下一个最大值　Next Max

◆ 下一个最小值　Next Min

（6）"分析"菜单

◆ 运行 FFT　Perform FFT

◆ 时域中显示　Display in Time Domain

◆ 平均值　Avg

◆ 绝对值平均数　Avg(|x|)

◆ 均方根　rms

◆ 功率因数　PF(power factor)

◆ 有功功率　P(real power)

◆ 视在功率　S(apparent power)

◆ 总谐波畸变率　THD

（7）"视图"菜单

◆ 缩放　Zoom

◆ 重绘　Redraw

◆ 退出　Escape

◆ 标准工具栏　Standard Toolbar

◆ 测量工具栏　Measure Toolbar

◆ 状态栏　Status Bar

◆ 计算器　Calculator

（8）"选项"菜单

◆ 设置　Settings

◆ 网格显示　Grid

◆ 颜色　Color

（9）"标签"菜单

◆ 文字　Text

◆ 直线　Line

◆ 点线 Dotted Line

◆ 箭头 Arrow

（10）"窗口"菜单

◆ 新窗口 New

◆ 层叠窗口 Cascade

◆ 堆叠窗口 Tile

◆ 整理图标 Arrange Icons

SIMVIEW 工具栏如图 8-4 所示。

图 8-4 SIMVIEW 工具栏

从左至右依次为："打开"、"打印波形"、"复制波形到剪贴板"、"撤销"、"重新载入波形"、"重绘屏幕"、"退出缩放或测量模式（返回光标）"、"x 轴设置"、"y 轴设置"、"添加/删除波形到当前屏幕"、"添加屏幕"、"选框缩放"、"放大"、"缩小"、"动态缩放"、"鼠标缩放"、"平移"、"测量"、"标记坐标值"、"FFT"、"返回到时域"、"添加文字到屏幕"、"暂存当前显示设置"、"加载暂存的显示设置"、"选择波形"、"测量 x 轴/y 轴"、"查找全局最大值"、"查找全局最小值"、"查找下一个局部最小值"、"平均值"、"方均根值"、"绝对值平均数"、"下一个数据点"、"上一个数据点"、"功率因数"、"有功功率"、"视在功率"、"总谐波畸变率"。

8.1.3 基本使用

1. 创建实验电路

打开 PSIM 软件，新建一个电路图。在元件菜单中，或者元件工具栏中查找电路所需要的元器件（如单击"元件"→"源"→"电压源"→"DC"，可以选定一个直流电源，或者直接单击元件工具栏上的图进行选择）。一旦选定一个元器件，该元器件的图像将出现在屏幕中并随光标移动，此时单击鼠标右键可以旋转元器件。通过在屏幕相应位置单击鼠标左键，就可以放置该元器件。放置元器件后，光标仍然保持该元器件的图像，表示可以继续放置。若不需要继续放置该元器件，则通过单击 PSIM 工具栏中的箭头图标图，取消对相应元器件的选择并恢复成鼠标光标。

将需要的元器件放置在屏幕上之后，可以移动相应元器件，或者旋转元器件以方便连接和观看电路图。当元器件放置好后，选择工具栏上的连线工具图（或通过菜单选择连线命令），光标将变为笔样的图标，这时可以对元器件进行连线。单击工具栏上的标签图标图放置标签，可以减少连线。相同标签对应的节点是连接在一起的，属于同一个网络节点。

最后，双击图中的元器件，并在相应处填上元器件的参数，为元器件赋值。经过以上步骤，完整的实验电路图就被创建好了。

在编辑菜单中的激活/屏蔽命令，可以激活/屏蔽电路的一部分。设置屏蔽后的电路，在电路仿真的时候将被认为是不存在的。当某些元器件只是暂时不用时，可以避免删除后再次使用时需要重复添加和设置参数。

2. 运行仿真

单击菜单中的"仿真"→"仿真控制"，可以将仿真控制元器件放入电路图中。双击仿真控制元器件，可以对仿真条件进行设置。如图 8-5 所示，对话框中依次可以设置包括仿真的时间步长、仿真的总时长、数据输出开始时间和数据间隔等参数。

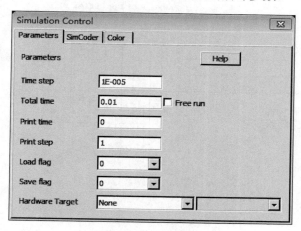

图 8-5　仿真参数设定

设定仿真参数时应注意以下几个问题：

1）时间步长的选择。PSIM 的仿真采用已设定的时间步长，仿真时间步长一定要合理选择。限制电路时间步长的因素包括开关周期、脉冲宽度或波形振幅和瞬时间隔。时间步长最少也要比以上三者小一个数量级。

2）FFT 分析应满足的要求：①波形要达到稳定；②用于 FFT 的数据长度应该是基本周期的整数倍。

设置好仿真条件后，单击"菜单仿真"→"运行仿真"，或者按〈F8〉键。当仿真运行完成后，SIMVIEW 程序会自动打开，并显示可以显示波形的变量。选择需要查看的波形，并单击"添加"，即可查看相应的波形。

应当注意的是，由于开关元器件处理上的简化，PSIM 在提高仿真速度、简化电路图设计过程的同时，也失去了描述开关过渡过程的能力。因此，对于开关过程的电流、电压尖刺等暂态过程，PSIM 一般不能详细描述。

3. 分析波形

在 Powersim 的安装目录下的 examples 目录中，有大量的示例文件可以学习参考，需要的时候还可以作为功能模块直接使用。运行 PSIM 软件所带的示例文件之一——pwm-rectifier.sch（电路见图 8-6），该电路是一个三相六开关 PWM 整流电路。上半部分是它的电力电子电路，下半部分是控制环节。控制环节的输入为传感器采集的电压信号，输出通过开关控制器控制开关管的导通与关断。

单击运行仿真按钮![按钮]启动仿真，仿真完成后会自动启动波形的分析工具 SIMVIEW。在弹出的属性设置对话框中，双击窗口左侧"可用变量"列表中的 Vdc 项目，添加 Vdc 到波形图显示变量中，单击确定之后软件将 Vdc 的仿真波形图绘制到屏幕，可以看到三相交流电被整流成近似直流电，如图 8-7 所示。

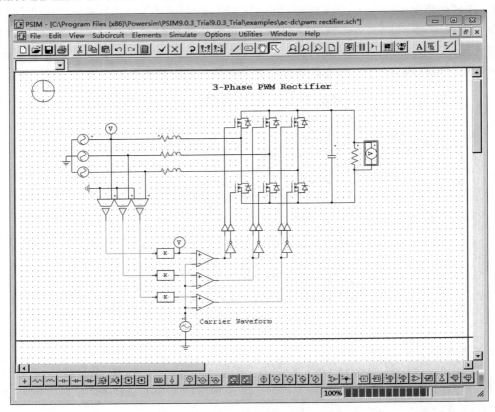

图 8-6　电路原理图

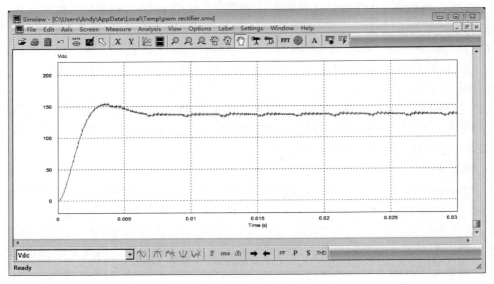

图 8-7　波形图

　　单击工具栏上的 图标（或者单击菜单"测量"→"测量"），可以激活测量光标，并在"测量"窗口上显示当前光标位置，选定波形的 X 和 Y 值。单击工具栏上的 图标（或者单击菜单"测量"→"标记数据点"），可以在波形图上标出当前测量点的 X 和 Y 值，且光标移动后数值不会消失，如图 8-8 所示。用户还可以使用"测量"菜单选择其他的测量命令，或者"分析"菜单中的命令，对波形进行更多的分析。

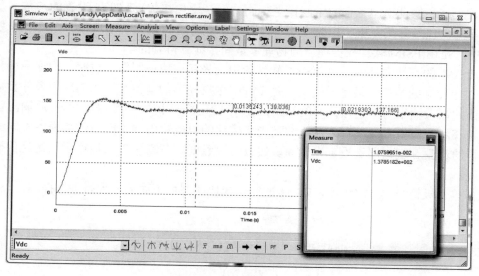

图 8-8　波形图中的测量值

8.2　光伏电池模型仿真

8.2.1　光伏电池模型

由于包含单二极管的电路等效模型可以被用于描述单体光伏电池或者串、并联结构的光伏模块（面板）的电路特性，因此在 PSIM 软件中的光伏模块元件模型既可以用于仿真单个光伏单元，也可以用于仿真光伏模块甚至是光伏阵列。

在 PSIM 中，光伏模块的模型分为物理模型和函数模型两种，两种元件在软件中的图形分别如图 8-9a、b 所示。

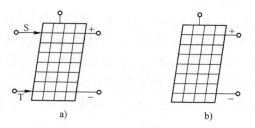

图 8-9　PSIM 软件中的光伏模块

a）物理模型　b）函数模型

这两种模型的理论基础都是光伏电池的单二极管等效电路模型，区别在于软件的使用者输入的参数类型不同。

物理模型是描述信息比较详细的模型，可以设定的参数较多，且参数与光伏模块的物理特性和工作环境相关。PSIM 软件根据用户输入的物理模型参数，对光伏模块的输出特性曲线进行计算。

函数模型和物理模型基于的电路模型相同，但是用户在仿真时需要设置的参数类型与物理模型不同，包括开路电压、短路电流、最大功率点电压和最大功率点电流。这些参数在物理模型中，是由 PSIM 软件根据模型的物理参数间接计算得到的。

在 PSIM 的帮助文件中，对 PSIM 软件使用的光伏模块模型做了说明。物理模型和函数模型有 3 个相同的端口。最上面的端口是 PSIM 根据模型的参数和输入的工作条件参数，对模型当前的最大输出功率进行计算的结果，使用电压探针可以读取。右侧的直流输出正、负极端口，在两种模型上也没有分别，都是光伏模块的电能输出端。而与函数模型不同的是，物理模型的左侧 S 端口用于设定光伏模块接收的辐照度，左侧的 T 端口用于设定光伏模块的工作温度。

根据单二极管等效电路模型，PSIM 的光伏模块模型由下面的方程组进行描述：

$$i = i_{ph} - i_d - i_r$$

$$i_{ph} = I_{sc0} \frac{S}{S_0} + C_t \left(T - T_{ref} \right)$$

$$i_d = I_0 \left(e^{\frac{qV_d}{nkT}} - 1 \right)$$

$$I_0 = I_{s0} \left(\frac{T}{T_{ref}} \right)^3 e^{\frac{qE_g}{nk} \left(\frac{1}{T_{ref}} - \frac{1}{T} \right)}$$

$$i_r = \frac{U_d}{R_{sh}}$$

$$T = T_a + K_s S$$

式中，q 为电子电荷，$q = 1.6 \times 10^{-19}$ C；k 为玻耳兹曼常数，$k = 1.38 \times 10^{-23}$ J/K；S 为光强；T_a 为绝对温度；$U_d = U/N_s + iR_s$；U 为光伏电池的端电压；i 为模块输出的电流值。

光伏模块物理模型的参数及解释如下：

光伏模块中串联的光伏单元数 N_s：光伏模块通常是由 36 个光伏电池单元串联而成的，符合串联电路电流相同电压相加的规律。

标准辐照度为 S_0：光伏模块测试的标准辐照度（单位为 W/m²），国际标准为 1000W/m²。

参考温度为 T_{ref}：标准测试条件下的温度（单位为℃），国际标准为 25℃。

串联电阻 R_s：光伏模块中单个光伏单元的串联电阻（单位为Ω）。

并联电阻 R_{sh}：光伏模块中单个光伏单元的并联电阻（单位为Ω）。

短路电流 I_{sc0}：光伏模块中的单颗光伏单元，在标准测试条件（1000W/m²，25℃）下的短路电流。

二极管饱和电流 I_{s0}：光伏模块中单颗光伏单元，在标准测试条件（1000W/m²，25℃）下的饱和电流。

能带宽度 E_g：光伏模块中单颗光伏单元的能带宽度（单位为 eV）。晶体硅光电池这一数值通常在 1.2 左右，非晶硅光电池通常为 1.75 左右。

理想因子 n：光伏模块中单颗光伏单元的理想因子，又称为发射系数，与光伏单元 PN 结特性相关。晶体硅光电池这一数值大概在 2 左右，非晶体硅光电池通常小于 2。

温度系数 C_t：温度系数（单位为 A/℃或 A/K）。

系数 K_s：系数 K_s 定义了光照强度影响光伏电池温度的情况。

8.2.2　光伏模块 *I-U* 仿真

本节介绍 PSIM 中的光伏模块物理模型元件。通过使用该模型，可以仿真得到光伏模块在不同条件下的 *I-U* 特性曲线。仿真电路图如图 8-10 所示。

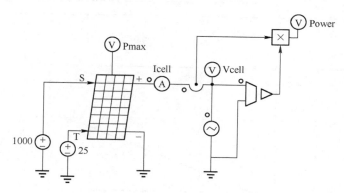

图 8-10　仿真电路图

PSIM 的光伏模块物理模型需要输入光伏模块所接收的辐照度和环境温度。在示例中，输入的是标准测试环境下的物理参数，为 1000W/m^2 的辐照度和 25℃的工作温度。在 PSIM 中，使用直流电源连接元件的参数设定端口，并通过直接将电压值设置为相应数值的方式对光伏模块设置输入参数。

标记为 Pmax 和 Icell 的分别是 PSIM 软件中的电压和电流探针，分别读取光伏模块在当前工作条件下的最大输出功率值（由 PSIM 根据用户设定的参数计算）和光伏模块的输出电流大小。它们将会对仿真过程中的电压和电流值进行记录并保存，以便在 SIMVIEW 查看相应的波形图。

在标记 Icell 和 Vcell 中间的是电路传感器，电流传感器的用法和它的名称非常相符，它的作用是将当前的电流大小传递给控制电路。与电流探针不同的是，电流传感器不记录电流值。

图中的 为电压传感器，它和电流传感器的功能类似，是将电位差值传送给控制电路。在本电路图中，由电流传感器的输出和电压传感器的输出相乘得到的光伏模块输出功率值，由电压探针 Power 记录。

图中的 为三角波电压源，它能输出周期三角波或锯齿波。在本实例中，利用该器件产生一随时间以固定斜率上升的电压信号，以记录光伏模块的 *I-U* 特性。三角波设置为占空比 0.5，频率 10000Hz，则周期为 1/10000 s，电压上升时间为 1/20000 s，即 50 us。故仿真控制元件中，设置仿真总时长为 50us。

仿真得到的 *I-U* 曲线如图 8-11 所示，*P-U* 曲线如图 8-12 所示。

PSIM 软件在 "Utilities（工具）" 菜单中还提供了 Solar Module (physical model) 功能。其界面如图 8-13 所示。

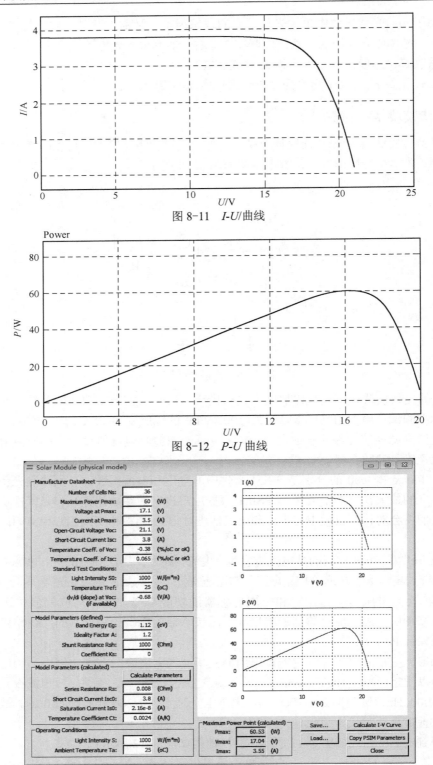

图 8-11　*I-U* 曲线

图 8-12　*P-U* 曲线

图 8-13　光伏模块的参数设置

　　通过输入光伏模块的物理参数，可以快速地计算模块的工作参数和最大功率点的信息，并获得模块的 *I-U* 曲线。

8.3　最大功率点跟踪仿真

　　最大功率点跟踪的方法不止一种，本节实例为基于扰动观察法的最大功率点跟踪仿真。本节仿真的 MPPT 算法基于 DLL 模块实现。

　　在 PSIM 软件中，用于编写函数和算法程序的编程模块有若干种，比如基于数学函数的模块、DLL 模块和 C 语言模块。本节中介绍基于外部 DLL 文件的通用 DLL 模块（在 PSIM 中为 General DLL Block）。通用 DLL 模块，比 PSIM 中另外提供的固定端口 DLL 模块更为灵活，可以定义任意数量的输入端口和输出端口。基于 C 语言编写的 DLL 模块，某些也可以直接被 PSIM 软件提供的 C 语言功能模块代替，代码无须修改。固定 3 端口输入 DLL 模块、通用 DLL 模块、C 语言模块如图 8-14 所示。

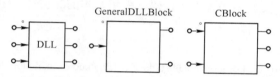

图 8-14　（从左至右）固定 3 端口输入 DLL 模块、通用 DLL 模块、C 语言模块

1. 编写 DLL 文件

　　下面使用 Microsoft Visual C++ 6.0 介绍编写 DLL 模块文件的方法。

　　首先，打开 VC6 主程序，新建一个 DLL 工程。在新建对话框中选择 Win32 Dynamic-Link Library，并选择好工程的保存路径，填写好工程名单击确定，如图 8-15 所示。

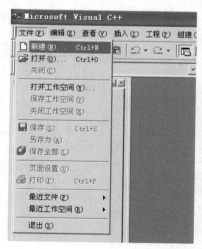
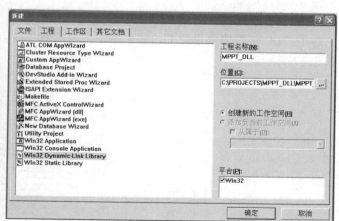

图 8-15　创建工程文件

　　在接下来的向导中选择建立一个空 DLL 工程，并单击完成。弹出的对话框询问是否创建一个空的 DLL 工程，再次单击确定。在工程中添加一个 C 语言源代码文件，如图 8-16 所示。

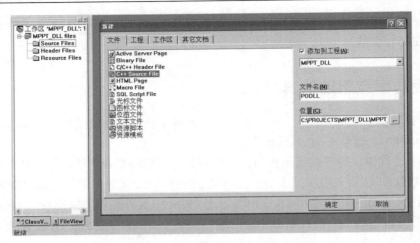

图 8-16 在工程中添加一个 C 语言源代码文件

在新建的 PODLL.C 文件中加入以下代码，引用基本的.h 文件并定义函数体：

```
#inculde<stdio.h>
#include<math.h>
_declspec(dllexport) void simuser(double t, double delt, double *in, double *out)
{
…
}
```

在函数体中编写 MPPT 算法。其中输入端口为 in[ ]数组，编号按从上到下为顺序。输出端口为 out[ ]数组，编号按从上到下为顺序。变量 t 和变量 delt 分别是时间和仿真步长。编写完成后单击菜单栏的"组建（Build）"→"全部重建（Rebuild All）"，编译通过后，便可以在工程目录的 Debug 目录下找到生成的 DLL 文件。

2. 设置 DLL 模块

通用 DLL 模块需要设置的内容包括输入端口数和输出端口数，以及 DLL 文件的位置，如图 8-17 所示。

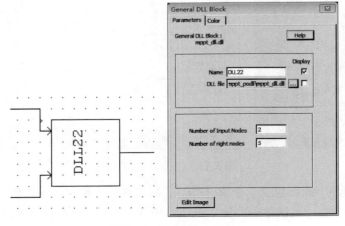

图 8-17 设置 DLL 模块

本实例中的 MPPT 算法根据光伏模块的输出电压和输出电流进行最大功率点的跟踪，因此输入端口需要两个，分别为光伏模块的输出电压值和输出电流值；输出端口只有一路信号，为 MOS 晶体管的 PWM 驱动信号。定义好 DLL 模块，加入到 Boost 电路中，得到整体的仿真电路图如图 8-18 所示，其中 VPO 为利用电压和电流传感器的输出计算的光伏模块输出功率。

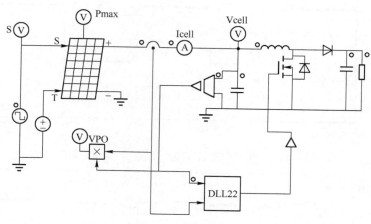

图 8-18　MPPT 算法

扰动观察法的控制流程图如图 8-19 所示。

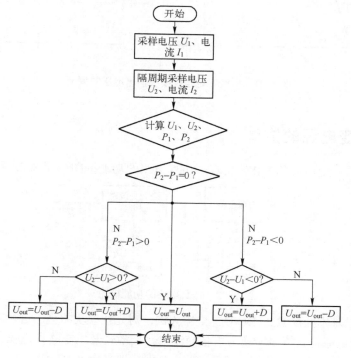

图 8-19　扰动观察法的控制流程

3．仿真测试

运行仿真，可以观察光伏模块在辐照度变化的情况下的最大输出功率值的变化（由

PSIM 软件自动计算得出），以及同光伏模块当前输出功率进行对比。仿真还可以观察光伏模块输出电压的变化情况，看到 MPPT 算法对 U_{MPP} 的跟踪效果。由图 8-20、图 8-21 可知，算法对于最大功率点的跟踪是有效的，对光伏模块的输出电压的调整是清晰可见的。

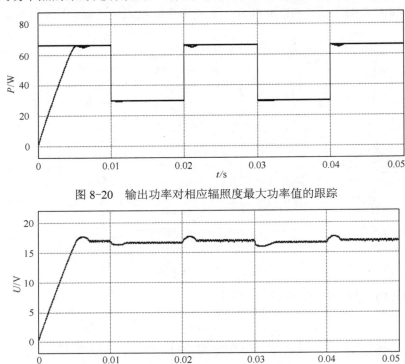

图 8-20　输出功率对相应辐照度最大功率值的跟踪

图 8-21　MPPT 对光伏模块输出电压的调节

8.4　光伏逆变电源的仿真

本节介绍光伏逆变电源的 PSIM 仿真。仿真电路的功能框图如图 8-22 所示。

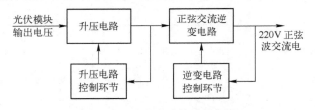

图 8-22　仿真电路的功能框图

在本例中，以基本的反激式 DC/DC 电路为例，对光伏模块的输出进行升压，然后再经过 DC/AC 桥式逆变电路将直流电转换为正弦交流电。反激式升压电路和正弦交流逆变电路，分别通过各自的控制环节控制驱动相应的开关管。反激电路如图 8-23 所示。

假定光伏模块的输出直流电压为 35V，反激变换器的设计功率为 180W，设计输出电压为 360V。设定反激变换器的工作频率为 50kHz，工作在电流连续模式（CCM）。经过计算，设置仿真中的单相变压器参数如图 8-24 所示。

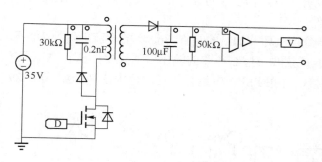

图 8-23 反激电路的电气部分

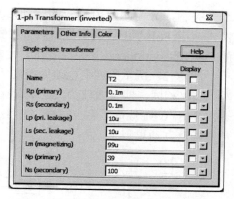

图 8-24 设置仿真中的单相变压器参数

假定的光伏模块输出直流电压为 35V，在仿真中以 35V 的直流电压源代替。仿真电路图中，标签 D 为开关管的驱动信号。反激电路包含 RCD 反峰吸收电路，R 为 33kΩ，C 为 0.2nF。反激变换器的控制部分的输入为反激变换器的输出电压 U，在 PSIM 中采用电压传感器（Voltage Sensor）获得并传送给标签（Label）V。

反激变换器控制部分的仿真设计如图 8-25 所示。控制环节根据 V 与设定值的差值，经过 PI 环节的调节，最终增大或者减小 MOS 晶体管驱动电压的

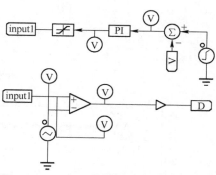

图 8-25 反激变换器控制部分的仿真设计

占空比。在本实例中，当实际输出电压值小于 360V 时，增加占空比；当实际输出电压大于 360V 时，减小占空比。

升压获得的 360V 直流电压，被送入逆变电路进行正弦交流逆变。在本实例中，逆变电路也分为电气电路和控制环节两部分，其中电气部分如图 8-26 所示。

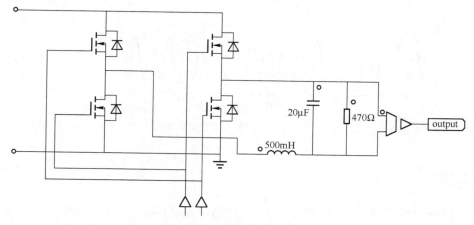

图 8-26 逆变器的电气部分

逆变电路的输出端接有电压传感器，并将测量值输出至标签 output。桥式逆变电路的 4 个开关管，分为两组由相应的驱动信号控制通断。驱动信号由控制环节输出给图中的比较器——在 PSIM 中控制信号不能直接驱动开关管，需要经过相应的电气元器件，如此处使用的 On/Off Controller（开关控制器）元器件。

图 8-27 所示为逆变电路的控制环节。控制环节的目的是将 360V 的直流电转换为波形与 Vsin 相同，即有效值为 220V 的标准正弦波。控制环节的输出可通过电压探针 V10 查看，为 SPWM 波形。将上述电路完整连接，并在 PSIM 中运行仿真，得到图 8-28、图 8-29 相应的仿真结果。

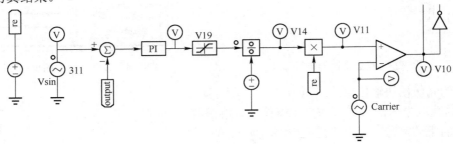

图 8-27　逆变电路的控制环节

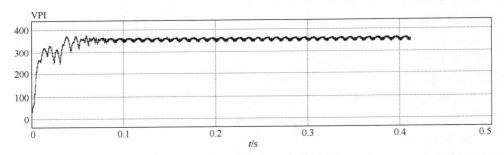

图 8-28　反激变换器的输出电压

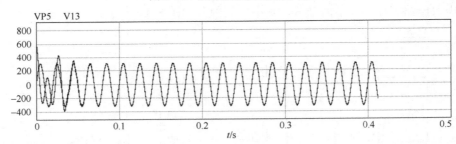

图 8-29　逆变电路的输出电压跟踪情况（VP5 为逆变电路输出电压，V13 为 Vsin 正弦波）

8.5　习题

1. 用 PSIM 软件创建一个光伏电池的实验电路，并对其最大功率点跟踪进行仿真。
2. 用 PSIM 软件创建一个反激变换器的实验电路，并对其进行仿真。
3. 用 PSIM 软件创建一个桥式逆变器的电路，并对其进行仿真。

第9章 并网逆变器的孤岛效应与检测方法

孤岛效应是并网光伏发电系统存在的一个基本问题,孤岛检测与防护是并网发电系统必须考虑的功能,是人员和设备安全的重要保证,也是并网逆变器面临的一项关键技术。本章从孤岛效应产生的原理、危害及防护要求出发,重点介绍和分析目前常用的被动式孤岛检测法,如过/欠电压和高/低频率检测法、相位突变法和电压谐波检测法;以及主动式孤岛检测法,如主动频率偏移法、模频漂检测法和自动移相法,并给出数字仿真实验结果。

9.1 孤岛效应的产生机理及危害

9.1.1 孤岛效应的定义

所谓的"孤岛"是指电力系统的一部分(含负载和正在运行的发电设备)与其余部分隔离,能独立供电运行的一种状态。光伏逆变器连接到公共电网上运行,由逆变器和电网共同向负载供电,当电网因事故或停电维修等原因停电时,各个用户端的逆变器未能及时检测出停电状态而将自身切离市电,并以其自身的输出频率和电压向周围负载供电,这样就形成由太阳能并网发电系统和周围负载形成的一个电力公司无法掌握的自给供电的"孤岛",并称此时的逆变器运行在孤岛状态。

孤岛效应是并网发电系统特有的现象,具有相当大的危害性,不仅会危害到整个配电系统及用户端的设备,更严重的是会造成输电线路维修人员的生命安全。目前,对孤岛效应的研究可以分为两种情况,即反孤岛效应和利用孤岛效应。反孤岛效应(可简称为反孤岛)是指禁止非计划孤岛效应的发生,由于这种供电状态是未知的,将造成一系列的不利影响,并且随着电网中分布式发电装置数量的增多,造成危险的可能性更大,而传统的过/欠电压、过/欠频保护已经不再满足安全供电的要求。因此,ULl741、IEEE Std. 929-2000中规定,分布式发电装置必须采用反孤岛方案来禁止非计划孤岛效应的发生。利用孤岛效应是指按预先配置的控制策略,有计划地发生孤岛效应,具体是指在因电网故障或维修而造成供电中断时,由分布式发电装置继续向周围负载供电,从而减少因停电而带来的损失,提高供电质量和可靠性。本章主要对光伏并网中的反孤岛效应进行研究。

9.1.2 孤岛效应发生的机理

光伏并网系统与本地负载相连,通过投闸开关连接到配电网上,其拓扑如图 9-1 所示,当电网停电或其他原因导致投闸开关断开时,光伏并网发电系统完全有可能与其周围本地负载一起形成孤岛。

1. 孤岛效应产生的主要原因

孤岛效应产生的主要原因有以下几个方面:

1）公共电网检测到故障，导致网侧投闸开关跳开，但是并网发电装置或者保护装置没有检测到故障而继续运行。

2）由于电网设备故障而导致正常供电的意外中断。

3）电网维修造成的供电中断。

4）工作人员的误操作或蓄意破坏。

5）自然灾害（风、雨、雷电等）。

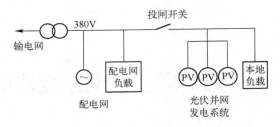

图9-1 孤岛研究的电网拓扑

以上几种情况都是电网非正常运行时所引发的孤岛效应。此时由于负载需求功率与发电装置输出功率的不匹配以及缺乏适当的电压和频率控制，所导致的不确定状况将会给电网和用户设备等带来一系列不利影响。

2. 孤岛检测的基本原理

电流控制型并网逆变器发电系统的功率图如图 9-2 所示，DG 表示分布式光伏发电系统。逆变器工作于单位功率因数正弦波控制模式，也即所带的本地 *RLC* 负载的谐振频率为电网频率，局部负载用并联 *RLC* 电路表示。负载功率与逆变器输出完全匹配的负载参数为 *R*、*L*、*C*，不匹配的负载由 *R*+Δ*R*，*L*+Δ*L*，*C*+Δ*C* 来表示。

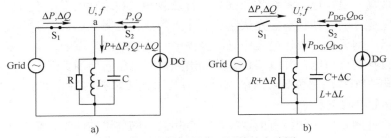

图9-2 断网前后孤岛区域等效电路图

a) 并网运行等效电路图 b) 断网后等效电路图

当电网正常运行时如图 9-2a 所示，逆变器向负载提供的有功功率为 P、无功功率为 Q，电网向负载提供的有功功率为 ΔP、无功功率为 ΔQ，负载需求的有功功率为 P_{load}、无功功率为 Q_{load}，U、f 为公共耦合点 a 的电压和频率，根据能量守恒定律，a 处的功率为

$$\begin{cases} P_{\text{load}} = P + \Delta P \\ Q_{\text{load}} = Q + \Delta Q \end{cases} \tag{9-1}$$

$$R = \frac{U^2}{P} \tag{9-2}$$

$$L = \frac{U^2}{2\pi f Q_{\text{f}} P} \tag{9-3}$$

$$C = \frac{Q_{\text{f}} P}{2\pi f U^2} \tag{9-4}$$

$$f = \frac{1}{2\pi \sqrt{LC}} \tag{9-5}$$

式（9-4）中，f 为谐振频率；Q_f 为负载品质因数。

Q_f 等于谐振时每周期最大储能与所消耗能量比值的 2π 倍，Q_f 的值越大，负载谐振能力越强。如果谐振负载包含具体数值的并联电感 L、电容 C 和有效电阻 R，Q_f 的大小定义为

$$Q_f = R\sqrt{\frac{L}{C}} \text{ 或 } Q_f = \frac{1}{P}\sqrt{Q_L Q_C}$$

当电网掉电以后的等效电路如图 9-2b 所示，节点 a 处的电压变为 U'，RLC 负载的谐振频率为

$$f' = \frac{1}{2\pi\sqrt{(L+\Delta L)(C+\Delta C)}} \tag{9-6}$$

由此可得

$$\frac{f'-f}{f} = \frac{\dfrac{1}{2\pi\sqrt{(L+\Delta L)(C+\Delta C)}} - \dfrac{1}{2\pi\sqrt{LC}}}{\dfrac{1}{2\pi\sqrt{LC}}} = \frac{\sqrt{LC}}{\sqrt{(L+\Delta L)(C+\Delta C)}} - 1 \tag{9-7}$$

如果逆变器过频（OFR）、欠频（UFR）继电器的动作值是 f_{max}、f_{min}，则当断网后负载的不匹配程度满足下面不等式时，频率的变化没有越限，频率继电器不动作。

$$\frac{f_{min}-f}{f} \leqslant \frac{\sqrt{LC}}{\sqrt{(L+\Delta L)(C+\Delta C)}} - 1 \leqslant \frac{f_{max}-f}{f} \tag{9-8}$$

令 $\Delta C\Delta L = 0$，则

$$\left(\frac{f}{f_{max}}\right)^2 - 1 \leqslant \frac{\Delta L}{L} + \frac{\Delta C}{C} \leqslant \left(\frac{f}{f_{min}}\right)^2 - 1 \tag{9-9}$$

由此可得 ΔL、ΔC 和 ΔQ 三者之间的关系为

$$\begin{aligned}\Delta Q &= U'^2\left[\frac{1}{2\pi f(L+\Delta L)} - 2\pi f(C+\Delta C)\right] \\ &= U'^2\left[\frac{1}{2\pi fL(1+\Delta L/L)} - 2\pi fC(1+\Delta C/C)\right] \\ &= \frac{Q_L}{1+\Delta L/L} - Q_C(1+\Delta C/C)\end{aligned} \tag{9-10}$$

由式（9-9）、式（9-10）可以得出

$$Q_f\left[1 - \left(\frac{f}{f_{min}}\right)^2\right] \leqslant \frac{\Delta Q}{P_L} \leqslant Q_f\left[1 - \left(\frac{f}{f_{max}}\right)^2\right] \tag{9-11}$$

IEEE Std.1547-2003 标准规定：额定电网频率 f_{nor}=60Hz，f_{min}=59.3Hz，f_{max}=60.5Hz，其中 f_{nor} 为电网额定基波频率。我国额定电网频率采用的是 f_{nor}=50Hz，所以根据比例计算，f_{min}=49.417Hz，f_{max}=50.417Hz。

并网运行时，逆变器输出的有功功率为

$$P = U^2/(R+\Delta R) \tag{9-12}$$

电网断开后，负载的有功功率变为

$$P_L = U'^2 / R \qquad (9\text{-}13)$$

假设并网系统采用的是恒定功率控制，则有

$$\frac{U'^2}{R} = \frac{(U+\Delta U)^2}{R} = \frac{U^2}{R+\Delta R} \qquad (9\text{-}14)$$

简化上式，得

$$\frac{\Delta R}{R} = 2\frac{\Delta U}{U} + \left(\frac{\Delta U}{U}\right)^2 \qquad (9\text{-}15)$$

并网运行时，AP 由电网提供，即

$$\Delta P = \frac{U^2}{R} - \frac{U^2}{R+\Delta R} \qquad (9\text{-}16)$$

则

$$\frac{\Delta P}{P} = \frac{\dfrac{U^2}{R} - \dfrac{U^2}{R+\Delta R}}{U^2/(R+\Delta R)} = \frac{1}{1+\Delta R/R} - 1 \qquad (9\text{-}17)$$

将式（9-15）代入式（9-17），得

$$\frac{\Delta P}{P} = \frac{1}{1+2\dfrac{\Delta U}{U}+\left(\dfrac{\Delta U}{U}\right)^2} - 1 = \frac{1}{\left(\dfrac{\Delta U}{U}+1\right)^2} - 1 \qquad (9\text{-}18)$$

如果逆变器过电压（OVR）、欠电压（UVR）继电器的动作值是 U_{max}、U_{min}，则当断网后负载的不匹配程度满足不等式（9-19）时，电压的变化没有越限，继电器不动作。

$$\left(\frac{U}{U_{max}}\right)^2 - 1 \leqslant \frac{\Delta P}{P} \leqslant \left(\frac{U}{U_{min}}\right)^2 - 1 \qquad (9\text{-}19)$$

综上所述，可以看出当电源与负载有功不匹配时，负载端电压发生变化；当电源与负载无功不匹配时，频率发生变化。当功率不匹配程度足够大，即 ΔP 和 ΔQ 足够大，那么负载电压频率值超过逆变器的过电压（OVR）、欠电压（UVR）、过频（OFR）和欠频（UIR）继电器的额定范围，此时继电器动作，强迫逆变器与负载脱离，停止工作。如果逆变器提供的功率与负载需求的功率相匹配，即 $P_{load}=P$、$Q_{load}=Q$，那么当线路维修或故障而导致网侧开关 S 断开时，公共耦合点 a 点电压和频率的变化不大，则继电器失效，孤岛检测失败，进入检测盲区。

9.1.3 孤岛效应的危害

尽管有学者对光伏并网系统孤岛效应的研究中得出了孤岛效应发生的可能性极小的结论，但毕竟研究的范围有限，不能适用于所有的分布式发电系统，也不能满足未来发展的要求，所以孤岛效应作为分布式发电系统的一个技术问题，必须对其危险性有足够的重视，并采用适当的方案来加以防止或利用。下面针对孤岛效应可能带来的不利影响来进行危险性分析：

1）当电网无法控制孤岛发生区域中的电压和频率，可能发生供电电压与频率不稳定的现象，电源的电压和频率可能会对孤岛系统中的用电设备产生一定的损害。

2）如果负载容量大于逆变电源容量，导致逆变电源过载运行，逆变电源容易被烧毁。

3）孤岛的电压相量会相对于主网产生漂移，如果两者相位相差很大，当电网快速恢复时，可能引起孤岛系统并网重合闸时再次跳闸，甚至损坏发电设备和其他连接设备。

4）当发电系统处于孤岛时，与逆变电源相连的线路仍然带电，可能会危及电力线路的维护人员的安全，降低电网的安全性。

5）妨碍供电系统正常恢复供电。孤岛发生后，逆变电源的输出与电网失去了同步时序，当电网恢复供电时可能因出现大的冲击电流而导致该线路再次跳闸（重合闸失败），导致损坏逆变器和设备。

针对可能发生的孤岛效应，并网逆变器一般会采用被动和主动两种方式进行防护：一是被动式防护，当电网中断供电时，会在电网电压的幅值、频率和相位参数上产生跳变信号，通过检测跳变信号来判断电网是否断电；二是主动式防护，对电网参数发出小干扰信号，通过检测反馈信号来判断电网是否断电。一旦并网逆变器检测并确定电网断电后，会立即自动运行"电网断电自动关闭"功能。当电网恢复自动供电时，并网逆变器会在检测到电网信号后持续90s，待电网完全恢复正常后才开始运行"电网恢复自动运行"功能。

为了将孤岛效应发生带来的危害降至最低，研究检测方法及相应的保护措施具有十分重要的现实意义。

9.2 孤岛检测标准及发展现状

9.2.1 孤岛检测标准

孤岛检测标准的制定开始于20世纪90年代早期和中期，并且不断修订。从最初检测标准只适用于光伏并网系统，到现今的标准适用于所有连接于配电网低压部分的分布式电源。我国虽尚未对光伏系统并网立法，但从国外发展来看，光伏并网发电系统必须具备孤岛检测的功能和制定相关标准是今后我国光伏并网发电系统的发展趋势。

最初制定标准时一般指定使用某种检测方法或多种检测方法。例如，德国标准要求必须使用中心检测单元（Mains Monitoring Unit），装置中采用阻抗测量和过/欠频、过/欠电压检测方法相结合使用。同样在日本，要求至少有一种被动检测方法和一种主动检测方法相结合使用。但北美标准引导了孤岛检测标准的发展趋势，其中，美国电气电子工程师协会（IEEE）占了主导，其所制定的标准 IEEE Std. 929-2000，IEEE Std. 1547-2003 现今仍被许多电力公司采用，用做分布式电源（Distributed Generation，DG）的并网标准和并网逆变器的设备安全标准。标准中不再要求使用具体的检测方法，而主要基于孤岛检测方法和孤岛测试过程中的性能表现。欧洲国家孤岛检测的性能标准有很大不同。例如荷兰，由于荷兰的自动重合闸装置一般在中、高压输电线路上，而分布式电源主要连接于低压配电线路，他们认为所形成的孤岛对高压的自动重合闸的影响是很小的，因此，荷兰仅要求使用最基本的被动检测方法：欠/过频检测方法。类似的国家还有瑞士。而在德国则明确制定了具体的孤岛检测方法、测试步骤以及性能要求。但是此标准不但阻碍了其他孤岛检测方法的发展，也阻止了欧洲标准的演变。目前，北美提倡的标准占主导地位，其基本标准为孤岛检测和测试过程的性能，而不仅仅是局限于使用某种具体的检测方法。

根据国际专用标准 IEEE Std.929-2000、UL1741 的规定，并网逆变器必须具有防孤岛（Anti–Islanding）的功能，同时给出了逆变系统在电网断电后检测到孤岛现象并实现脱网的时间限制，具体规定见表 9-1。U_{nom} 是指电网电压幅值的正常值，f_{nom} 是指电网电压频率的正常值。

表 9-1　国际专用标准 IEEE Std.929-2000、UL1741 对孤岛最大检测时间的限制

状　态	断电后电压幅值	断电后电压频率	允许最大检测时间
A	$U<50\%U_{nom}$	f_{nom}	6 周期
B	$50\%\,U_{nom}\leq U<88\%U_{nom}$	f_{nom}	120 周期
C	$88\%U_{nom}\leq U\leq U_{nom}110\%$	f_{nom}	正常工作
D	$110\%U_{nom}<U<137\%U_{nom}$	f_{nom}	120 周期
E	$U\geq137\%U_{nom}$	f_{nom}	2 周期
F	U_{nom}	$f<f_{nom}-0.7Hz$	6 周期
G	U_{nom}	$f<f_{nom}+0.5Hz$	6 周期

表 9-1 适用于额定功率小于 30kW 的发电装置，对额定功率大于 30kW 的发电装置，电压和频率的范围以及孤岛效应检测时间都是现场可调的。

标准 IEEE Std.929-2000、UL1741 还给出了用于测试并网逆变器防孤岛能力的测试电路和方法，如图 9-3 所示。

测试电路主要由电网、RLC 负载、并网逆变器和电网隔离开关组成。检测点在电网隔离开关和负载开关之间，RLC 为本地平衡负载。在选择 RLC 参数时涉及电路的品质因数 Q 值的选取问题，高 Q 值使电路有朝着并趋于保持谐振频率处工作的趋势，Q 值太大或太小都是不实际和不可取的，通常选取 $Q\leq2.5$。当电网隔离开关 S_2 断开时，发电系统处于孤岛状态。

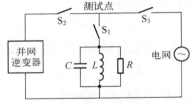

图 9-3　并网逆变器防孤岛测试电路

我国 2005 年底发布的标准 GB/T 19939—2005《光伏系统并网技术要求》中对防孤岛效应也作了具体规定，要求"应设置至少各一种主动和被动防孤岛效应保护"，同时还对公共节点处的过/欠电压、过/欠频保护见表 9-2 的规定。U_{nom} 对于中国的单相市电，为交流 220V（有效值），f_{nom} 对于中国的单相市电，频率为 50Hz。

表 9-2　GB/T 19939-2005 关于过/欠电压、过/欠频保护的规定

状　态	断电后电压幅值	断电后电压频率	允许最大检测时间
A	$U<50\%U_{nom}$	f_{nom}	0.1s
B	$50\%U_{nom}\leq U<85\%U_{nom}$	f_{nom}	2.0s
C	$85\%U_{nom}\leq U\leq110\%U_{nom}$	f_{nom}	继续运行
D	$110\%U_{nom}<U<135\%U_{nom}$	f_{nom}	2.0s
E	$U\geq135\%U_{nom}$	f_{nom}	0.05s
F	U_{nom}	$f<f_{nom}-0.5Hz$	0.2s
G	U_{nom}	$f>f_{nom}+0.5Hz$	0.2s

9.2.2　孤岛检测方法研究现状

孤岛检测是近二十多年由于分布式发电快速发展而产生的安全保护措施，最初是从太阳能光伏并网发电系统研究开始的。随着分布式发电在发电系统中所占比重越来越大，人们对孤岛检测方法的形成了新的研究热点，目前研究主要集中在日本、欧美和德国，且大多数研究都是针对并网逆变器型分布式发电系统。各国学者在研究过程中已经提出了许多有效的孤岛检测方法。根据孤岛检测地点和基本工作原理，可将孤岛检测方法进行分类：按检测地点可分为远程检测（检测在电网侧）和本地检测（检测在逆变器侧）。

1．远程检测

远程检测是利用通信、电力载波等方法，在电网侧对孤岛状态进行检测。如电力线载波通信法，或基于数据采集和监视控制的孤岛检测方法。远程检测技术需要电网和分布式发电之间有紧密交互的联系，同时基于通信的远程孤岛检测方法。由于需要的设备多、投资比较大，性能价格比不高，因此目前所采取的方法主要为本地检测方法。

2．本地检测

本地孤岛检测方法又分为被动式检测法和主动式检测法。

（1）被动式检测法

被动式检测法是利用电网断电时逆变器输出端电压、频率、相位或谐波的变化进行孤岛效应检测。但当光伏系统输出功率与局部负载功率平衡，被动式检测方法将失去孤岛效应检测能力，存在较大的非检测区域（Non-Detection Zone，NDZ）。但是该方案不需要增加硬件电路，也不需要单独的保护继电器，一般实现起来比较简单。典型的被动式检测方法有过/欠电压和高/低频率检测法、电压谐波检测法、电压相位突变检测法等。

（2）主动式检测法

主动式检测法是指通过控制逆变器，使输出的功率、频率或相位存在一定的扰动，然后检测它的响应，根据检测到的响应参数的变化来确定孤岛是否发生。电网正常工作时，由于电网的平衡作用，检测不到这些扰动。一旦电网出现故障，逆变器输出的扰动将快速累积并超出允许范围，从而触发孤岛效应检测电路。某些主动式孤岛检测方法的 NDZ 很小，甚至可做到无 NDZ，但是控制比较复杂。由于要在系统中引入扰动信号，这将使系统中的电能质量降低，并对系统的稳定性有一定影响。目前并网逆变器的反孤岛策略一般都采用被动式检测和主动式检测相结合的方案。

典型的主动式检测方法有：主动频率偏移检测法、滑模频漂检测法、带正反馈的主动频率偏移检测法、频率突变检测法、周期电流干扰检测法和频率突变检测法等。

3．其他检测方法

孤岛效应检测除了上述普遍采用的被动式检测法和主动式检测法之外，还有一些逆变器外部的检测方法。如"网侧阻抗插值法"，该方法是电网出现故障时在电网负载侧自动插入一个大阻抗，使得网侧阻抗突然发生显著变化，从而破坏系统功率平衡，造成电压、频率和相位的变化。还有一种方法是运用电网系统的故障信号进行控制，一旦电网出现故障，电网侧自身的监控系统就会向光伏发电系统发出控制信号，以便能够及时切断分布式发电系统与电网的并联运行。

9.3　被动式孤岛检测方法

本节将介绍三种常用的被动式孤岛检测方法：过/欠电压及高/低频率检测法、相位突变法和电压谐波检测法。

9.3.1　过/欠电压和高/低频率检测法

过/欠电压（Over-Voltage Protect/Under-Voltage Protect，OVP/UVP）和高/低频率（Over-Frequency Protect/ Under-Frequency Protect，OFP/UFP）检测法是在公共耦合点的电压幅值和频率超过或低于正常范围时，停止逆变器并网运行的一种检测方法。逆变器工作时，电压、频率的工作范围要合理设置，允许电网电压和频率的正常波动，一般对220V/50Hz电网，电压和频率的工作范围分别为 194V≤U≤242V、49.5Hz≤f≤50.5Hz。如果电压或频率偏移值达到孤岛检测设定阈值，就可以检测到孤岛发生。

1. 检测原理

对于图 9-2，电网正常（开关 S_1 闭合）时，逆变电源输出功率为 $P+jQ$，负载功率为 $P_{load}+jQ_{load}$，电网输出功率为 $\Delta P+j\Delta Q$。此时，公共耦合点 a 的电压幅值和频率由电网决定，OVP/UVP、OFP/UFP 不会动作，即不会干扰系统正常运行。如果 $\Delta P\neq 0$，逆变器输出有功功率与负载有功功率不匹配，则公共耦合点电压将发生变化；如果 $\Delta Q\neq 0$，逆变器输出无功功率与负载无功功率不匹配，则公共耦合点电压的频率将发生变化。如果它们的变化超出了正常范围，就会使 OVP/UVP、OFP/UFP 动作，实现孤岛状态检测从而防止孤岛发生。

1）当 $\Delta P>0$ 时，逆变系统提供的有功功率小于负载所消耗的功率，即 $P_{load}>P$，当 S_1 断开的瞬间，ΔP 突然降为零，导致供给负载的有功能量 P_{load} 突然减小，由式（9-13）可知 U 将随之降低，如果 U 降低至超出低压保护阈值，即可通过 UVP 实施孤岛保护。

2）当 $\Delta P<0$ 时，逆变系统提供的有功功率多于负载所消耗的功率，即 $P_{load}<P$，当 S_1 断开的瞬间，ΔP 突然降为零，逆变系统提供的有功功率全部共给负载，导致 P_{load} 突然增大，由式（9-13）可知 U 将随之升高，如果 U 升高至超出高压保护阈值，即可通过 UVP 实施孤岛保护。

3）当 $\Delta Q>0$ 时，负载消耗的无功分量中感性大于容性，由负载消耗的无功功率 $Q_L=U^2\left(\dfrac{1}{\omega L}-\omega C\right)$，可知此时有 $\omega<(LC)^{-0.5}$。当 S_1 断开的瞬间，ΔQ 突然降为零，为维持逆变器单位功率因数的并网条件，应有 $Q_{load}=Q+\Delta Q=0$，因此需要升高 ω 直至负载谐振角频率 $\omega_{res}<(LC)^{-0.5}$。一旦 ω 升至超出频率保护阈值，即可通过 OFP 实施孤岛保护。

4）当 $\Delta Q<0$ 时，负载消耗的无功分量中感性小于容性，此时有 $\omega>(LC)^{-0.5}$。与 $\Delta Q>0$ 的情况类似，当 S_1 断开瞬间，只有降低 ω 直至负载谐振角频率 ω_{res} 时才能维持逆变器单位功率因数并网条件。一旦 ω 降至超出频率保护阈值，即可通过 UFP 实施孤岛保护。

这种检测方法成本低，容易实现，大多数被动式监测方法都是建立在该方法的基础上。但是，当电网正常工作时，如果 $\Delta P=0$、$\Delta Q=0$，则在孤岛形成后，a 点电压的幅值和频率都不会变化，UVP/UVP、OFP/UFP 检测失败。实际上，ΔP、ΔQ 并不完全要求等于零才会发生这种现象。这是因为市电的电压和频率总是在一个范围内波动，因此 4 种 Over/Under 保护的门槛值不可能设得太小，否则会出现误操作，因此仅依靠电压或频率检测无法得知电网异常情况，系统会继续以并网方式运行，即进入检测盲区。

2. 有效性评估

盲区描述是评判孤岛检测有效性的常用工具之一。盲区是指在某种孤岛检测方法下，使检测失败的所有负载总和。对于过/欠电压-过/欠频孤岛检测，可采用功率失配空间法描述其盲区。该描述方法是一个二维空间，以有功不匹配度（$\Delta P/P_{PV}$）为横轴，无功不匹配度（$\Delta Q/P_{PV}$）为纵轴。设置电压和频率保护的阈值如下：

$$U_{\min} \leqslant U_a \leqslant U_{\max} \tag{9-20}$$

$$f_{\min} \leqslant f_a \leqslant f_{\max} \tag{9-21}$$

（1）逆变器工作在恒功率（P_{PV}）状态

实际运行中，光伏并网系统工作在输入/输出功率平衡状态，可认为孤岛发生前后逆变器输出功率不变。由图 9-2 可知，逆变器并网工作时，有功功率不平衡对逆变器功率的归一化可表示为

$$\frac{\Delta P}{P_{PV}} = \frac{P_L - P_{PV}}{P_{PV}} = \frac{P_1}{P_{PV}} - 1 = \frac{U_g^2/R}{P_{PV}} - 1 \tag{9-22}$$

U_g、f_g 分别为电网的电压和频率。电网脱开后，公共点电压为

$$U_a = \sqrt{P_{PV}R} \tag{9-23}$$

将式（9-23）代入式（9-22），有

$$\left(\frac{U_g}{U_{\max}}\right)^2 - 1 \leqslant \frac{\Delta P}{P_{PV}} \leqslant \left(\frac{U_g}{U_{\min}}\right)^2 - 1 \tag{9-24}$$

归一化的无功功率不平衡：

$$\frac{\Delta Q}{P_{PV}} = \frac{Q_L}{P_{PV}} = \frac{P_L\left(\dfrac{f_0}{f_g} - \dfrac{f_g}{f_0}\right)Q_f}{P_{PV}} \tag{9-25}$$

将式（9-23）代入式（9-25），可得

$$\frac{\Delta Q}{P_{PV}} = \frac{U_g^2}{U_a^2}\left(\frac{f_0}{f_g} - \frac{f_g}{f_0}\right)Q_f \tag{9-26}$$

当电网断开后，由于逆变器功率因数控制为 1，系统进入稳态后无功功率必然为 0。将式（9-20）、式（9-23）代入式（9-25），可得：

$$\left(\frac{U_g}{U_{\max}}\right)^2 Q_f\left(\frac{f_{\min}}{f_g} - \frac{f_g}{f_{\min}}\right) \leqslant \frac{\Delta Q}{P_{PV}} \leqslant \left(\frac{U_g}{V_{\min}}\right)^2 Q_f\left(\frac{f_{\max}}{f_g} - \frac{f_g}{f_{\max}}\right) \tag{9-27}$$

以我国标准为例：$U_{\max}=110\%U_g$，$U_{\min}=85\%U_g$，$f_{\max}=50.5\text{Hz}$，$f_{\min}=49.5\text{Hz}$，$Q_f=2.5$，可得

$$-17.36\% \leqslant \frac{\Delta P}{P_{PV}} \leqslant 38.4\%$$

$$-6.2\% \leqslant \frac{\Delta Q}{P_{PV}} \leqslant 6.89\%$$

所对应的盲区图如图 9-4 所示。

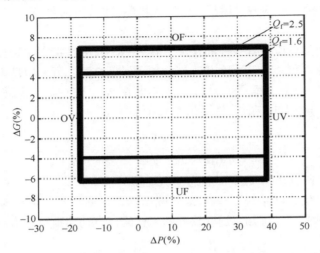

图 9-4　恒功率控制下过/欠电压-过/欠频孤岛检测盲区图

（2）逆变器工作在恒电流（I_{PV}）状态

有功功率不平衡归一化如下：

$$\frac{\Delta P}{P_{PV}} = \frac{P_L - P_{PV}}{P_{PV}} = \frac{P_L}{P_{PV}} - 1 = \frac{U_g^2 / R}{U_g I_{PV}} - 1 \tag{9-28}$$

电网断开后，公共点电压为

$$U_a = I_{PV} R \tag{9-29}$$

将式（9-20）、式（9-29）代入式（9-28），得

$$\frac{U_g}{U_{max}} - 1 \leqslant \frac{\Delta P}{P_{PV}} \leqslant \frac{U_g}{U_{min}} - 1 \tag{9-30}$$

归一化的负载无功不平衡如下：

$$\frac{\Delta Q}{P_{PV}} = \frac{Q_L}{P_{PV}} = \frac{P_L Q_f \left(\dfrac{f_0}{f_g} - \dfrac{f_g}{f_0} \right)}{U_g I_{PV}} \tag{9-31}$$

将式（9-6）代入式（9-12）并化简，有

$$\frac{U_g}{U_{max}} Q_f \left(\frac{f_{min}}{f_g} - \frac{f_g}{f_{min}} \right) \leqslant \frac{\Delta Q}{P_{PV}} \leqslant \frac{U_g}{U_{min}} Q_f \left(\frac{f_{max}}{f_g} - \frac{f_g}{f_{max}} \right) \tag{9-32}$$

与恒功率控制一样，取我国标准，得

$$-9.1\% \leqslant \frac{\Delta P}{P_{PV}} \leqslant 11.76\%$$

$$-6.84\% \leqslant \frac{\Delta Q}{P_{PV}} \leqslant 5.85\%$$

所对应的盲区图如图 9-5 所示。

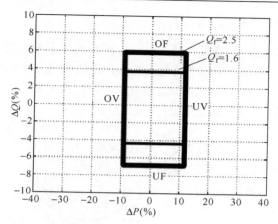

图 9-5　恒电流控制下过/欠电压-过/欠频孤岛检测盲区图

　　由于恒功率状态更接近于孤岛发生前后系统实际的运行方式，因此对其着重分析。由图 9-4 可知：

　　1）在 Q_f=2.5 时，在恒功率控制方式下，在近 7% 的无功差异和近 40% 的有功差异时，孤岛才能被检测到。这强调了孤岛产生的概率不可忽略，且随着光伏并网系统容量越来越大，功率失配的范围越来越小，孤岛发生的可能性将越大，危害也更严重。单纯依赖被动式孤岛检测不能满足实际需求。

　　2）Q_f 的值越大，NDZ 覆盖的无功失配的范围也越大。

　　3）无功不匹配检测敏感性大于有功不匹配检测（6.89%<38.4%），因此频率检测方法比电压检测更灵敏。

9.3.2　电压相位突变检测法

　　电压相位突变检测法（Phase Jump Detection，PJD）通过监控并网逆变器端电压与输出电流之间的相位差来检测孤岛效应。当光伏并网系统正常运行时，系统功率因数为 1，锁相环控制是并网输出电流 I 和电网电压 u_g 的频率、相位完全一致，输出电压和电流的相位差为零。负载所需无功功率由电网提供，即 Q=0、$\Delta Q=Q_L$，且有

$$\dot{U}_P = \dot{U}_g = U_{gm}\angle\varphi_g \tag{9-33}$$

$$\dot{I} = \dot{I}_L - \dot{I}_g = I_m\angle\varphi_g \tag{9-34}$$

$$\dot{I}_L = \frac{\dot{U}_g}{Z} = \frac{U_{gm}}{|Z|}\angle(\varphi_g - \varphi_L) \tag{9-35}$$

式中，Z 为负载阻抗；u_{gm} 为电网电压幅值；φ_g 为电网电压初始相位；I_m 为逆变器输出电流幅值；φ_L 为负载阻抗角。

　　孤岛发生前，逆变器输出电流 I 与电网电压 u_g 仅在过零点发生同步，而在过零点之前，I 跟随逆变器内部参考电流而不会发生相位突变。孤岛发生后 I 突然减为零，则

$$\dot{I}_L = \dot{I} = I\angle\varphi_g \tag{9-36}$$

$$\dot{U}_P = \dot{I}_L Z = I\,|Z|\,\angle(\varphi_g + \varphi_L) \tag{9-37}$$

可见，对于非阻性负载，孤岛发生后，a 点电压的相位将发生突变，监测这一相位变化即可判断孤岛是否发生。图 9-6 所示在感性负载下，因为孤岛发生而导致 a 点电压 u_a 与 i 之间的相位差的突变，逆变器在下一个同步过零点将检测到这一相位突变，如果突变量大于系统所设置的阈值，PJD 将实施孤岛保护。

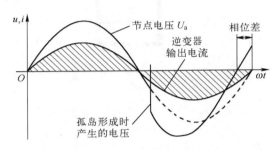

图 9-6　电压相位突变检测原理

当电网停电时，负载的功率完全由光伏并网系统提供，电压和电流的相位完全由负载决定。对于 RLC 负载，当电网断电后，系统输出电压相位为

$$\varphi = \arctan\left[R\left(2\pi f C - \frac{1}{2\pi f L} \right) \right] \tag{9-38}$$

设 PJD 的阈值为 φ_{th}，根据 PJD 孤岛检测原理，如果 $\varphi \geqslant \varphi_{th}$，孤岛可以检测出来。此时的电容值为

$$C \geqslant \left[\left(\frac{1}{2\pi f} \right) + \left(\frac{\tan\varphi_{th}}{R} \right) \right] / 2\pi f \tag{9-39}$$

式（9-39）即为 PJD 检测盲区的边界。图 9-7 为当 $\varphi_{th}=2°$ 时的 NDZ 边界曲线，上、下两条边界线中所包含的区域为 PJD 检测盲区。

由图 9-7 可以看出，当 L 较小时，PJD 的 NDZ 较小，随着 L 的增大，负载频率随着频率的变化率而降低，故 NDZ 增大；PJD 的 NDZ 随 R 值减小而增大，PJD 变得不灵敏，在极端情况下，当负载呈纯阻性时，负载阻抗角为零，PJD 检测失效。

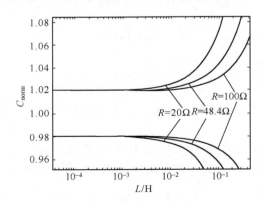

图 9-7　PJD 的检测盲区

PJD 的主要优点是算法简单、易于实现。由于并网逆变器本身就需要锁相环用于同步，执行该方案只需增加在输出电流 i 与电压 u_g 间的相位差超出阈值 φ_{th} 时使逆变器停止工作的功能即可。同时作为被动式反孤岛方案，相位跳变不会影响并网逆变器输出电能的质量，也不会干扰系统的暂态响应。主要缺点是：相位差的阈值很难确定，因为某些负载（尤其是电动机）起动时，经常引起瞬时相位突变，如果阈值设置太低，就会引起逆变电源误操作；阈值设置太高，当负载的阻抗角较小时，检测就会失败；另一方面，当负载阻抗角接近零时，即负载近似呈阻性，由于所设阈值的限制，也会导致该方法失效。

9.3.3 电压谐波检测法

电压谐波检测法（Voltage Harmonic Detection，VHD）是通过检测并网逆变器输出电压的总谐波失真（Total Harmonic Distortion，THD）是否超过一定的界限，来判断孤岛现象的发生。

正常并网工作状态下，输出电流谐波将通过公共耦合点 a 流入电网。U_a 被钳位为电网电压，由于电网的网络阻抗很小，因此 a 点电压的总谐波畸变率通常较低，一般此时，U_a 的 THD 总是低于阈值（一般要求并网逆变器的 THD 小于额定电流的 5%）。

当电网断开时，由于光伏并网系统中变压器的非线性特性，输出的变压电流在负载上将会产生失真的电压波形，含有很大的电压谐波，失真的电压波形又作为电流的参考信号，这样通过连续的监控输出端电压，当谐波增大时，能有效地检测出孤岛。理论上，电压谐波检测方案能在很大范围内检测孤岛效应，在系统连接有多台逆变器的情况下不会产生稀释效应，并且即使在功率匹配的情况下，也能检测到孤岛效应。然而该方案存在着阈值选择的问题。并网专用标准如 IEEE Std.929-2000 要求光伏并网逆变器输出电流的 THD 小于额定电流的 5%，通常需要留有裕量，设计并网逆变器时允许的 THD 比标准要求的还要低。但是如果局部非线性负载很大，光伏并网发电系统的电压谐波可能大于 5%，并且失真的大小随非线性负载的接入和切离而迅速改变，这样就很难选择阈值。因为既要考虑并网逆变器输出电流谐波相对较低的要求，又要考虑光伏并网发电系统中可能允许出现的电压 THD。此外，当前的并网标准规定反孤岛测试电路使用线性 RLC 负载来代表局部负载，忽略了可能提高孤岛系统中电压 THD 的非线性负载的影响。在实际情况中，不仅电网电压有一定的失真度，而且由于非线性负载等因素的存在，产生的电网电压谐波很大，谐波检测的动作阈值不容易确定，因此电压谐波检测方案还不能广泛应用。

从以上介绍的几种被动式孤岛检测方法可以得出：该方法具有经济性比较好，原理简单，实现比较容易，并且对电能质量没有影响等优点；主要缺点是在应用中存在检测盲区，当分布式电源容量与负载容量相匹配时，孤岛产生后，电压、频率的波动均在正常范围内，无法区别出孤岛和并网状态，并且检测所用的时间比较长，一些电量不能直接测量，而需要通过复杂的计算。在检测中仅靠单纯的等待来判断是否超过阈值，检测效率不高，同时阈值也不容易确定。

通常确定被动检测方法判据的阈值需要考虑以下几点：

1）分布式电源自身输出不稳定。

2）实际电网电压幅值与频率不够稳定。

3）负载的突增、突减会造成电压、频率的波动。

因此一般在实际系统中，阈值要高于正常运行时电压和频率的波动范围，小于孤岛时电压、频率的波动范围。被动式孤岛检测方法适用于负载功率变化平缓，并且负载容量与分布式电源容量相差不大的情况。

9.4 主动式孤岛检测方法

主动式孤岛检测方法的原理是通过引入干扰打破孤岛运行下逆变系统和负载之间的平衡。在并网运行时这种扰动并不明显，但在孤岛运行时，该扰动可以加速 a 点的电压幅值或者频率越限超出阈值范围。由逆变器输出电流的表达式

$$I_{PV} = I_m \sin(\omega t + \varphi)$$

可以看出，可施加扰动的量有电流幅值 I_m、电流频率 f、电流相位 φ，由此产生了基于幅值的扰动，代表算法为 Sandia 电压偏移（Sandia Voltage Shift，SVS）法；基于频率的扰动，代表算法为主动频率偏移（Auto Frequency Drift，AFD）法、正反馈主动频率漂移（Active Frequency Drift with Positive Feedback，AFDPF）法；基于相位的扰动，代表算法为滑模频漂检测（Slip-Mode Frequency Shift，SMS）法；自动移相（Auto Phase Shift，APS）法等。其中 SVS 法对能量有损失，而 AFD 法和 APS 法在对输出电能质量干扰较小的情况下即可有效检测出孤岛，且在多机运行下同样有效，本节将重点介绍。

9.4.1 频率偏移检测法

主动式频移检测法是使并网逆变器的输出频率略微失真的电流，以形成一个连续改变频率的趋势，最终导致输出电压和电流超过频率保护的界限值，从而达到反孤岛效应的目的。

1. AFD 的基本原理

逆变器正常并网运行时，输出电流与公共点电压同频同相，由锁相环检测公共点电压的频率作为输出电流的频率，每个电压过零点为电流新半波的开始，这样保证电流与电压同频同相。主动频率偏移法是通过采样公共节点处的频率，进行偏移后作为逆变器的输出电流频率，造成对负载端电压频率的扰动，如图 9-8 所示。调整输出电流的频率使其比电压频率略高，若电流半波已完成而电压未过零，则强制电流给定为零，直到电压过零点到来，电流才开始下一个半波。当市电断电后，由于 AFD 给电流频率施加一个扰动，公共点电压的频率受电流频率的影响而偏离谐振频率，当频率超过正常范围，即能检测出孤岛发生。上述检测方法对于纯电阻负载，

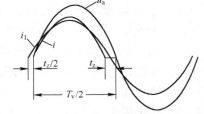

图 9-8　主动频率偏移法的电流波形

AFD 都能顺利检测出孤岛，但对 RLC 并联负载和 RC 并联负载经常可观察到检测失败的现象出现，而且 RLC 负载品质因数越高，将公共点频率推离谐振频率的阻尼就越大，孤岛检测越容易检测失败。

图 9-8 中，u_a 为公共点电压，并网运行时即为电网电压，T_v 是对应的周期，i 为逆变器输出电流，t_z 为电流截断时间，i_1 为 i 的基波分量。

在主动移频技术中定义截断系数 cf（chopping fraction）来表征频率扰动的强度。

$$cf = 2t_z/T_v$$

通过傅里叶分析可得 i_1 超前 i 的相位为 $\omega t_z/2$（弧度）。

2. AFD 检测失败原因

下面从 AFD 的工作机理出发，分析孤岛检测失败的原因。

孤岛检测成功的关键是公共点频率在失压后能有较大的偏移，而 AFD 就是通过人为增加电流频率偏移来达到使电压频率偏移的目的。设检测到的电压频率为 $f_v(kT)$（假设扰动信号 cf=5%），则电流给定频率为 $f_i(kT+T)=mf_v(kT)$，其中 $m>1$，电网失压后的公共点频率变化情况如下：

1）如果负载呈阻性，则电压与电流同频同相，电流频率的变化被完全传递到电压上，频率每个周期都能在上一周期的基础上持续不断地单向偏移，所以 AFD 对纯电阻负载没有检测盲区。

2）若负载呈容性，电压将与电流同频但滞后于电流一定的相位，滞后的角度由负载相位决定，电压的滞后延缓了电压过零点的到达时刻，使检测到的电压周期值增大。由此，AFD 算法中电流给定使频率加快的改变不能完全传递到电压上，AFD 对频率的扰动效应被负载相位抵消了一部分。如果两者正好相抵，则相邻周期间电压过零时间间隔不发生变化，频率不会偏移，孤岛检测失败。

3）若负载呈感性，电压将超前电流，加快了电压过零点的到来，使频率偏移在电流给定频率偏移的基础上进一步提速，电压频率被迅速增大，由此不会有检测盲区。但若 AFD 算法使频率反向扰动，即算法中 $m<1$，则感性负载有可能导致检测失败，而容性负载下孤岛能被顺利检出。

至于 RLC 负载，如果 RLC 谐振频率与电网频率相等、断网时负载呈阻性，本周期 AFD 对频率的扰动会被完全传递，使频率将升高（或降低），新频率下负载呈容性（或感性）。在负载相位不为零后，AFD 对频率的扰动效应会被负载相位削弱（或增强）。频率越高（低），容（感）性越强，负载相位的影响越大，直到 AFD 与负载相位两者效果相抵，频率不再变化时达到稳态。

3. AFD 法的缺陷

对于基于微处理器的并网逆变器来说，AFD 方案很容易实现，在纯负载的情况下可以有效地阻止持续的孤岛运行，与被动式孤岛检测相比，检测盲区小。但该方法检测效果的好坏与 cf 值的大小有关：当孤岛效应发生时，cf 越大，系统对孤岛效应检测的效果越好，但较大的 cf 会降低逆变器输出电能的质量。因此如何选择 cf 的大小使其既能保证逆变器的输出电能满足并网要求，又不降低孤岛效应的检测效果，成为主动频率扰动法研究中的一个重要问题。

研究认为 AFD 扰动法中，如果 cf 在±5%以内，逆变器输出电能的谐波能够满足并网标准的相关要求，且基本满足孤岛检测的要求。为了使系统更快地检测出电网故障，研究人员提出了正反馈主动频率漂移（Active Frequency Drift with Positive Feedback，AFDPF）法，在

该方法中 cf 满足

$$\mathrm{cf}_k = \mathrm{cf}_{k-1} + F(\Delta\omega_k) \tag{9-40}$$

式中，cf_{k-1} 是逆变器上一个周期的扰动信号，cf_k 是本周期扰动信号，$F(\Delta\omega_k)$ 是根据逆变器输出电压频率的变化情况施加的反馈信号，cf 的初始值选为 5%，以保证逆变器输出电能的质量。正反馈主动频率漂移法的工作过程如下：

1）电网正常工作时，由于逆变器输出电压的频率不变，cf 保持不变。

2）当电网出现故障时，逆变器输出电压的频率因扰动信号 cf 的作用而与电网电压的频率产生误差。

3）由于 $F(\Delta\omega_k)$ 的反馈作用，逆变器下一个周期输出电压的频率与电网电压的频率误差更大。

4）步骤（3）不断重复，逆变器输出电压的频率迅速上升，最后超出并网标准的要求。

与传统的 AFD 法相比，AFDPF 提高了孤岛效应发生时的检测速度。

从分析 AFD 检测失败的原因可知：当孤岛现象发生时，逆变器的负载性质对逆变器输出电压的频率有一定的影响。主动式频率扰动法中，无论传统的 AFD 法还是 AFDPF 法，扰动信号 cf 均按一个方向对逆变器输出电压的频率进行扰动。当电网发生故障且负载性质不同时，逆变器输出电压的频率变化方向有可能与扰动信号方法相反，这会导致逆变器输出电压的频率误差积累较慢从而延长孤岛检测时间。特殊情况下，负载对逆变器输出电压频率的平衡作用会抵消频率扰动的作用，这种情况下会出现孤岛效应的漏判。

9.4.2　周期性检测法

为避免因负载性质造成 AFD 孤岛效应检测方法效果下降，在原有的 AFDPF 法的基础上采用周期性扰动 AFDPF 孤岛效应检测方法。

1. 工作原理

周期性扰动的 AFDPF 孤岛效应检测方法是指在电网正常工作情况下，周期性不间断地对逆变器输出电压进行正、反两个方向的频率扰动，以消除负载性质对单一频率扰动方向的平衡作用。

图 9-9 是周期性扰动 AFDPF 孤岛效应检测方法的控制原理框图。图中，cf_1、cf_2 是两个不同方向的扰动信号，分别等于 5%、-5%；Δf_1、Δf_2 分别是施加扰动信号 cf_1、cf_2 后逆变器输出电压频率与电网电压频率的误差；f_{gird} 是并网标准规定的允许频率。

并网发电系统正常工作时，cf_1、cf_2 轮流对逆变器输出电压频率进行扰动，并比较 Δf_1、Δf_2 的大小。当孤岛效应发生时，选择 Δf 较大的扰动信号 cf 为基准，然后对其施加正反馈，如式（9-41）所示，其中，$\Delta \mathrm{cf}$ 为反馈信号。在此方法控制下，逆变器输出频率变化加快，从而在较短的时间内超出并网标准的规定，触发保护电路，切断电网与逆变器的连接。

$$\mathrm{cf}_{k+1} = \mathrm{cf}_k + \Delta\mathrm{cf} \tag{9-41}$$

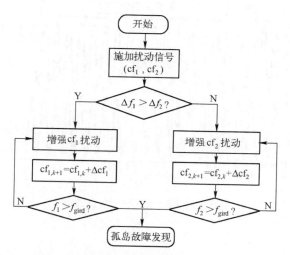

图 9-9　周期性扰动 AFDPF 孤岛效应检测方法的控制原理框图

为了能够更清楚地了解本方法的工作过程，下面以容性负载为例，描述该方法的具体工作过程（假设系统正常工作时电网突然停电）：

1）初始扰动信号 cf_1 为 5%：在 cf_1 的扰动下逆变器输出电压的频率应增加，但由于容性负载会降低逆变器输出电压的频率，因此逆变器输出电压的频率变化低于扰动信号，即 $|\Delta f_1| < |cf_1|$。

2）初始扰动信号 cf_2 为-5%：在 cf_2 的扰动下逆变器输出电压的频率应降低，由于容性负载的原因，逆变器输出电压的频率变化大于扰动信号，即 $|\Delta f_2| > |cf_2|$。

3）因 $|\Delta f_2| > |\Delta f_1|$，选择 cf_2 为下一步反馈加强信号，继续对逆变器输出电压的频率施加扰动。

4）$\Delta f_2 < f_{grid}$，系统判断电网出现故障，切断逆变器与电网的连接。

上述分析表明：采用周期性扰动 AFDPF 检测方法，当孤岛效应发生时，对于任何性质的负载逆变器输出电压的频率总会出现明显的变化，从而消除了采用固定方向 cf 主动频率漂移法对负载的依赖性。同时，系统对产生频率误差较大的扰动信号来施加正反馈使频率误差进一步扩大，从而缩小了检测盲区，提高了孤岛效应的检测效果。

2．仿真分析

图 9-10 为阻性负载条件下，逆变器在周期扰动正反馈 AFD 法控制下输出电压频率变化的仿真结果。仿真结果表明：

1）电网正常工作时，扰动信号对逆变器输出电压的频率没有影响。

2）孤岛效应发生时，在扰动信号作用下逆变器输出电压的频率发生变化：cf 为 5% 时，逆变器输出电压频率变化为 0.14Hz，cf 为-5%时，逆变器输出电压的频率变化为 0.08Hz，cf 为 5%时，逆变器输出电压的频率误差较大，因此系统选择正的 cf 为扰动方向，如图 9-11 所示。

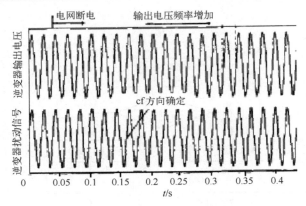

图9-10　孤岛效应检测仿真波形

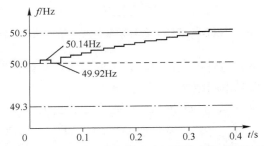

图9-11　周期扰动AFDPF法逆变器输出电压频率变化仿真波形（$\Delta Q/P=0$）

由图9-11可以看出孤岛效应发生后：

1）控制系统首先要比较不同扰动信号的扰动效果并选定扰动方向，该过程需要两个工频周期（0.04s）。

2）进行cf的正反馈控制（$\Delta cf=0.2cf$），经过14个工频周期后，逆变器输出电压的频率超过并网标准的规定50.5Hz（0.28s）。

3）为了确保频率误差为孤岛效应所造成，逆变器继续工作6个工频周期。如果逆变器输出电压频率仍大于并网标准的规定，则系统判断孤岛效应发生（IEEE Std.1547-2003标准规定：当逆变器输出频率超出允许频率后，逆变器仍需工作6个周期）。

上述分析表明：系统从电网发生故障到有效判断出孤岛效应的发生共需0.42s，满足并网标准对孤岛效应检测的要求。

非线性负载条件下（感性和容性）的系统工作与上述过程相似，不再赘述。

采用周期性扰动正反馈AFD控制方法，系统对于非线性负载的孤岛检测时间比阻性负载有所缩短，这说明负载性质对扰动信号存在一定的影响。与传统的AFD检测方法相比，该方法由于采用不同方向的扰动信号，克服了负载性质对扰动信号的平衡作用，增强了逆变器输出电压的频率变化。在此基础上施加的正反馈控制，使孤岛效应的检测时间加快，从而达到良好的检测效果。该方法的缺点是对频率测量要求较高，增加了硬件成本。

9.4.3　滑膜频率漂移法

主动移相式孤岛检测方法理是通过相位扰动使电压频率发生偏移从而判断孤岛效应的发

生。滑动频率偏移（Slip-Mode frequency Shift，SMS）法是最早的一种移相式孤岛检测方法，后来的学者试图对其算法进行改进，出现了自动移相法（Auto Phase Shift, APS）、自适应逻辑相移法，但它们的基本原理相同。

1. 算法原理

滑膜频率漂移法检测孤岛的原理与 AFD 类似，两者的主要区别在于：AFD 通过 t_z 引入频率偏移，而 SMS 则是通过引入相位偏移 θ_{SMS}。相位的变化将在孤岛形成后对入网点电压相角起到类似正反馈的作用而使逆变电源失稳。并网时电网电压和并网电流频率并不受此反馈影响。通常，逆变电源工作在单位功率因数，逆变电源输出电流和公共点电压同频同相，加入 SMS 孤岛检测算法后，逆变器输出电流的频率不变，但相位发生偏移，是频率的函数，偏移大小由 SMS 移相算法决定。移相 θ_{SMS} 表示为

$$\theta_{SMS} = \theta_m \sin\left(\frac{\pi}{2} \frac{f - f_g}{f_m - f_g}\right) \tag{9-42}$$

式中，θ_m 为滑动频率偏移算法的最大相移；f_m 为产生最大相移时对应的频率；f_g 为电网频率；f 为公共点频率。

移相 θ_{SMS} 在电网频率处相位为 0，这是它并网时的稳定工作点，如果脱离了这个平衡点，它将沿正弦曲线变化。SMS 相频曲线与负载相频曲线如图 9-12 所示。

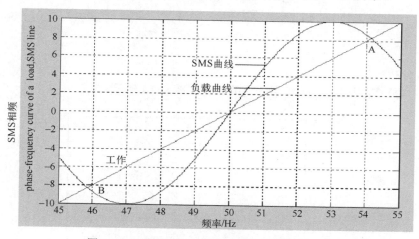

图 9-12　逆变器 SMS 相频曲线和负载相频曲线

正常情况下，电网提供固定的相位和频率基准，将工作点稳定在工频 50Hz 处。孤岛形成后，负载和逆变电源的相频工作点必须是负载线和相位响应曲线的交点。图 9-12 中，单位功率因数负载线和逆变电源 SMS 曲线在 50Hz 点处相交，相位为零。孤岛形成后，如果节点 a 电压频率有微小波动，逆变电源的 S 形相位响应曲线会使相位误差进一步增加，这就是正反馈的机理，使它产生不稳定状态。逆变电源在工频的这种不稳定性使它的波动加强并且驱动系统到一个新的工作点（A 点或 B 点）。如果逆变电源相位响应曲线设计合理，A 和 B 点频率超出 OFR/UFR 的范围值，从而检测出孤岛。

2. 检测失败原因

与主动移频法类似，电压过零时刻的提前或推后受电流移相算法和负载相位这两个因素

的影响，如果两者大小相等、方向相反，频率保持不变，达到失压后的稳定状态。如果到达稳态前频率一直都在正常范围内，则孤岛无法顺利检出。

进一步用图 9-13 的逆变器电流控制等效模型进行说明：$G(s)$ 表示光伏系统负载，θ_{load} 为负载电流超前电压的角度，即

$$\theta_{\text{load}} = \arctan\left[R\left(\omega C - \frac{1}{\omega L}\right)\right] = \arctan\left[Q_{\text{f}}\left(\frac{f}{f_0} - \frac{f_0}{f}\right)\right] \tag{9-43}$$

电流 i_{pv} 与电压 u_{a} 的相位差受 SMS 移相算法和 RLC 负载相位的影响；当 $\theta_{\text{SMS}} + \angle G(\text{j}\omega) > 0$ 时，PLL（锁相环）检测到的电压周期将变短，使下一周期电流给定频率增大；当 $\theta_{\text{SMS}} + \angle G(\text{j}\omega) < 0$ 时，PLL 检测到的电压周期将变长，使下一周期给定电流的频率降低；如果 $\theta_{\text{SMS}} + \angle G(\text{j}\omega) = 0$，即移相算法的扰动正好与负载相位的作用相抵，频率将不发生变化，系统进入稳态。因此只需设计合理的移相模型，使得 $\theta_{\text{SMS}} + \angle G(\text{j}\omega)$ 在孤岛检测成功前始终保持一个极性即可。

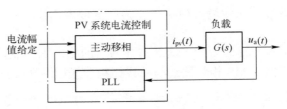

图 9-13　电流控制的等效模型

3. 仿真分析

由式（9-42）可画出 θ_{SMS} 随频率变化的趋势如图 9-14 所示。

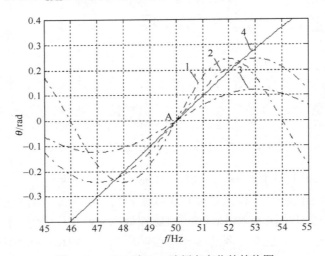

图 9-14　SMS 法 θ_{SMS} 随频率变化的趋势图

1—$\theta_{\text{m}} = 14°$，$f_{\text{m}} = 52\text{Hz}$　2—$\theta_{\text{m}} = 14°$，$f_{\text{m}} = 53\text{Hz}$　3—$\theta_{\text{m}} = 7°$，$f_{\text{m}} = 53\text{Hz}$　4—$Q_{\text{f}} = 2.5$，$f_0 = 50\text{Hz}$ 负载的 θ_{load}

比较曲线 1、2 可得，θ_{m} 越大，f_{m} 越小，脱网瞬间相移越快，孤岛检测越快，但系统越不稳定，A 点即为不稳定运行点。当 SMS 相位曲线与 θ_{load} 曲线在 A 点之外相交，对应的点

即为稳定运行点，此时若不能触发频率保护，则孤岛检测失败。曲线 3 的主动移相始终小于 θ_{load}，孤岛发生后无法偏移频率，此时 A 点为稳定运行点。

仍以最恶劣的负载条件为设计基准，要求在 $f=f_0=f_g$ 时

$$\left.\frac{\mathrm{d}\theta_{load}}{\mathrm{d}f}\right|_{f=f_0} \leqslant \left.\frac{\mathrm{d}\theta_{SMS}}{\mathrm{d}f}\right|_{f=f_g} \tag{9-44}$$

由式（9-42）～式（9-44）可得

$$\theta_m \geqslant \frac{14.4Q_f}{\pi^2}(f_m - f_g) \tag{9-45}$$

一般取 $f_m - f_g =3Hz$，对于 $Q_f =2.5$ 的谐振负载，可得 $\theta_m \geqslant 10.95$，取 $\theta_m=11°$。图 9-15 为对应的仿真波形，电网在 0.04s 处断开，在 0.36s 处检测出孤岛。尽管如此，由于 SMS 法未设置初始相位，虽然实际电路中存在检测误差或噪声扰动，但这些因素不可控，理论上不能保证断网瞬间触发频率偏移。

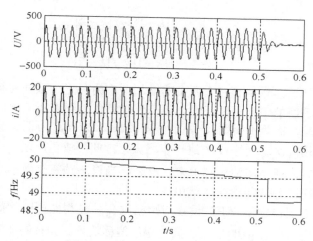

图 9-15　SMS 法孤岛检测（$\theta_m=12°$，$Q_f=2.5$，$f_0=50Hz$）

滑动频率偏移法与移频法一样有实现简单、无须额外硬件、孤岛识别率高等优点，也有类似的缺点，即随着负载品质因数增加，孤岛检测的能力降低。

9.4.4　自动相位偏移法

自动相位偏移（Automatic Phase Shift，APS）法实质上是对 SMS 法的改进，它利用正反馈检测孤岛的发生，在电网故障时使逆变器的频率变化继而触发保护动作。

1. 工作原理

针对 SMS 法的存在的问题，APS 法做了如下改进：

1）设置初始相位 θ_0，使得断网瞬间能可靠地触发频率偏移。

2）令相位差 $|\theta_{APS} - \theta_{load}|$ 随频率偏离幅度的增大而增大，从而既避免了稳定运行状态的发生，又加快了频率偏移的速度。

在 SMS 法中，由图 9-12 可知，只有在 A、B 两点系统才能达到新的平衡。在此过程

中，如果频率的变化超过 OFR/UFR 继电器的阈值范围，则孤岛能被检测出来。如果在达到平衡过程中以及在新的平衡点处，满足

$$\arctan[R(\omega C - 1/\omega L)] = -\arg(G(j\omega)) \tag{9-46}$$

频率在继电器允许范围内，则系统进入非检测区。基于这种检测方法，发展了 APS 自动移相检测方法。这里引入参考电压的相移，它与角度（°）的关系式为

$$\theta_{APS}[k] = \frac{1}{\alpha}\left(\frac{f[k-1] - f_g}{f_g}\right)360 + \theta_0[k] \tag{9-47}$$

式中，α 为调节因子；k 为计数周期；f_0 为工频 50Hz；$f[k-1]$ 为上一周期的频率；$\theta_0[k]$ 为附加相移，是频率变化的符号函数

$$\theta_0[k] = \theta_0[k-1] + \Delta\theta\,\mathrm{sgn}(\Delta f_{ss}) \tag{9-48}$$

式中，$\Delta\theta$ 为固定的相位增量；令 $\Delta f_{ss} = f[k-1] - f[k-2]$ 为相邻两稳态间的频率差；$\mathrm{sgn}(\Delta f)$ 由上两个周期的频率差决定，即

$$\mathrm{sgn}(\Delta f) = \begin{cases} 1 & f[k-1] > f[k-2] \\ 0 & f[k-1] = f[k-2] \\ -1 & f[k-1] < f[k-2] \end{cases} \tag{9-49}$$

当孤岛发生时，如稳态频率有一个微小的增加，就会有一个额外的相位增量，这将打破系统的平衡点。在达到新的平衡点过程中，由于负载相角与频率成正比，系统输出的电流为了保持和电压的相位差，需要不断增大 f。根据式（9-47），Δf_{ss} 为正，θ_0 随周期增大，又据式（9-47），增大的相位 θ_{APS} 又导致 f 进一步增大，因此形成正反馈。当频率最终超过继电器 OFR 的动作阈值时，孤岛能被检测出来。反之，当稳态频率有微小减小，并最终超过继电器 UFR 的动作阈值时，孤岛也能被检测出来。

由上述分析可以看出：由于 APS 设置初始相位 θ_0，使得断网瞬间能可靠地触发频率偏移，在频率偏移过程中，θ_0 以 $\Delta\theta$ 为步长，并使相位偏移随频率偏移的递增而递增或递减而递减。避免了稳定运行状态的发生，加快了频率偏移速度，从而加速了孤岛的检测。但是该方法很难确保每个稳定运行点都在过/欠频（OUF）之外，并且在一些稳定运行点加入附加的相位偏移，会使响应较慢，在某些负载下甚至失效；由式（9-47）~式（9-49）可得，由于电流相位引入了多个参数，给孤岛检测效率评价和参数优化带来了困难；另外，偏置角对频率振荡敏感，当频率振荡时反而会降低检测效率。

2. 简化的 APS

由 APS 存在的电流相位引入了多个参数的问题，对式（9-47）进行改进，得到简化的 APS 法的表达式，仍以 θ_{APS} 表示简化的 APS 的移相：

$$\theta_{APS} = k(f - f_g) + \mathrm{sgn}(f - f_g)\theta_0 \; (°) \tag{9-50}$$

式中，k 为正反馈增益；θ_0 为常数；$\mathrm{sgn}(f - f_g)$ 意义为

$$\mathrm{sgn}(f - f_g) = \begin{cases} 1 & f \geqslant f_g \\ -1 & f < f_g \end{cases} \tag{9-51}$$

θ_0 为断网时刻触发的初始相移。

仍以最恶劣的负载条件为设计基准，即要求在 $f=f_0=f_g$ 时

$$\left.\frac{\mathrm{d}\theta_{\mathrm{load}}}{\mathrm{d}f}\right|_{f=f_0} \leqslant \left.\frac{\mathrm{d}\theta_{\mathrm{APS}}}{\mathrm{d}f}\right|_{f=f_g} \tag{9-52}$$

由式（9-42）、式（9-50）、式（9-52）可得

$$k \geqslant \frac{360Q_f}{\pi f_g} \tag{9-53}$$

将 Q_f 代入式（9-53），可得 $k \geqslant 5.73$，取 $k = 6$。由于实际系统中存在检测误差和电路噪声，在一定程度上已经增加了初始扰动，因此只需要取较小的值，在此取 θ_0 为 0.5°。

3. 仿真分析

图 9-16 为简化的 APS 在 Q_f=2.5，f_0=50Hz 负载下的仿真波形及其并网电流 THD。电网在 0.2s 时断开，在 0.5s 时检测出孤岛，其并网电流 THD 为 0.08%。移相 θ_{APS}= 6($f-f_g$) + sgn($f-f_g$)0.5。

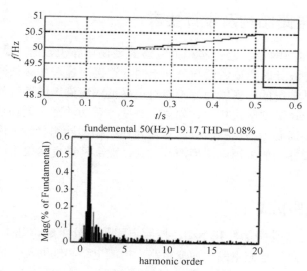

图 9-16　简化 APS 法孤岛检测仿真波形及其并网电流 THD

由仿真结果可知，简化的 APS 法不仅可以快速地检测到孤岛效应，输出电流的质量也能满足并网要求。进一步研究还可以发现，AFDPF 法引入的电流 THD 要大于简化 APS 法，且同样是通过主动扰动相位使系统频率偏移，简化的 APS 法比 AFDPF 法更直接、更简便，因此工程实践中，倾向于应用简化 APS 法。

9.5　习题

1. 什么是孤岛效应？
2. 描述孤岛检测的基本原理。
3. 有几种孤岛检测方法？它们分别是什么？

第10章　光伏逆变器设计实例

光伏逆变器的设计，首先需要明确应用于离网（独立）还是并网发电系统中，在离网（独立）发电系统中应用的是离网逆变器，在并网发电系统中应用的是并网逆变器。光伏并网逆变器是将光伏电池板输出的能量转换成交流电后直接送到电网上，需要实时跟踪电网的频率和相位，此时的光伏发电系统相当于一个电流源；而光伏离网逆变器是将光伏电池板输出的能量转换成交流后，直接供给用电设备使用，自己建立起一个独立的小电网，主要是控制自己的电压和频率，相当于一个电压源。这两种逆变器输出的波形应该是干净的正弦波。本章将重点介绍这两种光伏逆变器的设计实例。

10.1　逆变器的电路结构及设计要求

离网光伏逆变器与并网光伏逆变器在主电路的硬件拓扑上没有太大区别，区别主要在控制上。并网逆变器在设计时需要考虑与公共电网的连接问题，如必须同频、同相位，还要具有抗孤岛效应等特殊情况的应变能力，不能对电网造成污染，如谐波问题等；对输出的电能质量也有很高的要求，需要解决相位、幅值、频率、有功功率、无功功率等问题。而离网逆变器在设计上基本不需要考虑这些问题，只需要在结构和性能参数上满足使用要求即可。另一个区别是并网逆变器一般采用电流型控制方式，而离网逆变器采用电压型控制方式的比较多。

10.1.1　逆变器的电路构成

逆变器主要由半导体功率器件和驱动、控制电路等部分组成，基本电路框图如图 10-1 所示。逆变器由输入电路、输出电路、逆变电路、控制电路和辅助及保护电路等构成。

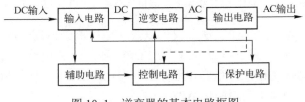

图 10-1　逆变器的基本电路框图

输入电路是将输入的 DC 电压进行升压/降压、滤波等处理，为逆变电路提供稳定的、可保证其正常工作的直流电压；逆变电路是整个逆变器的核心，通过半导体开关器件（通常是 MOSFET，IGBT、GTO 等）的导通和关断完成逆变功能，将输入的 DC 电压转换为方波或阶梯式的 AC 电压；输出电路主要对逆变电路输出的方波或阶梯式交流电进行滤波并完成反馈调节，使输出满足使用要求；控制电路为逆变电路提供控制和驱动信号，使逆变电路完成逆变功能；辅助电路将输入电压转变为控制器所需的直流工作电压；保护电路主要包括输入和输出的欠电压过电压保护、过载过电流保护、过热保护等，提高逆变器的安全性。各部分电路工作原理和作用如下所述。

1. 半导体功率开关器件

逆变器的功率开关器件是逆变器实现逆变功能的核心器件，根据所设计的逆变器功率和输入直流电压的大小来选用合适的功率开关器件。常用的半导体功率开关器件主要有：晶闸管可控硅又称为（Silicon Controlled Rectifier，SCR）、大功率晶体管（GTR）、功率场效应晶体管（MOSFET）、门极关断晶闸管（GTO）、绝缘栅双极晶体管（IGBT）、MOS 控制晶闸管（MCT）、静电感应晶体管（SIT）、静电感应晶闸管（场控晶闸管，SITH）和集成门极换流晶闸管（IGCT）等。

2. 逆变控制及驱动电路

传统的逆变器电路由许多分立元件或模拟集成电路构成，这种电路组成元器件数量多、波形质量差、控制电路烦琐复杂。随着微处理器的发展，控制及驱动电路也从模拟集成电路发展到单片机控制和数字信号处理器（DSP）控制。

1）逆变驱动电路：驱动电路主要是对功率开关器件进行驱动，以便得到好的 PWM 脉冲波形。随着电子技术的发展，许多专用多功能集成电路陆续推出，给电路的设计带来了极大方便，同时也使逆变器的性能得到了极大提高。如各种开关驱动电路 SG3525、TL494、IR2130、TLP250 等，在逆变器电路中得到广泛应用。

2）逆变控制电路：控制电路主要是对驱动电路提供符合要求的逻辑与波形，如 PWM、SPWM 控制信号等。控制的核心从 8 位微处理器到 16 位单片机，直至 32 位 DSP 等，使先进的控制技术如矢量控制技术、多电平变换技术、重复控制、模糊逻辑控制等在逆变领域得到了应用。在逆变器中常用的微处理器有 MP16、PIC16C73、68HC16、MB90260、AVR 系列等，常用的专用数字信号处理器（DSP）有 TMS320F206、TMS320F240、M586XX、TMS320F28XX 等。

10.1.2　逆变器设计的技术要求

逆变器作为光伏发电系统的关键部件，有以下六点基本技术要求。

1. 高效率

整机效率高是光伏逆变器区别于通用型逆变器的一个显著特点。一般中小功率的逆变器满载时的效率要求达到 90%以上，大功率逆变器满载时的效率要求达到 95%以上。由于光伏电池在材料和机械性能方面的限制，难以从技术上提高转换效率，有效的方法是通过提高逆变器的效率，这样可相应减少整个发电系统的成本。

2. 高可靠性

由于目前许多光伏发电系统主要应用于运行维护及维修条件较差甚至无人值守的边远无电地区，这就要求逆变器能保证长时间的正常工作，且在发生直流输入过/欠电压、系统过热、交流输出短路、过载等危险情况时能进行及时的自我保护。

3. 对直流输入电压的适应范围宽

作为逆变器的输入源，日照强度会造成光伏电池板输出的电压随着负载及环境变化而变化。对于有蓄电池的离网光伏系统，蓄电池输出电压随着剩余电量和内阻变化而产生波动，因此光伏逆变器必须在较宽直流输入电压范围内正常工作，保证输出稳定的交流电压；在并网光伏发电系统中，光伏电池板输出的电压就是逆变器的输入源，而光照强度、温度等的变化会使光伏电池的输出电压发生变化，因此光伏逆变器必须具有自适应的跟踪输入电压的变化的能力，来保证输出交流的稳定。

4．能够跟踪光伏阵列的最大功率点

由于日照强度和光伏组件的温度变化会造成光伏阵列端电压波动，最大功率点发生变化，因此逆变器必须能实时跟踪光伏阵列的最大功率点，保证光伏电池方阵的最大功率输出。

5．防孤岛效应的能力

防孤岛效应是指在电力系统发生停电时，并网逆变系统能独立运行，且当孤岛效应发生时，能快速检测并切断向公用电网的供电，等到公用电网供电恢复时，逆变器能自动恢复并网供电。

6．输出纯正弦波

在较大规模的光伏发电系统中，光伏系统输出的能量馈入电网，必须满足电网规定的指标，需要逆变电源输出失真度小的纯正弦波。如输出电流不能含有直流分量，输出波形中不能含有较多的谐波成分，电流谐波总畸变率限制在 5%以内，避免对公用电网造成电力污染，确保对连接到电网的其他设备不受影响。如果输出波形中含有较多的谐波分量，不仅谐波中所含的高次谐波将产生附加损耗，并且谐波将影响光伏发电系统负载设备的正常工作，如对电网品质有较高要求的通信设备、高精密仪表、电子测量仪器等。

10.2　离网光伏逆变器的设计

本节将介绍一种基于 DSP 的纯正弦小功率离网逆变器的设计。

10.2.1　纯正弦逆变器的设计

基于 DSP 的纯正弦光伏逆变装置的输入是来自于蓄电池的直流电能，蓄电池所储存的电能是由光伏电池阵列产生的。逆变装置将蓄电池输出的 12V 直流电能转换成 220V、50Hz 的纯正弦交流电能。由于高频逆变结构具有体积小、重量轻、成本低等优点，所以本设计采用高频逆变方案。

如图 10-2 所示，基于 DSP 的纯正弦逆变系统主要包括：高频直流升压电路（由高频逆变器、高频变压器及高频整流滤波电路组成）、DC/AC 全桥逆变电路、输入/输出滤波电路、PWM 生成及稳压控制电路、DSP 控制与驱动电路和一些外围的保护报警电路。

图 10-2 中，在 PWM 生成及稳压控制电路控制信号驱动下，高频直流升压电路将储存于蓄电池的直流电转换成稳定的高电压直流电；在 DSP 控制器即驱动电路的 SPWM 驱动信号控制下，DC/AC 逆变电路将高电压直流电转换成 220V、50Hz 交流电并经过输出滤波电路为负载供电；欠电压保护电路用于避免系统在欠电压状态下工作，延长了蓄电池的使用寿命，提高了系统的工作效率和可靠性；报警、散热保护电路完成系统短路报警、过热报警保护；过电流过载保护电路用于检测 DC/AC 逆变电路的工作状态，一旦检测到过电流或过载状况时，系统将进行报警并停止工作，保证系统工作的可靠性与安全性。下面将对系统的各部分电路拓扑进行分析和设计。

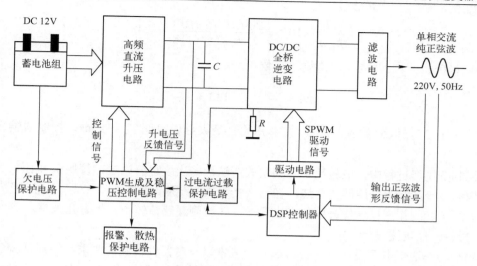

图 10-2 纯正弦光伏逆变系统结构图

10.2.2 高频直流升压电路设计

1. 高频变压器设计

高频直流升压电路设计中变压器磁心参数如下：根据系统样机要求，变压器输入电压幅值 U_{P1} =12V，输出电压幅值 U_{P2} =200V，最大工作比 α =0.45，二次绕组峰值电流 I_{P2} =1.45A，二次绕组电流有效值

$$I_2 = \frac{\sqrt{2\alpha+1}}{2} I_{P2} \approx 1\text{A}$$

一次绕组峰值电流

$$I_{P1} = \frac{U_{P2}}{U_{P1}} I_{P2} = 24.16\text{A}$$

一次电流有效值

$$I_1 = \sqrt{\alpha} I_{P1} = 16.2\text{A}$$

因此变压器的输出功率为

$$P_2 = \sqrt{2\alpha} U_{P2} I_2 = 189.8\text{W}$$

$$P_1 = P_2\left(\frac{\sqrt{2}}{\eta} + \sqrt{2}\right) = 536.7\text{W} \text{（变压器效率 }\eta\text{ 取为 1）}$$

取工作磁感应强度 B_m =160mT，电流密度 j 取 10 A/mm²，铜在窗口中的占空比系数 K_m（初选时取 0.2～0.3），实际计算时取 K_m =0.25，则计算面积乘积

$$AP = \frac{P_t}{4K_m f B_m j} = \frac{536.7 \times 10^2}{4 \times 0.25 \times 21 \times 170 \times 10} \text{cm}^4 \approx 1.50\text{cm}^4$$

通过上述公式可知，选取 EI33 磁心即可满足设计要求。变压器绕组匝数计算如下：
先确定最低电压绕组的匝数

$$N_2 = \frac{U_{P2}T_{on}}{2B_m A_e} \times 10^{-2} = \frac{200 \times 0.15 \times 10^{-2}}{2 \times 0.17 \times 0.118} \approx 7.48 \qquad (10-1)$$

由式（10-1），取 N_2 =8，一次绕组匝数

$$N_1 = \frac{U_{P1}}{U_{P2}} N_2 \approx 133.3 \qquad (10-2)$$

由式（10-2），取偶数 N_1 =134，其中开关管最大导通时间 T_{on} =150ns，控制器输出频率 f=20kHz。

在绕制变压器过程中，取较简单的夹层式绕法，一次绕组分两层，每层绕 4 匝，为了避免趋肤效应，一次绕组采用四线并绕，在一次绕组中间绕制二次绕组，一、二次层间垫 1～2 层绝缘纸。实际制作测量这样绕制的变压器一、二次侧漏感值较小，仅有几微亨。

2．推挽升压电路设计

采用小功率逆变电源设计，综合考虑系统成本以及对器件特性的要求，特别是 MOSFET 和变压器的参数选择等因素，升压部分采用两路对称的推挽升压电路输出结果相叠加的升压方式，具体电路如图 10-3 所示。

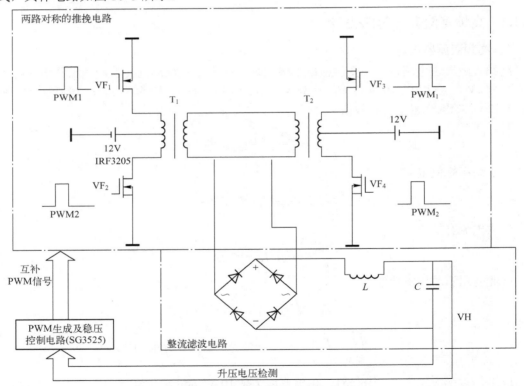

图 10-3　对称的推挽升压电路

由图 10-3 可知，4 个开关器件（VF_1、VF_2、VF_3、VF_4）两个为一组和变压器 T_1、T_2 组成典型的推挽式电路，开关管在高频 PWM 开关信号控制下交替导通工作。两路对称的推挽电路输出结果相叠加，产生高压的交流电，两路变压器的一次绕组串接在一起；整流滤波电路将高压交流电，整流滤波生成高压直流电。整流滤波电路采用全波整流滤波，是由 4 个二

极管组成的整流桥串联电感和电容组成的滤波电路。PWM 控制器用简单的比例控制方法动态地调节 PWM 输出信号的脉宽，当直流电压高于标准值时，脉宽占空比为 10%；当直流电压低于标准值时，脉宽占空比为 50%，升压电路能够很快地稳定在给定的参考电压上。

这种直流升压电路，适用于微小功率的光伏逆变装置。主要优点是电路结构简单；采用两组推挽电路叠加的升压方式，转换效率较普通的反激电路高，对器件的参数要求不高；电路生产成本较低。

3. PWM 生成及稳压控制电路

PWM 生成及稳压控制电路主要由意法半导体公司（ST）生产的 PWM 控制器 SG3525A来完成，控制开关管的 PWM 信号通过 SG3525 产生，SG3525 作为电流控制型 PWM 控制器，在脉宽比较器的输入端直接用流过输出电感线圈的信号与误差放大器输出信号进行比较，从而调节占空比使输出的电感峰值电流跟随误差电压的变化而变化。由于在结构上是电压环和电流环双环系统，因此，无论开关电源的电压调整率、负载调整率和瞬态响应特性都有提高，是目前比较理想的新型控制器。PWM 生成及稳压控制电路如图 10-4 所示。

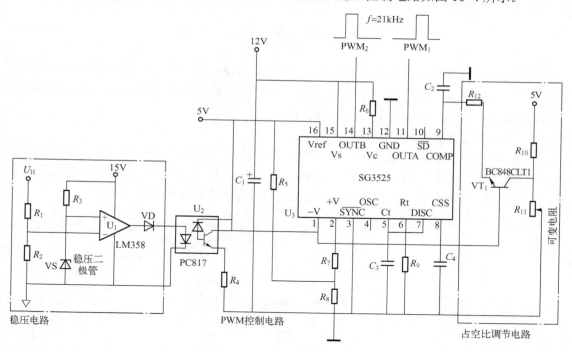

图 10-4　PWM 生成及稳压控制电路

控制电路主要由稳压电路、PWM 控制电路和占空比调节电路三部分组成。其中稳压电路包括稳压二极管 VS、比较器 U_1 及其外围电路，作用是对高频直流升压主电路整流滤波后的高压直流电压幅值进行稳压比较检测，稳压电路中电阻 R_1、R_2 对 U_H 进行分压，与稳压管 VS 的参考电压经比较器 U_1，进行比较输出高低电平。高、低电平经二极管 VD 和光耦器件 U_2 隔离后，电压信号加到 PWM 控制器 SG3525 的反向输入端（引脚 1），通过与正向输入端（引脚 2）接入的稳定参考电压进行比较，从而可以动态地调节输出的 PWM 信号的脉宽，达到稳压的功能。具体稳压过程如下：当直流电压 U_H 高于设定的参考值时，减小脉宽降低电压；当直流电压低于设定的参考值时，增大脉宽抬高电压，通过实时的调节 PWM 控制信号的占空比达到稳压的目的。另外，占空比调节电路由晶体管 VT 及其外围器件组成。晶体管 VT 的发射极连接到 SG3525A 的补偿端（9 脚），基极与 SG3525A 的控制端（1 脚连接），这样可以使 PWM 控制 SG3525A 构成比例调节能力，提高了控制器的反馈控制能力，增强了升压电路的稳定性。

该直流升压电路结构简单，转换效率较普通的反激电路高，并且对器件的参数要求不高，电路生产成本较低。设计中滤波电路采用单调谐 LC 滤波电路，电路结构简单，调谐容易。电路在选取 L 和 C 参数时，由于单调谐滤波电路对 n 次谐波的阻抗 Z_n 为

$$Z_n = R_n + \mathrm{j}\left(n\omega_1 L - \frac{1}{n\omega_1 C}\right) \tag{10-3}$$

式中，n 为谐波的次数；ω_1 为基波角频率。

由式（10-3）可知，当滤波电路在 $n\omega_1$ 谐振时，滤波器对 n 次谐波的阻抗最小，$Z_n = R_n$，谐波次数 n 为

$$n = \frac{1}{\omega_1\sqrt{LC}} \tag{10-4}$$

所以直流升压电路整流后的滤波电路，只要保证 $1/(2\pi\sqrt{LC})$ 小于基波频率即可，上述电路的高频直流升压电路的工作频率为 20kHz，因此可知 $1/(2\pi\sqrt{LC}) \leqslant 20\mathrm{kHz}$，由此可以确定 L 和 C 的参数，并进一步完成 LC 滤波电路的设计。

4. 过电流与过载保护电路设计

系统的工作状态可以通过过电流与过载保护电路进行检测。若系统出现过电流（或短路）和过载情况，保护电路将信号进行处理并锁存，系统控制装置一旦检测到保护电路的信号，控制器将进行相应的保护报警动作，过电流与过载保护电路如图 10-5 所示。

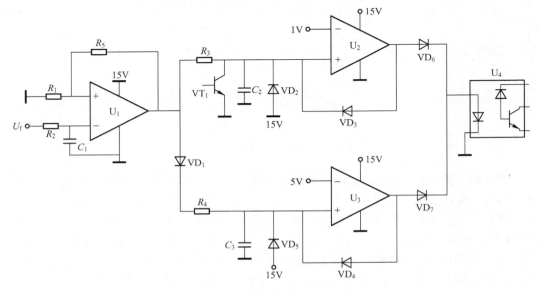

图 10-5　过电流与过载保护电路

图 10-5 中，电路对系统的工作情况进行实时检测，系统一旦出现过电流（或短路）或过载信号，先经前级运算放大器 U_1 将信号放大，然后加到比较器 U_2 和 U_3 的正向输入端，与 U_2 和 U_3 的反向输入端的参考电压进行比较。其中，U_2 的参考电压为 1V，U_3 的参考电压为 5V。由于 U_2 所配置的正向 RC 充电电路的时间常数（电阻 R_3 和电容 C_2 构成）远大于 U_3 所配置的时间常数（电阻 R_4 和电容 C_3 构成）。若是过电流（或短路）信号，由于比较器 U_3 的充电时间短，正向电压会在较短时间内大于参考电压 5V，由 U_3 构成的保护电路会输出高电平，并由二极管 VD_4 将过电流（或短路）信号锁存。同理，若是过载信号，由于 U_3 的正向电压在短时间内达不到 5V 输出低电平，而比较器 U_2 的充电时间常数较长，它的正向电压在一段时间后会大于参考电压 1V 而输出高电平，同样由二极管 VD_3 将过载信号锁存。锁存后的过电流（或短路）或过载信号经光耦合器 U_4 隔离后输出关闭系统的控制信号。此时，系统一旦因过电流（或短路）情况停止工作后就不能自动使系统恢复正常的工作状态，需要人为重启系统。如果系统是过载情况下停止工作，一旦过载情况结束，则可以控制晶体管 VT_1 将 U_2 锁存信号解锁，自动恢复系统的正常工作。

5. 系统保护报警功能的实现

为了保证所设计的逆变电源具有较高的可靠性，需要具有相应的保护报警功能。该功能是由 AVR 系列单片机及报警、散热电路来进行控制实现。控制器通过实时地检测系统的工作温度以及过电流过载电路、欠电压保护电路的信号情况，以此来判断系统的工作状态并进行相应的控制动作。控制器的程序流程如图 10-6、图 10-7 所示。

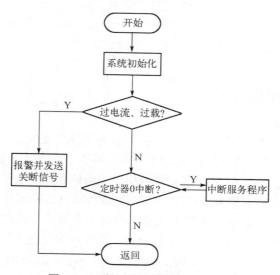

图 10-6　系统保护报警控制流程图

当控制器检测到来自过电流过载电路的信号时，控制器会利用外部中断立即发出关断信号并进行报警，关断信号连接到 PWM 控制器 SG3525A 的软关断输入端，使控制芯片 SG3525A 关断 PWM 控制信号输出，进而停止升压电路继续工作。此时升压电路一旦停止工作，就无法为后续电路正常工作供电，这将使系统整体停止工作，由此避免系统因过电流或过载而损坏。另外，控制器利用定时器的中断，每隔一段时间分别对蓄电池电压以及系统的工作温度进行监测，一旦出现欠电压则进行报警；若系统温度超过 40℃时则开启风扇散热，若系统温度超过 80℃就会报警并停止系统工作。

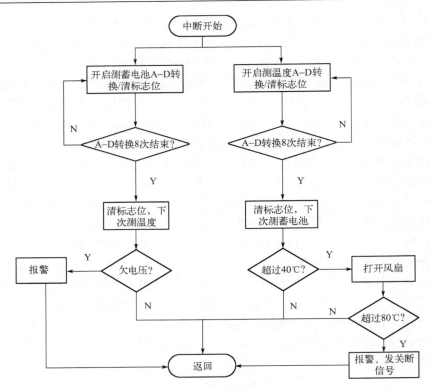

图 10-7 中断服务程序流程图

10.2.3 DC/AC 逆变电路设计

1. 逆变主电路设计

逆变电路是系统的关键环节，如图 10-8 所示为系统的逆变桥电路，电路中选用 4 个 MOSFET（VF_1、VF_2、VF_3、VF_4）作为功率开关器件组成全桥逆变结构，由于采用单极性 SPWM 控制方式，因此 VF_1 和 VF_2 所组成的桥臂成为低频臂，由低频 SPWM 驱动信号控制，VF_3 和 VF_4 所组成的桥臂称为高频臂，由高频 SPWM 驱动信号控制。外围的电容、电阻和二极管组成有损缓冲电路拓扑，保证开关管切换时的可靠性，通过这样的设计可以满足系统对功率的要求。逆变桥是将直流电转换为 50Hz 交流电的关键装置。本系统所设计的逆变装置功率较小，对设备器件参数要求较低，所以选用 Power MOSFET 作为功率开关器件，可以在完成设计要求的前提下降低整个装置的成本。

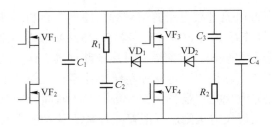

图 10-8 系统的逆变桥电路

2. 保护电路设计

逆变器设计的一个关键内容就是保护电路的设计，缓冲电路是保护电路的一种，与软开关技术相比，具有电路简单、成本低和可靠性高等优点。如图 10-8 所示，逆变电路缓冲电路采用变形的有损缓冲电路。由于器件的开关损耗随着开关频率的增高成正比例上升，所以在高频桥臂侧引入了由 R_1、R_2、C_2、C_3、VD_1、VD_2 构成的变形的有损缓冲电路，逆变电路开关管切换时产生的过冲电压分量由缓冲电阻 R_1、R_2 吸收。一旦缓冲电路的损耗减小，会导致缓冲 C_2、C_3 电容的容量增大，因此缓冲电阻的损耗即使在较高的开关频率下也很小。由于缓冲电路只吸收切换过程中的过冲分量，对 du/dt 没有影响，所以为了限制功率开关管两端电压上升率 du/dt 在两个桥臂端引入 C_1、C_2。另外，缓冲电路中 VD_1、VD_2 用于抑制寄生振荡。

3. 控制及驱动电路设计

系统采用单极性 SPWM 信号控制逆变电路中 4 个 MOSFET 的通断，以此来控制电路的逆变过程并产生所需的正弦交流电。SPWM 信号是基于数字信号处理（DSP）硬件平台来生成；MOSFET 的驱动信号是通过美国 IR 公司的驱动芯片来 IR2110S 实现。SPWM 生成及 MOSFET 驱动电路如图 10-9 所示。图中，控制器和驱动芯片的工作电压均为 3.3V，DSP 通过软件方式产生单极性 SPWM 控制信号，将互补的低频（50Hz）信号通过 EPWM1 通道的 A、B 两口输出；同理，互补的高频（18kHz）信号通过 EPWM2 通道的 A、B 两口输出。由于 DSP 控制器自身 I/O 输出是无法驱动功率开关管（MOSFET）工作的，因此需要驱动芯片为开关管提供 4 路 15V 的驱动信号。DSP 控制器作为整个逆变系统的主控制器，还需要检测短路、过载信号以及实时采样输出的交流波形，完成逆变输出的闭环 PI 控制，且当系统因过载情况停止工作时，向过载锁存电路发出解锁信号，重新使系统恢复正常工作，保证系统的可靠性和工作效率。

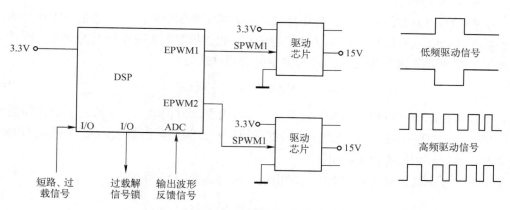

图 10-9　SPWM 生成及 MOSFET 驱动电路

4. 逆变电路控制方案

（1）基于 DSP 的控制方式

逆变电路控制采用 DSP 芯片的控制方式，选用 TMS320F28027 作为主控芯片，实现系统的总体控制，主要完成 SPWM 控制信号的生成、系统输出信号的信息采集、PI 控制算法的运算等功能。DSP 主程序和子程序流程图如图 10-10、图 10-11 所示，对系统的工作频率、EPWM 事件模块的初始化和 A-D 转换的初始化为系统的控制打下了基础。定时器 0 为系统整体工作提供了同步时钟，定时器0的中断服务程序实现了系统输出信号的信息采集、控制算法的计算以及脉冲宽度的装载。

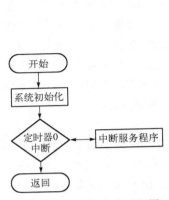

图 10-10　DSP 主程序流程图

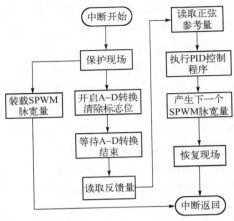

图 10-11　定时器0中断子程序流程图

（2）软件生成 SPWM 控制

系统通过 TMS320F28027 中的 ePWM（enhanced Pulse Width Modulator，即增强型 PWM 控制器）模块，采用软件方式生成 SPWM 控制信号。根据控制信号的要求，利用 ePWM 模块中 TB、CC、AQ、ET 四个子模块产生逆变变换所需的 SPWM 控制波形。配置 ePWM1 和 ePWM2 的 TB、CC、AQ、ET 四个子模块，由 ePWM1A/B 输出低频臂所用的 50Hz 控制信号，而由 ePWM2A/B 输出高频臂所用的 18kHz SPWM 控制信号。

（3）数字 PI 控制算法

PID 控制方法具有结构简单、鲁棒性好、参数易于整定等特点，加之系统所利用的处理器工作频率（60MHz）相对较高，能有效克服数字 PID 控制的实时性较差的缺点，所以设计采用容易实现的数字 PI 控制方式。PI 控制器的理想算式为

$$u(t) = K_p[e(t) + 1/T_i \int_0^1 e(\tau)\mathrm{d}\tau] \tag{10-5}$$

式中，$u(t)$ 为控制器（也称调节器）的输出；$e(t)$ 为控制器的输入（常常是设定值与被控量之差，即 $e(t) = r(t) - y(t)$）；$r(t)$ 为给定的参考值；$y(t)$ 为实际测量值；K_p 为控制器的比例放大系数；T_i 为控制器的积分时间。

设 $u(k)$ 为第 k 次采样时刻控制器的输出值，可得离散的 PI 算式为

$$u(k) = K_p e(k) + K_i \sum_{j=0}^{k} e(j) \tag{10-6}$$

式中，K_i 为积分系数，$K_i = K_p T_s / T_i$。

当执行机构需要的不是控制量的绝对值，而是控制量的增量时，需要用 PI 的"增量算法"。由式（10-6）可以得出

$$u(k-1) = K_p e(k-1) + K_i \sum_{j=0}^{k-1} e(j) \tag{10-7}$$

式（10-6）与式（10-7）相减得出控制量的增量算法

$$\Delta u(k) = u(k) - u(k-1) = ae(k) + be(k-1) \qquad (10\text{-}8)$$

式中，$a = K_\mathrm{p} + K_\mathrm{i} = K_\mathrm{p}[1 + T_\mathrm{S}/T_\mathrm{i}]$，$b = -K_\mathrm{p}$

从式（10-8）中无法看出 P、I 作用的直接关系，它只表示了各次误差量对控制作用的影响，只要储存最近的两个误差采样值 $e(k)$、$e(k-1)$ 即可。

设 $e(k)$ 为 k 时刻输出正弦波幅值 $y(k)$ 与给定参考值 $r(k)$ 的差值，$e(k-1)$ 为 $(k-1)$ 时刻的差值，$u(k)$ 为增量 PI 的控制输出量。量实现框图如图 10-12 所示。

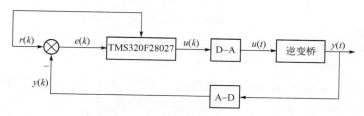

图 10-12　增量式数字 PI 控制实现框图

10.2.4　系统仿真和结果分析

系统仿真是在纯阻性负载条件下，运用仿真工具 PowerSim6 分别对所设计的升压电路、逆变电路以及逆变系统相应的控制策略进行了仿真实验。下面给出了电路仿真的实验结果，并对仿真的实验结果进行了简要的比较分析。

1. DC/DC 升压电路仿真分析

（1）DC/DC 直流升压电路输出特性仿真

DC/DC 直流升压电路输出特性仿真如图 10-13 所示。输出波形经过 5ms 后，直流升压电路输出波形稳定在 380V 左右，从图中可以看出，升压后的电压波形基本没有纹波，输出电压波形达到稳定的时间较短且波形稳定性较高，因此升压电路仿真输出效果非常好。

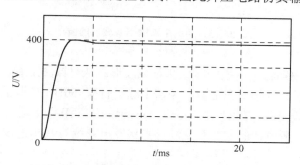

图 10-13　DC/DC 直流升压电路输出波形仿真

（2）DC/DC 升压电路工作效率仿真

如图 10-14 所示，升压电路输入功率曲线是幅值波动较大的曲线，而升压电路输出功率曲线是幅值波动较小的曲线。从图中可知，当电路稳定工作后，输入功率曲线稳定在 1600W 左右，输出功率曲线稳定在 1500W 左右，由此可推知升压电路的工作效率可达 90%以上。

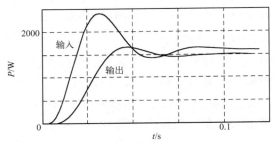

图 10-14　DC/DC 升压电路工作效率曲线

2．DC/AC 逆变电路仿真分析

（1）DC/AC 逆变电路输出特性仿真

图 10-15a 为逆变电路输出滤波前的仿真时域波形图，是单相单极性的 SPWM 波形，波形幅值最大为 380V，最小为-380V。图 10-15b 为逆变电路输出滤波前的仿真频域波形图，图上可以看出谐波分量主要集中分布在 20kHz 和 40kHz 这两个频率上。如前文所述，由于高频桥臂上单相单极性 SPWM 控制信号的频率为 20kHz，所以输出波形的谐波分量主要就集中在 20kHz 以及它的高次谐波 40kHz 上。对于这样的谐波分布情况，只需要使输出波形经过低通滤波就可以比较容易地滤除波形中含有的谐波分量，这也是 SPWM 控制方法的优点。

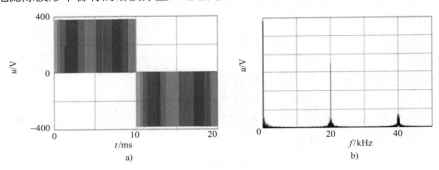

图 10-15　逆变电路输出滤波前的波形

a) 时域波形　b) 频域波形

图 10-16 是逆变电路输出电压的时域和频域波形。从时域图上看，逆变输出波形是标准的纯正弦交流电压波形。从频域图上看，频谱中除了含有 50Hz 的基波，其他高次谐波分量均不含有，正弦谐波畸变率（Total Harmonic Distortion，THD）非常小。从升压电路与逆变电路的仿真结果来看，所设计的逆变系统满足光伏发电系统对其相关技术的要求。

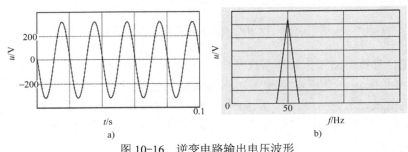

图 10-16　逆变电路输出电压波形

a) 时域波形　b) 频域波形

图 10-17 是逆变电路输出电流的时域和频域波形。由于逆变系统为纯阻性负载，因此逆变输出电压波形和电流波形相位一致，正弦程度高、波形的谐波畸变率（THD）很小。

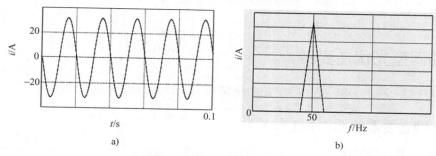

图 10-17 逆变电路输出电流波形

a) 时域波形 b) 频域波形

（2）加入闭环 PI 反馈控制仿真

由于三角载波的谐波成分比较复杂，为了模拟逆变系统工作的真实情况，在逆变输出结果上叠加幅值为 20V，频率 150Hz 的三角波作为谐波干扰。如图 10-18 所示，引入谐波干扰后导致系统输出波形失真。

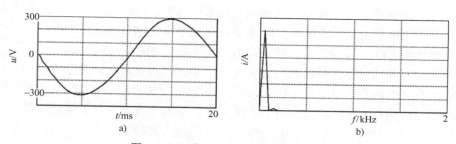

图 10-18 引入谐波干扰后的输出波形

a) 时域波形 b) 频域波形

图 10-19 为加入闭环 PI 反馈控制后的输出波形，从图中输出波形的效果来看，谐波分量减小了，波形质量得到了改善。

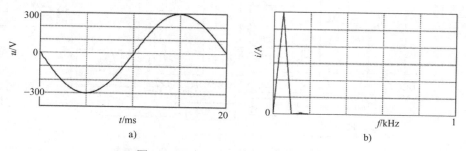

图 10-19 加入 PI 反馈后的输出波形

a) 时域波形 b) 频域波形

通过闭环 PI 反馈控制仿真还可以得出，理想条件下，当控制器的参数 K_p 取 2，T_i 取 0.01 时，即 PI 控制算法中比例系数 A 取 2.01，B 取-2 时，系统可以获得比较理想的输出结果。但在实际控制实验中 PI 算法的具体参数还需要进一步调整确定。

　　系统根据电路设计原理进行了试验样机的制作与调试，实际结果基本上与仿真结果相一致，不再赘述。

10.3　并网型光伏逆变器

　　本节将介绍一种由 DSP 控制的单相两级结构的光伏并网逆变器的设计。

10.3.1　并网逆变器的结构和工作原理

1. 并网逆变器的结构

　　图 10-20 为以 TMS320LF2407 为控制核心的双级式光伏并网系统。系统由光伏阵列、DC/DC 变换器、DC/AC 逆变器、隔离变压器和负载组成。其中 DC/DC 变换器完成光伏阵列输出升压和及 MPPT 控制功能。考虑到输入电压较低，采用结构简单，控制方便的 Boost 升压电路，它根据电网电压的大小使在不同天气条件下的输入电压达到一个合适的水平，同时在低压情况下实行最大功率点的跟踪，增大光伏系统的经济性能。DC/AC 逆变环节采用单相全桥逆变，完成直流到交流的逆变和系统的并网运行，将直流母线（DClink）的直流电转换成 220V/50Hz 正弦交流电，实现逆变并向电网输送功率。同时在该环节还要完成孤岛检测及孤岛防护。主电路采用工频变压器 TR 来保证逆变电压和电网电压相匹配，并使电网电压和发电系统相匹配。DSP 控制的单相双级式光伏并网系统如图 10-20 所示。

　　在该系统中，光伏电池板输出额定电压为 50～100V 的直流电，通过 DC/DC 变换器转换成 400V 的直流电，然后再经过 DC/AC 逆变器得到"220V，50Hz"的交流电，保证并网电流与电网电压的同频、同相。为了便于实现 MPPT 的控制方案和基于微处理器的孤岛检测方案，采用同一块 DSP 控制芯片 TMS320LF2407 进行协调控制，这不仅可以保证并网系统的可靠运行，而且还能提高并网电流的品质。

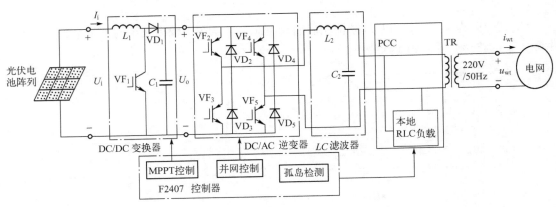

图 10-20　DSP 控制的单相双级式光伏并网系统

2. 工作原理

（1）前级 Boost 电路的工作原理

Boost 电路由开关管 VF_1，二极管 VD_1，电感 L_1 和电容 C_1 组成，完成将光伏电池输出的

直流电压场 U_{pv} 升压到 U_{dc}，原理图如图 10-21 所示。

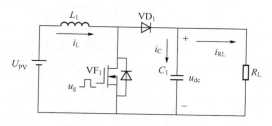

图 10-21　Boost 升压电路图

电路的工作过程如下：当开关管 VF$_1$ 导通时，二极管 VD$_1$ 反偏，于是将输出级隔离，由光伏电池阵列向电感 L_1 存储电能，电感电流逐渐增加；当开关管 VF$_1$ 断开时，二极管 VD$_1$ 导通，由电感 L_1 和光伏阵列共同提供能量，向电容 C_1 充电，电感电流逐渐减。直流母线电压 U_0、光伏阵列输出电流 I_i 的调节，只要根据输入电压调节开关管 VT$_1$ 的占空比 D 即可完成，如图 10-22 所示。

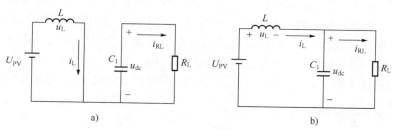

图 10-22　Boost 电路的工作过程

a) VF$_1$ 导通时工作电路　　b) VF$_1$ 断开工作电路

根据电感电流的周期是否从零开始，是否连续，可分为连续的工作状态和不连续的工作状态两种模式。由于电路在断续工作时电感电流的不连续，意味着太阳能输出的电能在每个周期内都有一部分被浪费掉了，而且纹波也比较大，因此电路参数的选择应让电路工作在连续导电的模式下。图 10-23 所示的 Boost 电路在连续导电模式下的稳态波形：

（2）后级单相全桥逆变器的工作原理

图 10-24 所示为以绝缘栅双极性晶体管（IGBT）为主开关器件的单相全桥逆变器主电路图，其中 L_N 为交流输出电感，C_d 为直流侧支撑电容，也即前级 Boost 电路的输出电容，VF$_1$～VF$_4$ 是主开关管 IGBT，VD$_1$～VD$_4$ 是其反并联二极管，起反向续流的作用。对四个开关管进行适当的 PWM 控制，就可以调节输出电流 $i_n(t)$ 为正弦波，并且与网压 $u_n(t)$ 保持同相位，达到输出功率因数为 1 的目的。电路是由两个桥臂并联组成的，因此这种桥式拓扑仍属于升压式结构。启动条件是直流侧滤波电容预先充电到接近电网电压的峰值，而使电感电流能按照给定的波形和相位得到控制，必须保证在运行过程中，直流侧电压不低于电网电压的峰值，否则，续流二极管将以传统的整流方式运行，电感电流不完全可控。

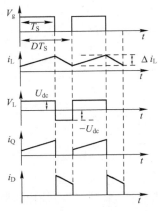
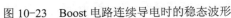

图 10-23 Boost 电路连续导电时的稳态波形

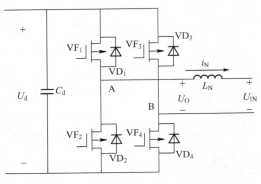

图 10-24 单相全桥逆变器的拓扑

3. 主电路参数的选取

（1）滤波电感的选取

在全桥逆变器中，输出滤波电感是一个关键元件，并网系统要求在逆变器的输出侧实现功率因数为 1，波形为正弦波，输出电流与电网电压同频、同相。为防止输出电流污染电网，并网前需要进行低通滤波，因而，电感值选取的合适与否直接影响电路的工作性能。对于电感值的选取，可以从以下两个方面来考虑：

1）电流的纹波系数。输出滤波电感的值直接影响着输出纹波电流的大小。由电感的基本伏安关系：$u = L\dfrac{\mathrm{d}i}{\mathrm{d}t}$ 可得

$$\Delta i = \int_0^{t_{on}} \frac{u_1(t)}{L_f}\mathrm{d}t \qquad (10\text{-}9)$$

式中，$u_1(t)$ 为电感两端的电压，考虑到当输出电压处于峰值附近（即 $u_o(t)=U_{Nm}$）时，输出电流纹波最大，若此时开关管的开关的周期为 T，占空比为 $D(t)$，则有

$$\Delta i = \frac{U_{dc} - u_o(t)}{L_f}D(t)T \qquad (10\text{-}10)$$

式中，U_{dc} 为直流母线电压；L 为滤波电感。

根据单级性 SPWM 原理，因为开环频率远大于工频频率，所以得到

$$u_o(t) = D(t)U_{dc} + [1 - D(t)] \times 0 \qquad (10\text{-}11)$$

则每个开关周期的占空比为

$$D(t) = \frac{u_o(t)}{U_{dc}} \qquad (10\text{-}12)$$

将式（10-12）代入式（10-10）中得

$$\Delta i = \frac{U_{dc} - u_o(t)}{L_f}\frac{u_o(t)}{U_{dc}}T$$

当 $u_o(t) = \dfrac{U_{dc}}{2}$ 时，纹波电流最大为

$$\Delta i_{max} = \frac{U_{dc}}{4L_{fT}}T \tag{10-13}$$

取

$$L_f \geqslant \frac{U_{dc}}{4\Delta i_{max}}T \tag{10-14}$$

2）电压值的计算。由变压器的矢量三角形关系可知

$$U_o = j\omega L_f I_N + U_N \tag{10-15}$$

因此，它们的基波幅值满足

$$U_o^2 = (\omega L_f I_N)^2 + U_N^2 \tag{10-16}$$

由正弦脉宽调制理论可知

$$U_o = mU_{dc}$$

其中 m 为调制比，且 $m \leqslant 1$，从而

$$(\omega L_f I_N)^2 + U_N^2 \leqslant U_{dc}^2 \tag{10-17}$$

于是可以得到

$$L_f \leqslant \frac{\sqrt{U_{dc}^2 - U_N^2}}{\omega I_N} \tag{10-18}$$

系统中若 I_N=9.5A，U_{dc}=380V，SPWM 的载波频率取 f=8kHz（T=125μs），基波频率为 50Hz。取电流纹波系数 α=0.15，由式（10-14）可知

$$L_f \geqslant \frac{380}{4 \times 0.15 \times 9.5 \times 8 \times 10^3}\text{H} = 8.33\text{mH}$$

由式（10-18）可知

$$L_f \leqslant \frac{\sqrt{380^2 - 220^2}}{2\pi \times 50 \times 9.5}\text{H} = 103.6\text{mH}$$

综上所述，滤波电感的取值范围为 8.33mH$\leqslant L_f \leqslant$103.6mH。在实际设计过程中，由于电感的体积、成本等因素的影响，一般只需考虑电感的下限值，即取稍微大于下限值即可。另外需要特别指出的是，以上的计算是建立在额定输出电压，即 U_N=220V 的基础上，考虑到实际情况下网压的波动范围，在设计电感时最终可选取电感值为 L_f=12mH。

（2）开关管的选取

目前使用较多的功率器件有达林顿功率晶体管（BJT）、功率场效应晶体管（MOSFET）、绝缘栅极晶体管（IGBT）和门极关断晶闸管（GTO）等。在小容量低压系统中使用较多的器件为 MOSFET，因为 MOSFET 具有较低的通态电压降和较高的开关频率，在高压大容量系统中一般均采用 IGBT 模块，因为 MOSFET 随着电压的升高其通态电阻也随之增大；IGBT 在中容量系统中占有较大的优势；而在特大容量（100kV·A 以上）系统中，一般均采用 GTO 作为功率元件。随着针对光伏系统的功率模块的发展，主电路元器件功率模块的

也有较大的选择余地。针对本电路的特点，电路选用 IGBT 作为开关元件。

10.3.2 DC / DC 级电路的 MPPT 实现

在单相光伏发电并网系统中，实现最大功率点跟踪功能是在 DC/DC 级。将该级作为光伏电池的负载，通过改变占空比来实现它与光伏电池输出特性的匹配，实现光伏电池的 MPPT。当外界环境变化时，通过不断调整变换器的开关占空比，实现太阳光伏阵列的输出电压 U_{PV} 与光伏阵列最大功率点所对应的电压相匹配，从而可以实时获得太阳电池的最大输出功率。

1. MPPT 电路实现原理

Boost 升压电路如图 10-21 所示，为了后面分析转换电路的等效电阻方便，电路中加上了开关管、二极管、电感的等效电阻，在分析输入输出电压比的时候可以不用考虑。分析开关导通和截止时等效电路可得到输出电压为

$$U_{\rm o} = \frac{T}{T_{\rm OFF}}U_{\rm i} = \frac{T}{T - T_{\rm ON}}U_{\rm i} = \frac{U_{\rm i}}{1-D} \tag{10-19}$$

式中，$U_{\rm i}=U_{\rm pv}$；T 为开关周期；$T_{\rm ON}$ 为开关导通时间；$T_{\rm OFF}$ 为开关关断时间；D 为占空比，$D=T_{\rm ON} / T$。

在大多数情况下，Boost 电路的输出接蓄电池或者逆变器的直流侧，在相对较小的系统采样时间内，Boost 电路的输出电压变化很小，可视为恒定，故由式（10-19）可得

$$U_{\rm i}=(1-D)U_{\rm o} \tag{10-20}$$

在光伏系统中，Boost 电路的输入 $U_{\rm i}$，即为光伏阵列的输出 $U_{\rm pv}$，由式（10-20）可知，调节占空比 D 即可改变 $U_{\rm i}$，也就是光伏阵列的输出电压 $U_{\rm pv}$，从而达到最大功率点跟踪的目的。但从式（10-19）还可以看出，如果占空比 D 过小，Boost 电路的输出电压 $U_{\rm o}$ 将会过小，从而就无法满足逆变器直流侧的要求，因此占空比 D 存在一个最小值 $D_{\rm min}$。设 Boost 电路的输入电压为光伏阵列的开路电压 $U_{\rm oc}$，由式（10-19）可得

$$D_{\rm min} = 1 - \frac{U_{\rm oc}}{U_{\rm o}} \tag{10-21}$$

因此，Boost 电路的占空比 D 在 $D_{\rm min}\sim 1$ 之间变化时，可控制光伏阵列的输出电压在 $0\sim U_{\rm oc}$ 之间变化，通过改变占空比就能找到光伏阵列在最大功率点处的电压 $U_{\rm m}$。

系统控制原理如图 10-25 所示。光伏阵列的输出电压和电流送入 MPPT 控制器进行最大功率点跟踪控制，控制器输出 PWM 波驱动开关管动作，改变 Boost 电路的 $U_{\rm i}$，使它与光伏阵列最大功率点所对应的电压相匹配，从而使光伏阵列始终输出最大功率。

控制器的具体算法可采用 Fibonacci 线性搜寻方法。它的控制参数调节比较直观，响应速度比较迅速。这种基于改进型 Fibonacci 线性搜索算法的光伏发电系统的 MPPT 技术能在非一致性日照或日照急剧变化的情况下追踪最大功

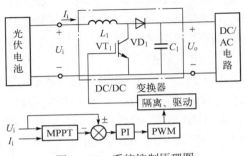

图 10-25　系统控制原理图

率点。Fibonacci 搜索算法经过改进可以用于时变的 P-V 特性曲线。当日照急剧变化时，一个新的初始化功能被引入来初始化搜索条件，并做一个大范围的搜索，从而得到实际最大功率。算法的具体过程参见 7.4.2 节。

2. 基于改进 Fibonacci 线性搜索算法仿真

光伏组件由 36 块电池组成，额定输出功率为 140W，开路电压为 25.5V，短路电流为 7.85A。每块电池的面积为 $0.0225m^2$，R_s=0.006Ω，R_{sh}=10000Ω。两块组件串联在一起并串有防反充二极管。组件被认为符合理想的制造参数和理想的工作温度（T=320K）。为了模拟日照条件发生变化的情况，设定当 t=0 时两块组件上的日照辐射强度都为 S=1000W／m^2；当 t=0.5s 时两块组件上的日照辐射强度分别变为 S=1000W／m^2 和 S=100W/m^2。仿真结果如图 10-26～图 10-28 所示。

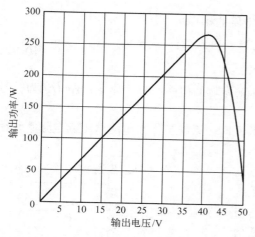

图 10-26　日照辐射条件无变化时组件的 P-V 仿真曲线

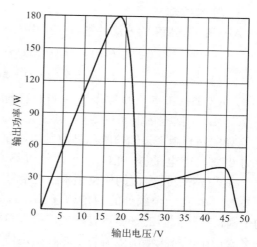

图 10-27　发生部分遮挡时组件的 P-V 仿真曲线

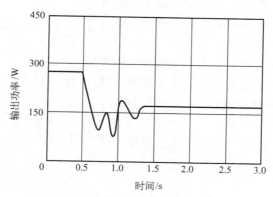

图 10-28　基于 Fibonacci 算法的 MPPT 输出功率仿真波形

图 10-27 表明在光伏组件部分阴影（即组件的部分日照辐射发生变化）的情况下，系统会在不同的电压值处存在两个最大值点，一个在 18V 处，另一个在 44V 处，但前者明显比后者要高，出现了局部最大点。基于 Fibonacci 算法的 MPPT 控制方法，就能执行"全局搜

索"来跟踪实际最大功率点，避免了光伏发电系统工作在局部最大功率点而造成的能量的损失。图 10-28 为采用 7.4.2 节 Fibonacci 算法的 MPPT 控制方法的输出功率仿真波形，可以看出系统最终工作在部分阴影条件下的全局最大功率点（180W 左右）。

10.3.3 孤岛检测方法

孤岛效应是光伏并网发电系统中普遍存在的一个问题，准确、及时地检测出孤岛效应是光伏并网发电系统设计中的一个关键问题。实际工作中，孤岛效应的检测需要用软件和硬件共同配合来实现。孤岛效应常用的检测方法很多，针对自动相位偏移（Automatic Phase Shift，APS）法具有检测效率很高，NDZ 很小，较易实现，并且检测效率不受多逆变器并联的影响等优点，本系统采用自动相位偏移方法。

1. 工作原理

APS 是在 SMS 的方法的基础上，引入了参考电压的相移 θ。

$$\theta(k) = 2\pi / \alpha [(f(k-1) - f_g)/f_g] + \theta_0(k)$$

$$\theta_0(k) = \theta_0(k-1) + \Delta\theta_0 \, \mathrm{sgn}(\Delta f_{ss})$$

(10-22)

式中，α 为调节因子；$f(k-1)$ 为上一周期的频率；$\theta_0(k)$ 为附加相移；$\Delta\theta$ 为常数；$\mathrm{sgn}(\Delta f)$ 为符号函数，它由上两个周期的频差 Δf_{ss} 决定。

APS 是利用正反馈检测孤岛的发生。在正常并网时，系统工作在电网电压额定频率和相角为 0 处。市电采样 PLL 信号，经过移频移相处理，将其作为并网电流的相位频率给定信号。当孤岛产生时，θ_0 有一个额外的相角增量 $\Delta\theta$，打破了系统的平衡，在达到新的平衡点过程中，由于负载相角与频率成正比，系统输出电流为了跟踪给定值，不断增大 f，导致 θ_0 幅值随周期增大，增大的相角 θ 又导致 f 进一步增大，因此形成正反馈，最终导致超过频率阈值，检测到孤岛。反之，稳态频率有微小减小，最终导致欠频阈值，同样检测到孤岛。

在 APS 检测方法中，由于引入了频率的变化作为符号函数判断相角改变的趋势，检测盲区和检测时间比较小，并网时对电网的扰动较小，THD 不高，是较好的检测方案。

APS 检测法的流程如图 10-29 所示。详细的算法实现过程参见 9.4.4 节。

2. 仿真分析

逆变器输出功率与 RLC 负载匹配均为 3kW，电网频率 f=50Hz；OFR/UFR 即频率上、下限为 $f_{max} = 50.5$Hz，$f_{min} = 49.3$Hz，电网在 0.02s 掉电；由于是匹配负载，断网瞬间频率变化不大，f 的变化范围为 $f-0.7$Hz$<f<f+0.5$Hz，因此孤岛检测时间以 2s 为准，

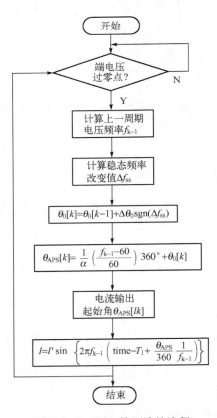

图 10-29 APS 检测法的流程

超过 2s，则该方法失效。当负载品质因数 Q_f =2.5，截断系数 C_f =0.02，正反馈增益 K =0.1。仿真结果如图 10-30 所示，T =0.068s-0.02s=0.048s，THD =0.11%，并且基本上没有谐波。

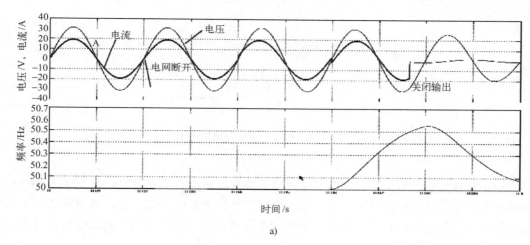

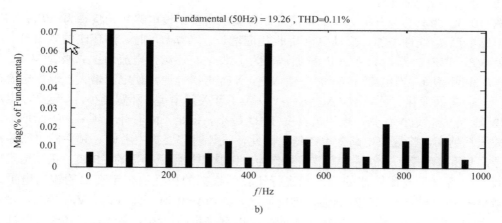

图 10-30　Q_f =2.5 时，APS 法的仿真结果

a) APS 法电压、电流波形及频率　b) APS 法的电流 THD

通常情况下，入网的 RLC 负载 Q_f 值不会太大，而且一般呈感性，用 APS 法能够满足检测要求，并且对系统扰动很小。该方法适用于一般电流型逆变器并网的孤岛防护检测。

10.3.4　DC/AC 的控制方案

1. 恒开关频率的电流控制方法

并网逆变器输出的控制模式是电流型控制，控制目标为：控制逆变电路输出的交流电流为稳定的、高品质的正弦波，且与电网电压同频、同相。以输出电感电流 I_{out} 作为被控制量，整个系统相当于一个内阻较大的受控电流源。并网逆变工作方式下的等效电路和电压电流矢量图如图 10-31 所示，其中 U_{net} 为电网电压、U_{out} 为并网逆变器交流侧电压，I_{out} 为电感电流。逆变部分控制的关键量是 I_{out} 因为并网逆变器的输出滤波电感的存在会使逆变电路的交流侧电压与电网电压之间存在相位差，即 U_{out} 与 U_{net} 间有相位差。只要在实际控制中满足这种相位关系，就可成功实现 U_{out} 与 U_{net} 同频同相。根据矢量图可知，可以通过对输出电压的控制完成对 I_{out} 的控制，或者直接对 I_{out} 进行控制，完成对交流侧电流、功率因数的控制。

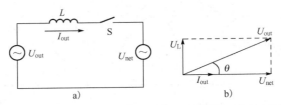

图 10-31　逆变器并网工作时的等效电路和电压电流矢量图

a) 等效电路图　b) 矢量图

采用正弦脉宽（SPWM）控制的电流跟踪系统具有固定的开关频率，工作时将 PWM 载波频率固定不变，以电流偏差调节信号作为调制信号的 PWM 控制方法，具有算法简单、物理意义清晰、实现方便的优点。另外，开关频率固定，可以使输出侧的滤波电感容易设计，减少功率器件的开关损耗。

图 10-32 为具有恒开关频率的电流控制方案电路图。设电路初始状态为 VF_1、VF_4 导通，电感电流 i_L 线性增加，反馈电流 i_f 也相应增长，当 $i_f=i_{R2}$ 时，滞环比较器输出电压改变，使 VF_1、VF_4 关断，VF_2、VF_3 导通，但为了维持 i_L 连续，电流通过二极管 VD_2、VD_3 续流，i_L 相应下降，当电流 $i_f=i_{R1}$ 时，使 VF_1、VF_4 再次导通，使电流增大，保持电流在曲线 i_{R1} 和 i_{R2} 之间变化。环宽 Δi（$\Delta i =i_R-i_f$）决定了开关频率 f_c，环宽越小，f_c 越高，电流脉动度越低，i_L 越接近于正弦，电流失真度 THD 越小。但是，随着开关频率的不断增加，电路开关损耗越高，将导致电路效率越低。因此，设计时需要折中考虑。频率发生器输出方波信号，其重复频率 f 为恒值，方波信号作为时钟脉冲加到锁存器的 CP 口，正弦给定电流 i_R 与反馈电流 i_f，在比较器的输入端进行比较，根据的极性决定锁存器的输出电平，例如：当 $\Delta i>0$ 时，使 VF_1、VF_4 导通，则电流上升；当 $\Delta i<0$ 时，使 VF_2、VF_3 导通，则电流下降，上述控制脉冲的转变是由锁存器的输出电平决定的，而锁存器只有在时钟脉冲到来时才转换状态，于是每个切换点在时间上等距，因为时钟脉冲的重复频率是恒定的，所以又称为同步恒定开关控制方式。

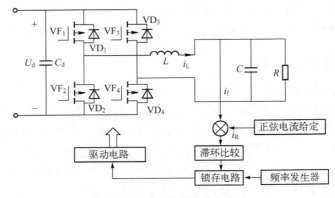

图 10-32　恒开关频率控制电路

对矢量三角形进行下列变换：

$$U_{\text{OUT}}(t) = U_{\text{net}}(t) + L\frac{\mathrm{d}i_{\text{out}}}{\mathrm{d}t} \tag{10-23}$$

在一个开关周期内对式（10-23）进行周期平均：

$$U_{\text{OUT}}{}^*(t) = U_{\text{net}}(t) + \frac{1}{T}\int_{l}^{k+1} L\mathrm{d}i_{\text{out}}(t) = U_{\text{net}}(t) + \frac{1}{T}[i_{\text{out}}(t_{k+1}) - i_{\text{out}}(t_k)] \tag{10-24}$$

令 $\dfrac{L}{T} = k_{\text{p}}$，则

$$U_{\text{OUT}}{}^*(t) = U_{\text{net}}(t) + [i_{\text{out}}{}^*(t) - i_{\text{out}}(t_k)] \tag{10-25}$$

式（10-25）称为改进周期平均模型。由该模型可得如图 10-33 所示的改进型固定开关频率电流控制图。该控制策略不仅保留了原来控制策略的优点，同时电流的跟踪误差显著减小。通过调整电源电压的比例系数来减小直至消除电源电压对电流跟踪偏差的影响，从而显著改善了逆变器中电流跟踪控制的性能。

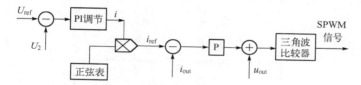

图 10-33　改进型 SPWM 输出电流跟踪

由图 10-33 可知，参考电压 U_{ref} 与中间直流电压 U_2 相比较，误差经 PI 调节得到电流指令 i，i 与正弦波形相乘得到正弦指令电流 i_{ref}，再与 i_{out} 相比较后得出误差，该误差经 P 调节后得到的值与 u_{out} 相加。最后与三角波比较，便产生了 4 路 SPWM 信号，用来控制逆变器开关管的通断时间，这样就实现了光伏电池输出电压基本上工作在 U_{ref} 附近，逆变器输出正弦电流波形幅值为 I。

该控制方案中对并网电流采用了改进型固定开关频率的控制方法，即在固定开关频率控制的基础上加入了交流侧网压的计算，i_{ref} 与实际逆变器输出电流相比较得到误差 Δi。Δi 在物理意义上相当于逆变器输出侧电感上产生的电压。Δi_{P} 与 u_{out} 之和相当于逆变器输出的脉冲电压，这样构成的矢量图与逆变器输出向量图一致。改进的固定开关频率控制策略保持了原有优点，同时显著减小了电流跟踪误差，较大地改善了 SPWM 整流器电流跟踪性能。

2. 同步锁相环的实现

在光伏并网系统中，为了保证并网电流、电压严格同频、同相，锁相环的使用是必不可少的，其作用是调节逆变器输出电流的频率和相位，使其和电网电压逐渐进入同步锁存状态。锁相环的控制环节由软件和硬件两部分组成。在进行并网电流和电压同步的过程中，使用 DSP 的 TMS320LF2407 芯片采集电网电压的相位，F2407 芯片只能采集 TTL 信号，因此需要硬件电路来辅助实现，将电网正弦波电压信号经滤波、整形，转换成与其同步的 TTL 方波信号。该脉冲信号和正弦波电压信号具有相同的过零点，即在正弦信号的过零点产生脉冲跃变，因此可以采用滞环比较器进行过零检测。

同步方波信号输入 F2407 的外部中断口，捕捉电网电压的过零点；当 DSP 检测到同步信号的上跳沿时，便产生同步中断，指向正弦表对应变量的指针复位到零。由于同步信号容易受干扰，在软件上需要加滤波程序。产生了同步信号以后，正弦表对应的指针与电网电压同步，将 PI 调节后得到的电流指令 i_{ref} 与正弦表指针所对应的数据相乘，形成幅值可调的正弦电流指令 i_{out}^*，通过闭环控制使输出的电流跟踪正弦电流指令实现电流跟踪控制。

3. 仿真分析

根据以上所述，选择相应的参数，搭建仿真试验模型。在 Boost 变换器的输入端并联一个 $220\mu F$ 的电容。当正弦参考信号的频率在 $f_{ref}=50Hz$ 时，输出电压 u_{out} 和输出电流 i_{out} 的波形如图 10-34 所示。示波器测量得到输出电流的频率为 49.97Hz，频率跟踪精度可达 0.05%，电流 THD=2.7%，可以认为逆变器交流电流与电网电压同频、同相。由此可见，该系统工作稳定，性能可靠，在功率较小的情况下可以满足现场使用要求。

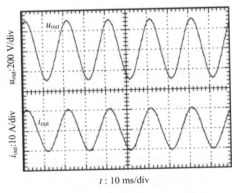

图 10-34　输出的电压、电流波形

10.4　微型逆变器的组成及其工作原理

本节介绍一种电压型高频链的两级式 MI 结构，输入为 36 片多晶硅光伏电池串联的光伏组件的直流电，输出为 220V、50Hz 的正弦交流电。MI 的功率回路中，第一级为 DC/DC 升压环节，将光伏组件输出的低压直流升至较高电压，其功率开关采用 MOSFET，有利于大电流输入情况下的并联使用；第二级是 DC/AC 逆变环节，将第一级输出的高压直流电逆变为所需的交流电，并保证输出电流与电网电压同频、同相。系统框图如图 10-35 所示。

在 DC/DC 升压环节中，检测光伏组件的电压、电流并送入控制器，MPPT 算法实现光伏组件的最大功率输出；PWM 生成及稳压芯片 SG3525 输出 PWM 波控制高频升压电路将光伏组件输出的低压直流电转化为稳定的高压直流电。在 DC/AC 逆变环节中，DSP 控制器及驱动电路产生 SPWM 控制信号，控制 DC/AC 逆变电路将高电压直流电转换成交流电。并网电流、电网电压信号经过零点检测电路采集相位信息，供 DSP 根据控制算法调整输出的 SPWM 波形。

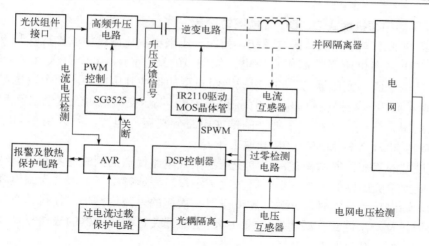

图 10-35　MI 系统结构图

另外，系统还具有保护和报警功能。过电流过载保护电路用于监测 DC/AC 逆变的工作状态，当系统过电流或过载时，系统报警并停止工作，以保证系统的安全性与可靠性。报警及散热保护电路完成系统短路报警、过热报警功能。后文将对系统各部分电路拓扑及其控制方式进行比较分析。

10.4.1　微型逆变器硬件电路设计

结合对常用电路的分析比较，本节对电压型高频链 MI 进行电路设计，主要硬件电路包括：MI 主电路，含 DC/DC 直流升压变换器、DC/AC 全桥逆变器；控制电路，含升压变换控制器、逆变控制器；电流电压检测及过电流过载保护电路，含电流电压检测电路、过电流过载保护电路、过热报警电路。下面对各部分的设计进行详细阐述。

1．主电路设计

本节设计的 MI 采用电压型高频链的结构，整个主电路结构如图 10-36 所示，主要包括双变压器串联推挽式 DC/DC 变换器和全桥式 DC/AC 逆变器。由于升压和逆变部分是独立控制运行，故分开对各部分进行设计。

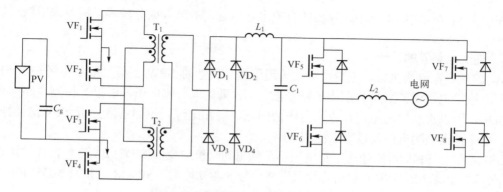

图 10-36　微型逆变器的主电路结构图

2. 双变压器串联推挽式 DC/DC 变换器的设计

本李设计的 MI 属于两级式隔离系统，前级升压采用双变压器串联推挽式升压结构，为后级全桥逆变电路提供所需的高压直流电。如图 10-36 所示，4 个开关管（VF_1、VF_2、VF_3、VF_4）两个一组和变压器 T_1、T_2 组成两组典型的推挽升压电路。两个变压器的二次绕组串接在一起，使升压结果相叠加，输出高压交流电。高压交流电再经过全波整流及 LC 滤波电路生成高压直流电。一次两个独立的推挽电路分别接入电源，且采用相同时序的高频 PWM 开关控制信号，VF_1 和 VF_2 交替导通工作。

这种改进型的双变压器结构在保持单变压器推挽电路优点的同时还具有以下特点：变压器匝数比降低为单变压器的一半，由于匝数比减小，较好地解决了一、二次绕组耦合问题，减小了损耗。输出功率一定时，开关管和变压器一次侧的电流均减半，使得单个开关管和变压器的导通损耗及一次侧铜耗减为原来的 1/4，全部开关管和变压器的导通损耗及一次侧铜耗减为原来的一半，有效提高了效率。

由于推挽式电路的特点，开关管的最高电压应力为输入电压的两倍，最大有效电流约为 3.5A，则开关管选取 IRF3205N 型 MOSFET；推挽变压器二次侧整流管所承受的最大电压应力为 $2U_d=2\times400V=800V$，为了降低损耗，减小方向恢复时间，选用快速恢复二极管 RHRP15120，其耐压为 1200V，满足要求；滤波电路采用 LC 滤波电路，由电容、电阻和电感串联组成单调谐滤波电路，其结构简单，调谐容易。

单调谐滤波电路对 n 次谐波的阻抗 Z_n 为

$$Z_n = R_n + j\left(n\omega_1 L - \frac{1}{n\omega_1 C}\right) \tag{10-26}$$

式中，n 为谐波的次数；ω_1 为基波角频率。

由式（10-26）可知，滤波电路在 $n\omega_1$ 谐振时，滤波器对于 n 次谐波的阻抗最小，此时 $Z_n = R_n$，谐波次数 n 满足

$$n=1/\left(\omega_1\sqrt{LC}\right) \tag{10-27}$$

所以 DC/DC 升压电路的滤波电路，只要保证 $1/(2\pi\sqrt{LC})$ 小于基波频率即可，本节设计的 DC/DC 升压电路的工作频率为 20kHz，因此可知只要满足 $1/(2\pi\sqrt{LC})\leqslant20$kHz，即可确定 L 和 C 的值。在实际电路中，输出的直流电感压含有的高频成分较多，需要选用低阻抗高频的电解电容。

3. 逆变控制器的设计

MI 的逆变电路为全桥式逆变结构，采用单相单极性的 SPWM 信号控制 4 个 MOSFET 的通断，输出电压滤波后得到所需的正弦波。MI 采集电网侧电压，经过零检测电路采集过零点信息，用以实现输出电流与电网电压的同频、同相跟踪。下面着重分析 SPWM 的产生方式、电流电压检测电路及过零点检测电路。

DSP 的输出 SPWM 信号功率及电压不足以驱动全桥逆变的 MOSFET 工作，需要通过美国 IR 公司的 IR2110S 专用的驱动芯片来提高信号的驱动能力，SPWM 产生及 MOSFET 驱动电路如图 10-37 所示。

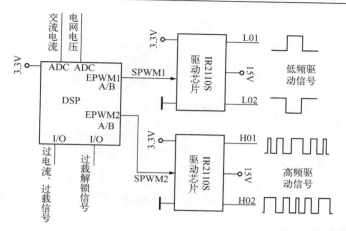

图 10-37　DSP 控制及 MOSFET 驱动电路

4. 电流电压检测电路

（1）光伏组件的电压检测

采用电阻分压器检测光伏组件的电压，由 R_1 和 R_2 组成的电阻分压器将 PV 电池板的电压调低到 ADC 输入电压水平，电容 C_1 和 C_2 对信号进行滤波，二极管 VS 为保护二极管。电路如图 10-38 所示。

PV 板的直流输入电压 U_{dc} 与采样后电压 U_{PV} 保持线性比例关系：

$$U_{PV} = U_{dc}\frac{R_2}{R_1 + R_2} \qquad (10\text{-}28)$$

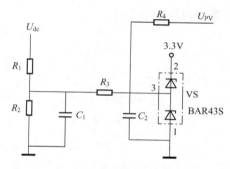

图 10-38　PV 电压检测电路

（2）光伏组件的电流检测

光伏组件的电流采取电阻检测的方法，即在 PV 的接地输入端串联两个 0.5Ω 电阻，通过测量电路中电阻两端的电压信号来计算流过的电流大小。采样的电压值较小，需经放大器放大。电路如图 10-39 所示。

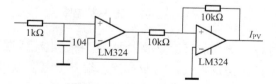

图 10-39　PV 电流检测电路

（3）MI 输出电流、电网电压及过零点检测电路

MI 要求输出电流实现对电网电压的同频、同相追踪，这就需要采集电网侧电压并实现同步锁相控制。本节采用硬件过零检测和软件锁环的方式完成锁相。电网电压的检测选用交流电压传感器 TVS1908-02，MI 输出电流检测采用电流互感器 TA1906-04。将采集到的电网电压送入过零点检测电路，生成与其同频、同相的方波信号，送入 DSP 的 ECAP 捕获上升沿。过零点检测电路如图 10-40 所示。

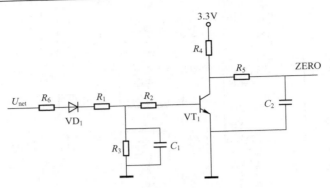

图 10-40　过零点检测电路

5．过电流过载保护电路

图 10-41 为系统的过电流过载保护电路。当系统出现过电流（或短路）时，保护电路将短路信号锁存，并输出关断信号给升压电路，系统自动关闭。当出现过载时，保护电路将信号锁存，并输出信号给控制装置，系统启动报警电路并停止工作。当负载减小到正常范围，系统自动恢复工作。

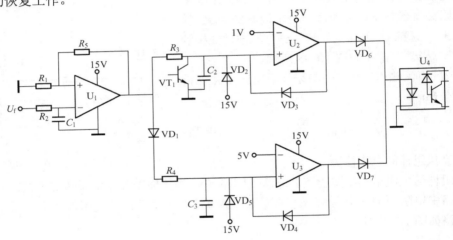

图 10-41　过电流过载保护电路

保护电路具体工作过程如下：前级运算放大器 U_1 将过电流或过载信号放大，放大后的信号加到比较器 U_2 和 U_3 的正向输入端。U_2 反向输入端参考电平为 1V，U_3 反向输入端参考电平则为 5V。配置电阻 R_3、R_4 和电容 C_2、C_3 参数使得 U_2 的正向 RC 充电时间常数大于 U_3 的时间常数。当系统过电流时，由于 U_3 的充电时间较短，其正向输入端电压会在较短时间内大于基准电压 5V，二极管 VD_4 将过电流信号锁存，U_3 输出高电平。同理，当系统过载时，比较器 U_2 正向输入端电压在一段时间后大于负向输入端参考电压，二极管 VD_3 将过载信号锁存，U_2 输出高电平。过电流或过载时保护电路输出的高电平经 U_4 进行光耦隔离后向控制器输入关闭信号。由于锁存二极管的存在，系统因过电流而停止工作时，必须人为重启系统。如果是过载情况，当过载情况结束时，控制晶体管 VT_1 导通，将 U_2 锁存信号解锁，系统自动恢复工作。

6. 报警功能的实现

MI 的保护及报警功能是由 AVR 系列单片机来控制实现的，主要监测是否过电流、过载，PV 是否欠电压输出以及逆变器温度。其主程序的流程图如图 10-42 所示。

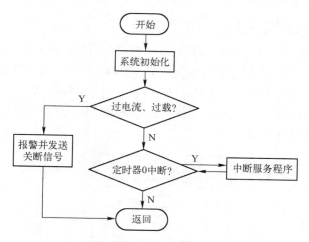

图 10-42　系统保护报警控制流程图

系统出现过电流过载情况时，经由光耦 U_4 输出一个高电平，AVR 单片机检测到这个高电平，即向 SG3525A 的第 10 脚即外部关断信号引脚输出高电平并触发报警电路。SG3525A 关断输出，升压电路停止输出，MI 停止工作，避免 MI 因系统过电流或过载而损坏。另外，系统的欠电压及温度检测是在中断程序中实现的。定期中断服务程序流程如图 10-43 所示。

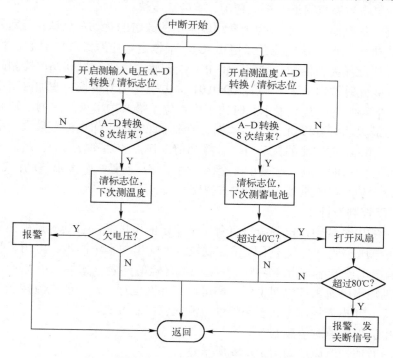

图 10-43　中断服务程序流程图

　　AVR 定时器一次计数结束后中断，通过 A-D 采样对 PV 电压和系统温度进行监测。检测到欠电压时触发报警电路；检测温度超过 40℃时开启风扇，超过 80℃时则触发报警电路并发关断信号给 SG3525A，系统停止工作。

10.4.2　微型逆变器的控制策略

　　前面设计的 MI 结构属于单相两级式系统，前级和后级之间直流滤波电容的存在实现了前后级控制上的解耦。系统的控制策略结构如图 10-44 所示。MI 的控制分为两部分：前级 DC/DC 变换器主要实现最大功率点跟踪（MPPT）控制，后级的 DC/AC 变换器（并网逆变器）完成对电网电压的同频、同相跟踪。另外，为保证 MI 安全有效地并网工作，系统还要具备孤岛效应的检测和控制功能。

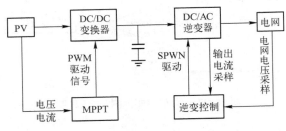

图 10-44　MI 控制策略结构图

1. 最大功率点跟踪闭环控制

　　这里采用的是改进的扰动观察法，即将定电压跟踪法与扰动观察法结合起来，在寻优初期快速地定位在最大功率点附近，控制精确、响应速度快。

　　以某一时刻光伏电池 P-U 曲线为例介绍所采用的改进的扰动观察法，流程图如图 10-45 所示。系统首先采集当前光伏电池开路电压 U_o，根据定电压跟踪法的思想，将开路电压乘以系数 0.76。并以此作为初始的基准值，将 PWM 初始占空比设为 0.76，检测此时电池输出的电压电流，计算此时的功率 P_0，设定 $\Delta D=0.01$ 为占空比调节步长。增加占空比的扰动，计算此时的功率 P_1。若 $P_1>P_0$，表示此时的工作点位于最大功率点的左侧，则继续增加占空比，将工作点向最大功率点移动；若 $P_1<P_0$，则表示此时的工作点位于最大功率点的右侧，则减小占空比。当减小占空比的扰动时，计算当前工作点的功率 P_1。若 $P_1>P_0$，表示工作点位于最大功率点的右侧，则继续减小占空比，将工作点向最大功率点移动；若 $P_1<P_0$，表示工作点位于最大功率点的左侧，应增大占空比。

2. 电网跟踪控制设计

　　在光伏并网发电系统中，电网电压可看做是稳定的电压源，且其容量视为无限大。如果 MI 的输出采用电压控制，必须采用锁相控制技术使输出与市电同步。但由于锁相回路的响应较慢，MI 输出电压值不易精确控制，可能出现环流等问题；如果 MI 采用电压源电流控制，则只需控制输出电流跟踪电网电压，即可达到并网运行。常用的电流控制方式可分为滞环电流控制方式、PI 电流控制方式和小惯性电流跟踪控制方式。

　　（1）滞环电流控制瞬时值控制

　　滞环电流瞬时值控制原理如图 10-46 所示。

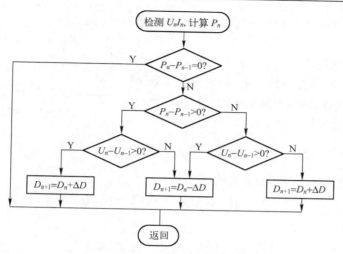

图 10-45 改进的扰动观察法流程图

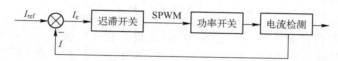

图 10-46 电流滞环瞬时值控制

电流检测采集输出电流 I 作为反馈信号,与由电压调节器产生的基准电流 I_{ref} 比较,产生的误差信号 I_e 送入迟滞开关,将反馈信号的变化控制在滞环比较器内。然后与三角载波比较产生 SPWM 信号,控制功率开关的通断,由此控制逆变过程。它的优点是电压波形质量好、系统动态性能好,控制简单,容易实现;缺点是功率管开关频率不固定,输出电压中的谐波频率无法固定,频带也相对较宽,因此在输出滤波器的设计上有很大困难。

（2）PI 电流控制方法

PI 电流控制方法的原理如图 10-47 所示,采样并网电流 I 作为反馈信号,同时用此信号为同步信号控制参考电流。两信号经比较后的误差信号 I_e 送入 PI 调节器调节,然后与三角载波比较产生 SPWM 波控制功率开关的通断,完成控制过程。它的优点是开关频率固定,因此可以有针对性地对谐波进行抑制而设计滤波器,在高频下,其动态响应好,影响速度快;缺点是电流控制精度有很大的局限性,尤其会产生电流相移,对功率因数不利。

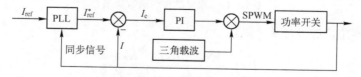

图 10-47 PI 电流控制方法

（3）小惯性电流跟踪控制方式

小惯性电流跟踪控制是根据并网的矢量模型来设计的控制方式,以固定的开关频率实现逆变器对电流的精确控制,集滞环电流控制的简单、快速和 PI 电流控制方式的开关频率固定的特点于一身,能够得到很好的控制性能。下面采用小惯性电流跟踪控制方法,通过经典的 PI 控制理论进行设计。并网逆变器的输出模型如图 10-48 所示。

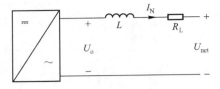

图中，I_N 为输出电流，U_{net} 为电网电压，U_o 为输出电压，L 为 MI 的滤波电感，R_L 为电感的等效阻抗。由于采用并网电流跟踪电网电压控制，控制输出量 I_N，U_o、U_{net} 为输入量，于是有

图 10-48　MI 的输出模型

$$L \frac{dI_N}{dt} = U_o - I_L R_L - U_{net}$$

由于 I_N 为状态变量，对其做 s 变换有

$$L s I_N(s) = U_o(s) - I_L(s) R_L - U_{net}(s)$$

进一步整理得

$$I_N(s) = 1/\left(Ls + R_L\right)\left[U_o(s) - U_{net}(s)\right]$$

由于 I_N 为输出，U_o、U_{net} 为输入，于是传递函数为

$$H_1(s) = 1/\left(Ls + R_L\right)$$

由于功率开关管变化非线性，死区时间的设置也没有线性关系，所以逆变环节是非线性环节，不考虑两者的非线性影响，则逆变环节可近似为一个小一阶惯性环节。

$$H_2(s) = K_2/\left(T_2 s + 1\right)$$

式中，K_2 为逆变器增益系数；T_2 为逆变环节输出的响应延迟时间，其最大不会大于一个开关周期，而 SPWM 波高频臂为 18kHz，大大高于 50Hz，因此 T_2 相对很小，可以忽略。简化为一个比例放大环节

$$H_2(s) = K_2$$

用 PI 调节器控制，其传递函数为

$$H_3(s) = K_p + K_i/s$$

于是得系统的传递函数框图 10-49 所示。

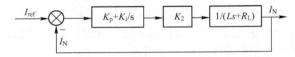

图 10-49　系统的传递函数框图

因此得到并网电流的开环传递函数

$$H(s) = \frac{(K_p s + K_I)}{s} \frac{K_2}{(Ls + R_L)}$$

闭环传递函数为

$$\phi(s) = \frac{\dfrac{(K_p s + K_i)}{s} \dfrac{K_2}{(Ls + R_L)}}{1 + \dfrac{(K_p s + K_i)}{s} \dfrac{K_2}{(Ls + R_L)}} = \frac{K_2 K_p s + K_2 K_i}{Ls^2 + R_L s + K_2 K_p s}$$

已知传递函数，则可设置比例参数 K_p 和积分参数 K_i 使系统得到较好的控制效果。在实际中多采用理论计算和试凑法确定。

3. SPWM 波形产生及并网控制的实现

通过配置 TMS320F28027 中的 EPWM 模块，采用软件方式生成单极性 SPWM 控制信号。而并网控制利用增强型捕获功能 ECAP 来实现。

在初始化程序中对 EPWM 的中断源、中断触发方式、定时器周期、预分频、死区时间、同步装载方式及输出端口动作进行设置，在中断子程序中设置端口动作切换及脉宽量的变化即可生成所需要的 PWM 波形。这里，通过初始化 EPWM1 和 EPWM2 的寄存器来由 EPWM1A/B 输出 50Hz 低频臂方波控制信号，由 EPWM2A/B 输出脉冲宽度按正弦规律变化的 18kHz 高频臂控制信号。

低频臂控制信号产生方式如下：设置 EPWM1 的事件触发 ET 寄存器，第一次计数等于 0 时产生中断。设置 TB 子模块，将定时器的计数周期设为 9374，时钟频率为 60MHz，预分频为 128，则所得信号频率为 60MHz/128/(9374+1)=50Hz。设置计数方式为非对称递增计数，比较寄存器 CMPA 值为 9374/2=4687，则输出波形占空比为 50%。设置 AQ 模块，使得 A 口计数到 CMPA 时输出高电平，计数到 0 时清零；设置 B 口输出波形方式相反，即计数到 CMPA 时清零，计数到 0 时输出高电平。如图 10-50 所示，即可得到两路互补、占空比为 50% 的 50Hz 方波。

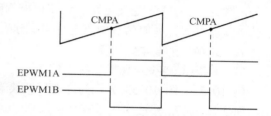

图 10-50　SPWM 低频信号生成时序图

高频臂控制信号产生方式如下：设置 EPWM2 的事件触发 ET 寄存器，第一次计数值等于 0 时使能中断。设置 TB 子模块，将定时器的计数周期设为 833，时钟频率为 60MHz，预分频为 4，则所得信号频率为 60MHz/4/ (833+1)= 18kHz。同样设定计数方式为非对称递增计数。设置 AQ 模块，使得 A 口计数到 CMPA 时输出高，计数到 0 时清零；设置 B 口输出波形方式相反，即计数到 CMPA 时清零，计数到零时输出高电平。A、B 端口输出两路互补，频率为 18kHz 的脉冲，其占空比由 CMPA 的值 $833M\sin\_tab[x]$ 决定，其中 M 为调制比，$\sin\_tab[x]$ 是预存在 Flash 中的按正弦规律变化的函数值表，CMPA 值按正弦规律变化。信号产生的时序图如图 10-51 所示。

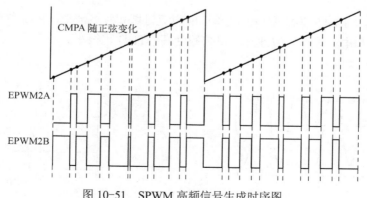

图 10-51　SPWM 高频信号生成时序图

根据所选用的 MOSFET 管工作特性，为了避免同一侧两个桥臂发生同时导通的情况，确保 MOSFET 管工作可靠安全，控制信号切换时的死区时间要在 30ns 以上，通过设置 EPWM 的死区时间控制子模块，确保死区时间为 200ns。

在并网方式的控制中，与电网电压同频同相的方波信号进入 DSP，由 ECAP 捕获后可得电网电压频率和周期，同理可得并网电流的频率和周期，由此可得其差值，由此差值查表计算生成参考电流。当方波信号进入 ECAP1 时，其上升沿将被捕获，用计数器 T_1 计数即可将两次上升沿之间的计数差值求得，由于计数器的计数周期已知，所以两次上升沿之间的时间也可求得。于是就得到了采集信号的周期和频率，进一步由电网电压和并网电流之间的频率差值可求得下一个调制周期参考电流跟踪电网电压同频同相所需要的频率调整量，由此调整量计算查正弦表得到参考电流的信号。

10.4.3　系统仿真及实验结果分析

系统仿真实验是在纯阻性负载条件下，运用电力电子仿真工具 PowerSim9，分别对 MI 的升压电路、DC/AC 逆变电路、过零点检测电路以及 MPPT 控制算法进行仿真。下面给出了仿真实验结果，并对仿真结果进行简要分析。

1. DC/AC 逆变电路仿真

（1）DC/AC 逆变电路输出特性仿真

图 10-52、图 10-53 分别为逆变后滤波输出的时域和频域电压波形。由仿真结果可以看出，逆变输出正弦波波形质量较高且只有 50Hz 的基波成分，不含其他高次谐波分量。正弦谐波畸变率（Total Harmonic Distortion, THD）非常小。

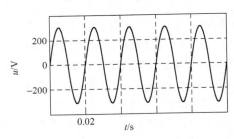

图 10-52　逆变电路输出电压时域波形

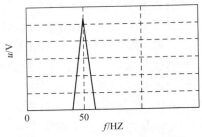

图 10-53　逆变电路输出电压频谱图

图 10-54、图 10-55 为逆变后滤波输出的电流时域和频域波形。由于负载是纯阻性的，因此输出的电压和电流波形一致性好，正弦程度高、THD 也很小。

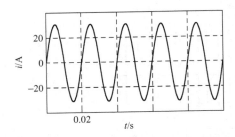

图 10-54　逆变电路输出电流时域波形

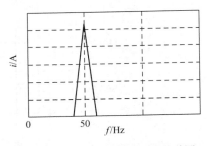

图 10-55　逆变电路输出电流频谱图

（2）DC/AC 逆变电路工作效率仿真

从图 10-56 中可知，在仿真环境的理想条件下，输出功率曲线与输入功率曲线重合，理论上的逆变电路工作效率为 100%。

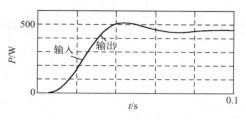

图 10-56 DC/AC 逆变电路效率

（3）PI 控制仿真

逆变电路的输出结果上叠加 150Hz、20V 的三角波，模拟实际环境中的谐波干扰。如图 10-57 所示，引入干扰后的系统输出波形失真。

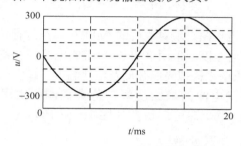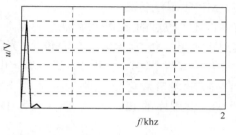

图 10-57 引入干扰后的输出波形

图 10-58 为加入闭环 PI 控制后的输出波形，从图中输出波形的效果来看，谐波分量减小了，波形质量有明显改善。

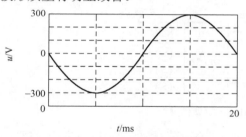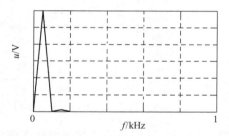

图 10-58 加入 PI 反馈后输出波形

（4）过零点检测电路仿真

利用 PSIM 对电网电压的过零点检测电路进行仿真，验证过零点跟踪效果。仿真电路如图 10-59 所示。

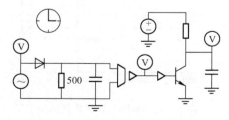

图 10-59 过零点检测电路仿真图

图 10-60 为电路的仿真结果，仿真结果显示，输出的方波信号很好地跟踪了输入的正弦信号过零点。

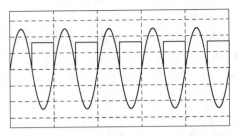

图 10-60 过零点检测电路仿真效果图

（5）MPPT 算法仿真

前面讲述了改进的 MPPT 算法基本原理和流程图，现对改进的 MPPT 算法进行仿真，验证其跟踪效果。仿真环境为 PSIM9.0，光伏电池模型采用 PSIM 自带的电池模块物理模型，其输入端有两个接口 S 和 T，通过给定电压值来模拟光照强度及电池温度。模型上端为最大功率输出端口，可以监测当前环境下光伏电池的最大功率。仿真控制的实现采用 DLL 模块，将程序的.dll 文件的位置放入 DLL 模块即可。仿真如图 10-61 所示。

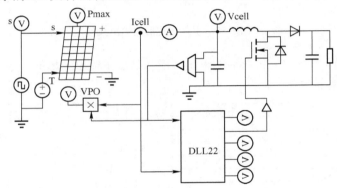

图 10-61 MPPT 模型仿真

选择含有 36 片多晶硅光伏电池的光伏组件，设定光伏组件的温度不变为 25℃，光照条件为 $1100W/m^2$ 和 $500W/m^2$ 交替变化，每 0.01s 变化一次。仿真结果如图 10-62 所示。

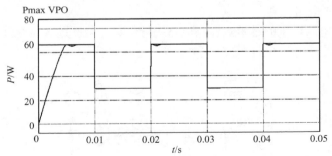

图 10-62 MPPT 算法仿真结果

由图 10-62 可以看出，MPPT 算法运行初期跟踪光伏组件的最大功率点需要 5ms 的时间，当外界光照条件变化时，MPPT 能够较为迅速地完成最大功率点的跟踪，跟踪效果较为理想。

10.5 离/并网双模式逆变器

目前所使用的逆变器除了前面介绍的并网逆变器和离网逆变器，还有一种在分布式发电系统中常用的双模式切换逆变器，即具有独立发电和并网发电两种工作模式。在能源充足的情况下，系统工作在并网模式。除了保证本地负载正常工作外，还可以把多余的电能输送给电网，以高效率地利用能源；在能源不充裕的情况下，系统切换到独立工作模式，给本地负载供电。实现了分布式发电与电网的交互利用，增加了对负载供电的可靠性。

双模式并网逆变器在并网工作模式下，输出电压被电网电压钳位而不可控，需要由电流环来控制进网电流，此时为电流控制方式；在独立工作模式下，双模式并网逆变器的输出电压由电压环控制，此时为电压控制方式。因此，双模式逆变器在技术面临的问题是：在两种工作模式切换瞬间，并网逆变器必须准确、快速地实现两种控制方式的转换，同时还要保证切换时刻，逆变器的输出电压幅值和相位不能与电网电压幅值和相位相差太大，实现两种工作模式间的平滑切换，否则会有较大的电压电流突变，对逆变器、负载和电网产生较大冲击，造成本地负载电压突变问题，对其产生损害。另外，现有电网故障检测存在检测盲区或检测延时，会造成电网断电。但并网逆变器仍处于电流控制方式时，也会使输出电压处于失控状态。

为了解决上述问题，在设计双模式并网逆变器时，提出了许多解决方案。

1）针对该切换瞬间的特性，通过在并网前，使输出电压跟踪电网电压的幅值和相位，在断网时刻采用断网前负载电压相位幅值作为电压基准，从而实现无缝切换。但是，在电网出现故障时，并网开关即双向晶闸管只有在并网电流过零点才能断开，因而从故障到断开这段时间仍为电流控制模式，所以本地负载电压会受到故障电网电压的影响而突变。

2）针对方案 1 存在的问题，在给出晶闸管关断信号的同时，从电流控制模式转换到电压控制模式。通过控制此时逆变器的输出电压幅值和相位，加快并网双向开关的断开速度，从而改善上述问题，但在电网故障瞬间，电网电压很难测定且无规律，加速关断的控制规律可能不成立，甚至会恶化关断时间。

3）通过在切换时外加电压环来保证输出电压的连续。其思路与方案 2 一致。上述控制策略都存在电流与电压两种控制方式之间的转换，控制器结构发生了变化，所采取的措施也是为了减小控制器结构变化时对输出性能的影响。

4）在并网工作模式下，通过间接电流控制，将电流控制转换为电压控制，与独立控制模式的电压控制方式相结合，避免了控制模式的切换，从而实现了逆变方式的无缝切换。

由于双模式切换逆变器在结构上与并网逆变器几乎相同，差别主要集中在切换模式的控制方案上，本章不再叙述。

10.6 习题

1. 画出一种逆变器的基本结构。
2. 什么是纯正弦逆变器。
3. 画出 DC/AC 逆变电路，并描述其工作原理。
4. 并网光伏逆变器由哪几部分组成？
5. 并网光伏逆变器在哪一级实现 MPPT？
6. 设想一种微型逆变器，并画出其基本结构。

参 考 文 献

[1] 周小义. 基于独立光伏组件并网逆变器（ac module）的研究[D]. 合肥：合肥工业大学，2007.

[2] 张兴，曹仁贤，等. 太阳能光伏并网发电及其逆变控制[M]. 北京：机械工业出版社，2010.

[3] 王兆安，刘进军. 电力电子技术[M]. 5 版.北京：机械工业出版社，2009.

[4] 徐德鸿. 电力电子系统建模及控制[M]. 北京：机械工业出版社，2006.

[5] 刘凤君. 现代逆变技术及其应用[M]. 北京：电子工业出版社，2006.

[6] 张兴，张崇巍. PWM 整流器及其控制[M]. 北京：机械工业出版社，2012.

[7] 阮新波，等. 脉宽调制 DCV/DC 全桥变换器的软开关技术[M]. 2 版. 北京：科学出版社，2012.

[8] 李序葆，赵永健. 电力电子器件及其应用[M]. 北京：机械工业出版社，2004.

[9] 何此昂，周渡海. 变压器与电感器设计方法及应用实例[M]. 北京：人民邮电出版社，2011.

[10] 盛方兴，王金丽. 非晶合金铁心配电变压器应用技术[M]. 北京：中国电力出版社，2009.

[11] 孙孝峰，顾和荣，王立乔，等. 高频开关型逆变器及其并联并网技术[M]. 北京：机械工业出版社，2011.

[12] 周志敏，纪爱华. 太阳能光伏发电系统设计与应用实例[M]. 北京：电子工业出版社，2010.

[13] 魏学业，张俊红，王立华. 传感器与检测技术[M]. 北京：人民邮电出版社，2012.

[14] 邓仙玉，魏学业. 光伏阵列 MPPT 充电控制器的设计[J]. 电气自动化，2011，33（5）：28-29, 51.

[15] 吴建进，魏学业，袁磊. 一种推挽式直流升压电路的设计[J]. 电气自动化，2011，33（2）：54-56.

[16] 于蓉蓉，魏学业，覃庆努，等. 基于 Takagi-Sugeno 模糊模型的电流跟踪型光伏并网逆变器[J]. 农业工程学报，2010，26（5）：240-245.

[17] 吴小进，魏学业，于蓉蓉，等. 复杂光照环境下光伏阵列 MPPT 算法[J]. 四川大学学报，2012，44（1）：132-138.

[18] 吴小进，魏学业，于蓉蓉，等. 复杂光照环境下光伏阵列输出特性研究[J]. 中国电机工程学报，2011，31（增刊）：162-167.

[19] 吴小进，魏学业，于蓉蓉，等. 并网逆变器预测电流控制算法性能分析[J]. 电网技术，2012，36（5）：220-225.

[20] 于蓉蓉，魏学业，吴小进，等. 基于李雅普诺夫直接法的自适应预测电流控制算法[J]. 农业工程学报，2011，27（8）：271-276.

[21] 于蓉蓉，魏学业，吴小进，等. 一种改进型预测电流控制算法[J]. 电工技术学报，2010，25（7）：100-107.

[22] Wu XJ, Cheng ZQ, Wei XY. Maximum Power Point Tracking of Micro PV Systems under Non-uniform Insolation[C].International Conference on Energy and Environment Technology，2009.

[23] Yu Rongrong, Wei Xueye, Wu Xiaojin. Variable Frequency Current-source Inverter for Grid-connected PV System[C]. International Conference on Energy and Environment Technology (ICEET 2009) .

[24] Yu Rongrong, Wei Xueye, Xie Tao. Maximum Power Point Tracking Using Improved Steepest Ascent Method for Photovoltaic Power Generation Systems[C]. 2nd International Symposium on Test Automation and Instrumentation 2009.

[25] Xiaojin Wu, Xueye Wei, Tao Xie, et al. Optimal Design of Structures of PV Array in Photovoltaic

Systems[C]. International Conference on Intelligent System Design and Engineering Application (ISDEA), 2010.

[26] 吴小进.光伏阵列及并网逆变器关键技术研究[D]. 北京：北京交通大学，2012.

[27] 刘邦银.建筑集成光伏系统的能量变换与控制技术研究[D]. 武汉：华中科技大学，2008.

[28] 张蔚.BP 神经网络在光伏发电 MPPT 中的应用[J].现代建筑电气，2010(4).

[29] Kenji kobayashi,Ichiro takano.A study on a Two Stage Maximum Power Point Tracking Control of a Photovoltaic System,under Partially Shaded Insolation Conditions[J].IEEE,2003.

[30] 梁宏晖.小功率光伏发电及最大功率跟踪控制的研究[D].天津：天津大学，2008.

[31] 周林，武剑，等.光伏阵列最大功率点跟踪控制方法综述[J].高电压技术，2008，26（6）.

[32] 陶靖琦，廖家平，等.基于模糊控制的光伏发电系统 MPPT 技术研究[J].湖北工业大学学报，2011，26（1）.

[33] 李永东，肖曦，高跃. 大容量多电平变换器——原理、控制、应用[M]. 北京：科学出版社，2005.

[34] 聂卫民. 三电平变换器的 PWM 控制策略研究[D]. 长沙：湖南大学，2004.

[35] 薄保中. 多电平变换器 PWM 控制技术的研究[D]. 西安：西北工业大学，2006.

[36] 邢岩. 逆变器并联运行系统的研究[D]. 南京：南京航空航天大学，1999.

[37] 李爱文，张承慧. 现代逆变技术及其应用[M]. 北京：科学出版社，2000.

[38] 李序葆，赵永健. 电力电子器件及其应用[M]. 北京：机械工业出版社，1996.

[39] 霍姆斯. 电力电子变换器 PWM 技术原理与实践[M]. 北京：人民邮电出版社，2010.

[40] 阎海燕，徐波，徐逸飞. 我国光伏产业发展问题探讨-兼论太阳能电池组件价格变动及其影响[J]. 价格理论与实践，2010（7）：75-76.

[41] 薛明雨. 光伏并网发电系统之孤岛检测技术研究[D]. 武汉：华中科技大学，2008.

[42] 张超. 光伏并网发电系统 MPPT 及孤岛检测新技术的研究[D]. 杭州：浙江大学，2006.

[43] Fangrui Liu, Xinchun Lin, Yong Kang, et al. An active islandingdetection method for grid-connected converters[C]. The 3rd IEEE Conference on Industrial Electronics and Applications, 2008.

[44] 牛冲宣. 微电网的孤岛检测与孤岛划分[D]. 天津：天津大学，2008.

[45] 国家能源局. 太阳能发电发展"十二五"规划[Z].

[46] Wook Kim, Woojin Choi. A novel parameter extraction method for the one-diode solar cell model[J]. Solar energy，2010.84: 1008-109.

[47] Valerio Lo Brano, Aldo Orioli, Giuseppina Ciulla, et al. An improved five-parameter model for photovoltaic modules[J]. Solar energy & solar cells，2010，94: 1358-1370.

[48] Adelmo Ortiz-conde, Francisco J，Garcia Sanchez, et al. New method to extract the model parameters of solar cells from the explicit analytic solutions of their illuminated I-V characteristics[J]. Solar energy materials & solar cells，2006，90: 352-361.

[49] J Holovsky, M Bonnet-eymard, M Boccard. Variable light biasing method to measure componend I-V characteristics of multi-junction solar cells [J]. Solar energy materials & solar cells, 2012 (103): 128-133.

[50] Tor Oskar Saetre, Ole-Morten Midtgard, Georgi Hristov Yordanov. A new analytical solar cell I-V curve model [J]. Renewable energy,2011，36: 2171-2176.

[51] Tomas Bennett, Ali Zilouchian, Roger Messenger. Photovoltaic model and converter topology considerations for MPPT purposes [J]. Solar energy，2012，86（7）：2029-2040.

[52] Peter J Wolfs. A current – sourced DC/DC converter derived via the duality principle from the half-bridge converter [J]. IEEE transactions of industrial electronics, 1991，40（1）.

[53] M R Alrashidi, M F Alhajri, K M El-Naggar, et al. A new estimation approach for determining the I-V characteristics of solar cells [J]. Solar energy，2011，85: 1543-1550.

[54] 杨文杰. 光伏发电并网与微网运行控制仿真研究[D]. 成都：西南交通大学，2010.

[55] 王彦. 太阳能光伏发电双模式逆变器控制策略研究[D]. 济南：山东大学，2009.

[56] 杜慧. 太阳能光伏发电控制系统的研究[D]. 保定：华北电力大学(保定)，2008.

[57] 姜子晴. 单相光伏发电并网系统的研究[D]. 镇江：江苏大学，2008.

[58] 于蓉蓉. 光伏发电关键技术及电动汽车充电站可靠性研究[D]. 北京：北京交通大学，2011.

[59] 吴建进. 基于 DSP 的纯正弦逆变电源的研究[D]. 北京：北京交通大学，2011.

[60] Bishop J W. Computer simulation of the effects of electrical mismatches in photovoltaic interconnection circuits[J]. Solar cells, 1988(25): 73-89.

[61] 王秀荣. 微型光伏并网逆变器及其关键技术研究[D]. 北京：北京交通大学，2012.

[62] 邓仙玉. 基于 MPPT 技术的光伏充电控制器研究[D]. 北京：北京交通大学，2011.

[63] 袁磊. 小功率光伏逆变电源的研究[D]. 北京：北京交通大学，2010.

[64] 全国太阳光伏能源系统标准化技术委员会. 光伏系统并网技术要求：GB/T 19939—2005[S]. 北京：中国标准出版社，2006.